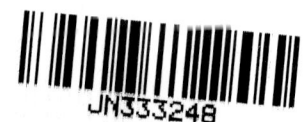

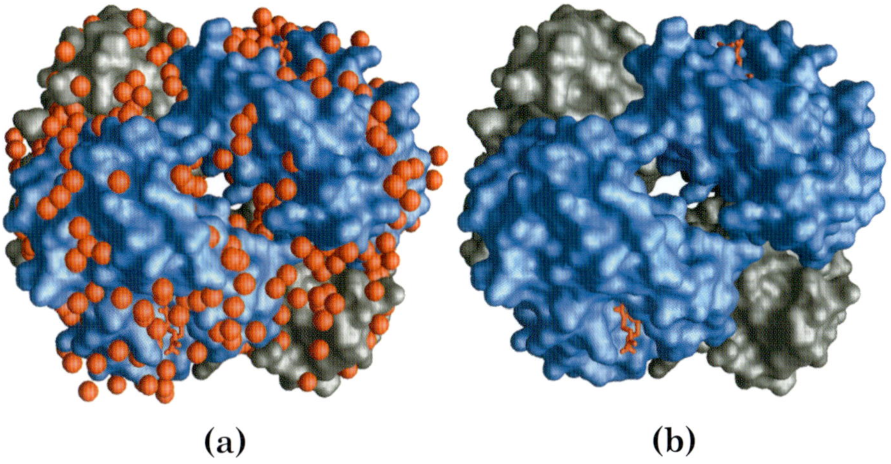

口絵 1

ヘモグロビン（b）表面には水分子が水素結合によって強固に結合している（a）

（監修　山科郁男　編集　川嵜敏祐・中山和久　(2007) レーニンジャーの新生化学「上」，p.76　図 2-9，廣川書店）

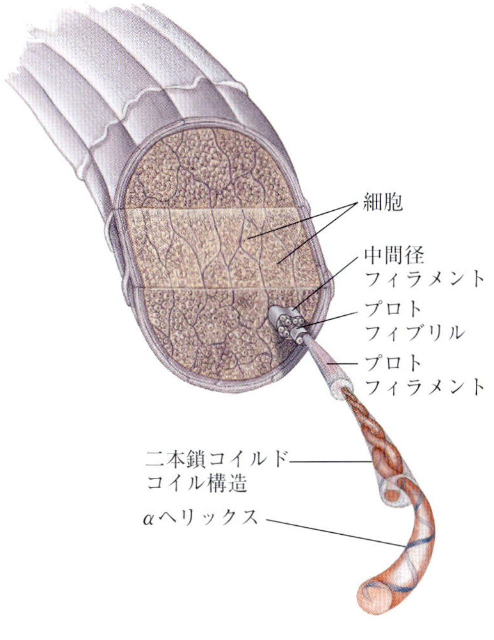

口絵 2　毛髪の構造

毛髪のαケラチンは，2 本の長いαヘリックスが互いに左巻きに巻き付いて二本鎖コイルドコイルをつくる．これをさらに会合して，プロトフィブリルという高次構造をつくる．

（監修　山科郁男　編集　川嵜敏祐・中山和久　(2007) レーニンジャーの新生化学「上」，p.174　図 4-11，廣川書店）

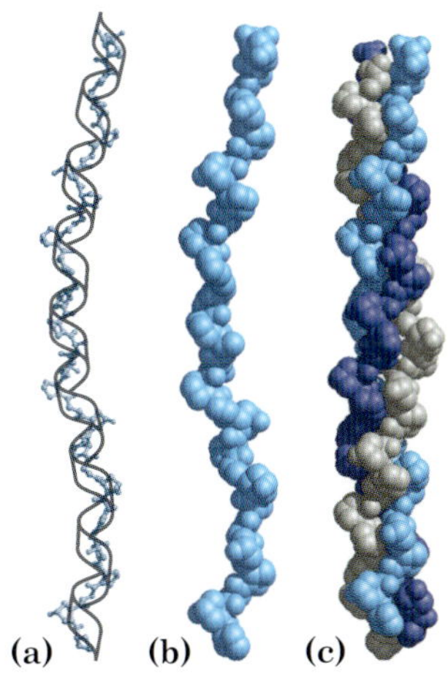

口絵 3

コラーゲンは，αヘリックスはつくらず，独特の左巻きらせん構造をつくる．さらに，このらせんが 3 本右巻きに巻きついて特有の超らせんをつくっている．

（監修　山科郁男　編集　川嵜敏祐・中山和久　(2007) レーニンジャーの新生化学「上」，p.176　図 4-12，廣川書店）

生物物理化学入門

北海道大学名誉教授
加　茂　直　樹

徳島大学名誉教授
嶋　林　三　郎

編　集

東京　廣　川　書　店　発行

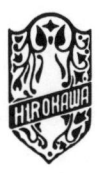

執筆者一覧（五十音順）

青木宏光	広島国際大学薬学部准教授
岩渕紳一郎	千葉科学大学薬学部准教授
岡村恵美子	姫路獨協大学薬学部教授
加茂直樹	北海道大学名誉教授
亀甲龍彦	千葉科学大学薬学部
黒田幸弘	武庫川女子大学薬学部准教授
斎藤博幸	徳島大学大学院ヘルスバイオサイエンス研究部教授
嶋林三郎	徳島大学名誉教授
田中将史	神戸薬科大学薬学部講師
奈良敏文	松山大学薬学部准教授
松本治	千葉科学大学薬学部教授
山本いづみ	武庫川女子大学薬学部准教授
横山祥子	九州保健福祉大学薬学部教授

生物物理化学入門

編者　加《か》茂《も》直《なお》樹《き》　嶋《しま》林《ばやし》三《さぶ》郎《ろう》

平成 25 年 2 月 10 日 初版発行©

発行所　株式会社　廣川書店

〒113-0033　東京都文京区本郷 3 丁目 27 番 14 号
電話 03(3815)3651　FAX 03(3815)3650

まえがき

生物物理化学とは，生体分子の構造や性質および生命現象を物理学的および化学的な方法や考え方で明らかにする学問である．したがって，生物学，物理学，化学の理科の3つの学問分野を総合して，生命現象を考え，理解する学問分野と言えよう．生体は細胞の集まりであり，細胞は生体分子の集まりであり，個々の生体分子の働き，生体分子間の相互作用，細胞間の相互作用から生体現象は成り立っている．したがって，各種生体分子および生体分子系の機能を種々の方法で原子・分子レベルで解明することが生命現象理解の第一歩である．多くの先人たちは意識してか無意識かによらず，物理的・化学的な知識を利用して種々の生体分子を扱ってきた．

例えば，タンパク質の分離精製法の1つに密度勾配遠心法がある．これは溶媒中に種々の密度の層を作り，その層を通してタンパク質を遠心すると，タンパク質は自身の密度と等しい溶媒のところで止まることを利用している．この現象は浮力によるものであり，物理化学の知識が生かされている．電気泳動という物理化学的方法があり，目的に従っていろいろな工夫がなされているが，これは現在，生体分子を扱う研究において必須のものとなっている．その原理を理解するには物理化学の知識が必要である．タンパク質や核酸の構造を明らかにし，その機能を解明するには種々の物理的方法がとられている（本書の第1，2章を参照）．これらの生体分子の集合体およびそれらの相互作用の結果として生体現象が成り立っている．

生体現象における物理化学の重要性については，つぎのことが例としてあげられる．生体エネルギー論（本書の第7章参照）における指導原理として「化学浸透共役説」があるが，これは従来の生物学や生物化学の考えでは解決しえなかった現象を説明する概念で，物理化学の知識なくしては理解できない．また，生体膜の構造（本書の第4章参照）が合理的なものであることや，膜電位，神経の興奮現象および物質輸送（本書の第5章参照）なども物理化学の知識なくしては理解できない．このように，現在では，生物学，物理学，化学の垣根をこえて，これらの知識が一体となって，生命現象の理解・解明がなされている．

本書は，執筆者から分かるように，「生物物理化学」を初めて学ぶ薬学部生のための教科書として出版された．したがって，生物物理化学を勉強しながら，「クスリの作用」や「クスリと生体分子の相互作用」に目が向くように作られている．また，医療と関係したトピックスが取りあげられている．しかしながら，本書で述べた内容は，薬学部生に限ることなく，医療系学部や生命科学の学部の学生諸君にも有益ではないかと考え，今回，「生物物理化学入門」として再上梓したものである．本書で勉強され，生物物理化学に興味を持ち，さらに深く勉強してみよう，または，生物物理化学の研究をしてみようとおもう学生諸君が生まれるならば，執筆者一同の喜びである．

2012年12月

編集者一同

初版「薬学生のための生物物理化学入門」まえがき

薬学における物理化学には，医薬品など物質そのものの性質を熱力学や量子力学などを基礎として物理学的な物質観から包括的に把握する一般物理化学，この知識を製剤過程に応用する製剤物理化学，生命・生体・生物の特性を物理化学の立場から認識する生物物理化学などの分野があり，これらはいずれも薬学基礎分野として重要なものである．この教科書は生物物理化学をはじめて学習する薬学部低学年の学生諸君のために制作されている．

生物には「個」と「種」を護ろうとする本能がある．「個」の生命や生体の機能が発揮され維持されるとはどういうことか，生物が「種」を保存し子孫を残すとはどういうことか，さらには我々個々の身体へ投与された「医薬品」が有効に作用するとはどの組織でどのような反応が起こるのか，などの基礎的知識をこの教科書で学習する．これらの知識は，大学卒業の後に薬剤師の職につく場合でも，製薬技術者として医薬品の開発の職につく場合でも，必ず必要となる．まずは好奇心を持ちこの教科書を精読することからはじめよう．

定期試験や各種の国家試験では知識の内容や量をためすことが多いので，知識を正確に記憶すればよいと思っている人も多かろう．この教科書も紙数の制限があるので，内容の多くが知識の羅列にならざるを得なかった．しかし教科書に示された内容を手がかりにして，その結論に至るまでのプロセスを調査するのも勉強法の一つである．この教科書のいくつかの章では，そこのテーマに関する歴史と発展も示されており，学問の発展を自分で追跡して理解できるようになる例にもなっている．

章末にはまとめを兼ねた練習問題があるので挑戦しよう．そこにある質問項目やキーワードを意識しつつ教科書を再度読み直してみたり，それが「クスリの作用」とどのようにつながるか，あるいはもっと大きく「薬学とは何か」を考えてみたりするのも，もう一つの勉強法と思う．単なる記憶だけではない自分だけの勉強法を工夫してみよう．

この教科書は，厚生労働省が公表している「薬剤師国家試験出題基準」，「第15改正日本薬局方・参考情報」，日本薬学会が提示している「薬学教育モデル・コアカリキュラム」などから薬学生が生物物理化学を学習するのに必要な項目を注意深く抽出して制作されている．この教科書を十分にマスターして学生諸氏が「関連分野にこわいものなし」となることを執筆者一同は願っている．

最後に，この企画を発議された九州保健福祉大学教授横山祥子氏，終始我々をお励ましいただいた廣川書店社長廣川節男氏，企画担当の廣川典子氏，島田俊二氏はじめ多くの関係者各位に深く感謝する．

2008 年 10 月

編 集 者 一 同

目　次

第 1 章　生体を構成する主要な物質 …………………………（横山祥子）**1**

1.1　この章のねらい ………………………………… 1
1.2　アミノ酸とタンパク質 ………………………… 1
1.2.1　アミノ酸…………………………………… 1
1.2.2　アミノ酸の命名法と立体配置……………… 3
1.2.3　タンパク質………………………………… 4
1.3　脂　質 ……………………………………… 5
1.3.1　単純脂質…………………………………… 5
1.3.2　複合脂質…………………………………… 5
1.3.3　ステロイド………………………………… 6
1.4　糖　質 ……………………………………… 7
1.4.1　単糖類……………………………………… 7
1.4.2　少糖類（オリゴ糖）……………………… 8
1.4.3　多糖類……………………………………… 8
1.5　核　酸 ……………………………………… 9
1.5.1　ヌクレオシド，ヌクレオチド……………… 9
1.5.2　核酸の塩基組成に関する規則性……………12
1.6　無機物，無機イオン ……………………………12
1.6.1　生体における水………………………………12
1.6.2　生体内の電解質………………………………12
1.6.3　Na^+，K^+の能動輸送 ……………………13
1.6.4　生体内における Fe や Zn の存在状態 ………13
1.6.5　生体内における無機化合物……………………13
章末問題…………………………………………………13

第 2 章　生体構成物質の物理化学的性質…………………… **15**

2.1　この章のねらい ……………………（山本いづみ）15
2.2　アミノ酸，タンパク質の物理化学的性質 ……（山本いづみ）15
2.2.1　滴定曲線と等電点………………………………15
2.2.2　旋光度……………………………………………19

2.2.3 吸収スペクトル……22
2.2.4 分子量測定法……23
2.2.5 タンパク質の立体構造および高次構造……27
2.2.6 タンパク質分子の形状……30
2.2.7 タンパク質の溶解度と塩析……31
2.2.8 タンパク質の変性……32
2.3 糖質の物理化学的性質 ……（黒田幸弘）34
2.3.1 単糖の立体配座と立体異性……34
2.3.2 電荷をもつ単糖……35
2.3.3 グリコシド結合……36
2.3.4 生理的に重要な多糖類……36
2.4 核酸の物理化学的性質 ……（黒田幸弘）37
2.4.1 ヌクレオチド……37
2.4.2 デオキシリボ核酸……39
2.5 機器分析の応用 ……（黒田幸弘）43
2.5.1 紫外可視光度法……43
2.5.2 蛍光光度法……43
2.5.3 赤外吸収スペクトル法およびラマンスペクトル法……45
2.5.4 旋光度，旋光分散，円二色性……45
2.5.5 電子スピン共鳴（ESR）スペクトル法……45
2.5.6 核磁気共鳴（NMR）スペクトル法……45
2.5.7 X線結晶解析法……46
2.5.8 質量分析法……46
章末問題……48

第3章 生体内界面活性物質 ……（横山祥子）**49**

3.1 この章のねらい ……49
3.2 会合と可溶化 ……49
3.2.1 胆汁酸塩の会合と可溶化……49
3.2.2 コレステロールの会合体形成……52
3.2.3 リン脂質のリポソームとミセル形成……52
3.2.4 不飽和脂肪酸，プロスタグランジン，糖脂質のミセル形成……53
3.3 肺サーファクタント ……54
3.3.1 肺サーファクタントとは……54
3.3.2 肺サーファクタントの成分とその役割……55
3.3.3 新生児呼吸窮迫症候群と肺サーファクタント……55
3.3.4 人工肺サーファクタント……56

章末問題……57

第 4 章　生体膜および脂質二分子膜 ……（加茂直樹）59

4.1　この章のねらい ……59
4.2　生体膜の構成成分 ……59
4.3　リン脂質二分子膜：「水と油は混じらない」という原理からできた膜 ……60
4.4　疎水性相互作用：水と油が混じらないのはどうしてか？ ……61
4.5　生体膜の構造 ……64
4.6　流動モザイクモデル ……67
4.7　ハイドロパシープロット ……71
4.8　人工脂質二分子膜：リポソームと平面脂質二分子膜 ……73
章末問題……75

第 5 章　生体内への物質移動 ……（岡村恵美子）77

5.1　この章のねらい ……77
5.2　油/水分配 ……77
5.2.1　油/水分配とは ……77
5.2.2　オクタノール/水分配係数 ……78
5.3　拡散と膜透過 ……80
5.3.1　拡　散……80
5.3.2　能動輸送……84
5.3.3　イオノフォア……87
5.4　薬物受容体 ……88
5.4.1　受容体とは……88
5.4.2　受容体と薬物……89
5.5　膜電位 ……90
5.6　まとめ ……92
章末問題……92

第 6 章　タンパク質と種々の物質との相互作用 ……95

6.1　この章のねらい ……（松本治）95
6.2　タンパク質の立体構造 ……（松本治）96
6.2.1　タンパク質の立体構造形成の要因……96
6.2.2　WEB 情報（RDB，Rasmol など）……99
6.3　タンパク質の相互作用（高分子電解質として） ……（松本治）99

6.3.1 タンパク質と低分子（リガンド結合）……99
6.3.2 タンパク質とタンパク質の相互作用（トリプシン BPTI 複合体，超分子複合体，ウイルス）……100
6.3.3 血清アルブミンと薬物との相互作用（薬学における重要性）……101
6.4 タンパク質の相互作用メカニズム ……（岩渕紳一郎）101
6.4.1 鍵と鍵穴モデル……101
6.4.2 誘導適合モデル……102
6.4.3 アロステリック効果……103
6.5 タンパク質と核酸の相互作用 ……（亀甲龍彦）106
6.5.1 ヘリックス-ターン-ヘリックス……106
6.5.2 亜鉛フィンガー……108
6.5.3 ロイシンジッパー……109
章末問題……110

第 7 章 生体エネルギー……（奈良敏文）**113**

7.1 この章のねらい ……113
7.2 生体の熱力学入門 ……113
7.2.1 エネルギー保存則 —熱力学第一法則— ……114
7.2.2 孤立系におけるエントロピー増大の法則 —熱力学第二法則— ……115
7.2.3 ギブズの自由エネルギー（その 1） ……116
7.2.4 ギブズの自由エネルギー（その 2） ……117
7.2.5 化学ポテンシャル……118
7.2.6 化学平衡……120
7.2.7 共役反応……121
7.3 酸化還元電位 ……123
7.4 酸化的リン酸化 ……126
7.4.1 ミトコンドリアの形状……126
7.4.2 ATP の合成機構解明の歴史 ……127
7.4.3 電子伝達系（呼吸鎖）……128
7.4.4 H^+-ATPase は回転する ……129
7.4.5 光リン酸化……130
7.5 ATP の化学エネルギー利用……131
7.5.1 力学エネルギーへの変換……131
7.6 まとめ ……132
章末問題……133

第 8 章　酵素反応 ……………………………………………………（斎藤博幸，田中将史）**135**

8.1　この章のねらい …………………………………………………………………… 135
8.2　酵素反応速度論 …………………………………………………………………… 136
8.2.1　酵素反応の特徴……………………………………………………………… 136
8.2.2　ミカエリス-メンテンの式 ………………………………………………… 138
8.2.3　K_m と V_{max} の意味 ……………………………………………………… 140
8.2.4　酵素反応速度データの解析……………………………………………… 141
8.3　阻害剤の影響 ………………………………………………………………………… 143
8.3.1　可逆阻害………………………………………………………………………… 143
8.3.2　不可逆阻害……………………………………………………………………… 146
8.3.3　アロステリック調節………………………………………………………… 146
8.3.4　フィードバック阻害………………………………………………………… 150
章末問題……………………………………………………………………………………… 150

特別講義 1　生体無機化学入門………………………………………………………（松本治）153
特別講義 2　害となる生体物質・益となる人工異物………………………………（青木宏光）155
特別講義 3　細胞における外界からの刺激受容…………………………………（奈良敏文）160
特別講義 4　細胞の異物認識　―特に免疫について―　……………（加茂直樹，奈良敏文）162
特別講義 5　薬物トラスポーター……………………………………………………（加茂直樹）164
特別講義 6　生物物理化学関連分析技術（日本薬局方参考情報）………………（青木宏光）167

索　引………………………………………………………………………………………… 171

1 生体を構成する主要な物質

1.1 この章のねらい

タンパク質，脂質，多糖類および核酸は生体を構成する物質として重要なものである．これらの物質は生体内で単独で存在している場合もあるが，多くの場合には他の物質とさらに複雑な複合体をつくり，それぞれの機能と役割を果たしている．それらの複雑な複合体の機能を学ぶためには，まずそれらを構成する物質の構造および物理化学的性質を知ることから始めなければならない．

生体高分子複合体系の物理化学的性質は，構成成分の性質の積み重ねとは異なっている場合が多い．しかしながら，それでも種々の点で構成成分の性質を反映している．そこで本章では，生体を構成する主要な物質として，アミノ酸とタンパク質，脂質，糖質，核酸，無機イオンなどを取り上げる．なお，タンパク質の高次構造，立体構造などについては後の章でふれる．

1.2 アミノ酸とタンパク質

1.2.1 アミノ酸

アミノ酸はタンパク質の加水分解によって得られ，1分子中にカルボキシ基とアミノ基を少なくとも1つずつもち，その一般式は $RCH(NH_2)COOH$ で表される．RがHのものがグリシンであり，最も簡単な構造である．タンパク質を構成するアミノ酸は約20種類あり，側鎖Rの違いによってそれぞれ固有の性質を有する．主要なアミノ酸の化学構造を表1.1に示す．

アミノ酸は両性電解質であり，弱酸としても弱塩基としても作用するので，その水溶液は緩衝溶液にもなる．アミノ酸の溶解度は等電点において最小となる．

表 1.1　主要なアミノ酸

アミノ酸	略　号	化学構造
非極性脂肪族側鎖を有するアミノ酸		
グリシン	Gly	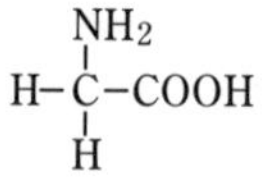
アラニン	Ala	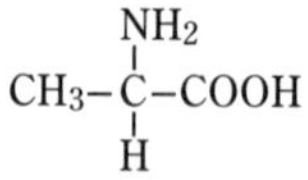
バリン	Val	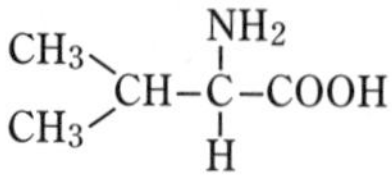
ロイシン	Leu	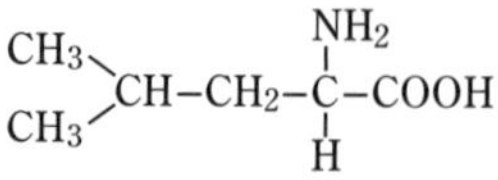
イソロイシン	Ile	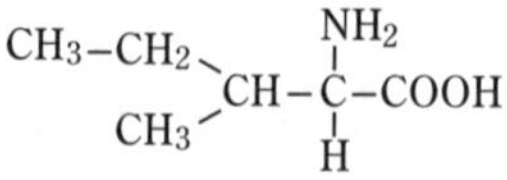
水酸基を含む脂肪族側鎖を有するアミノ酸		
セリン	Ser	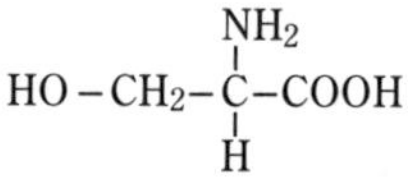
トレオニン	Thr	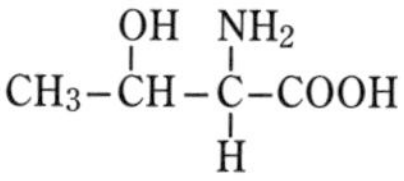
芳香族側鎖を有するアミノ酸		
チロシン	Tyr	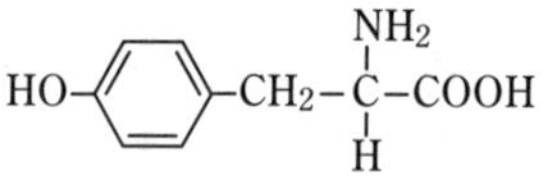
トリプトファン	Try	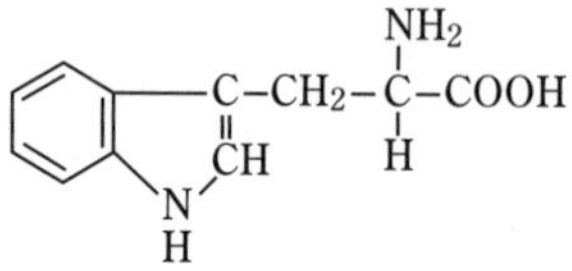
フェニルアラニン	Phe	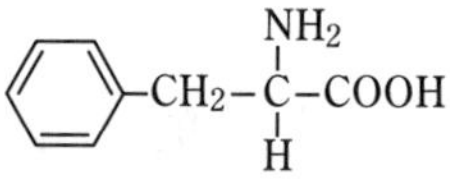
酸性アミノ酸およびそのアミド		
アスパラギン酸	Asp	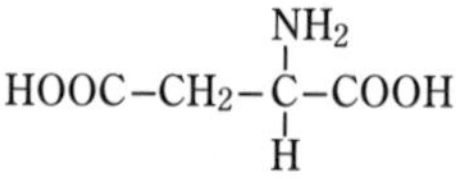
アスパラギン	Asn	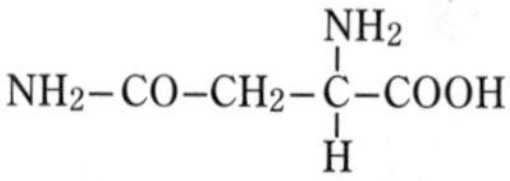
グルタミン酸	Glu	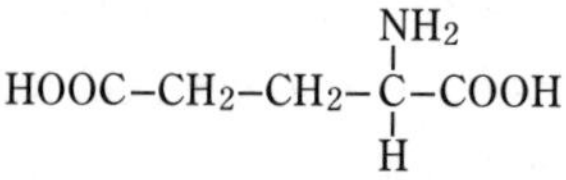
グルタミン	Gln	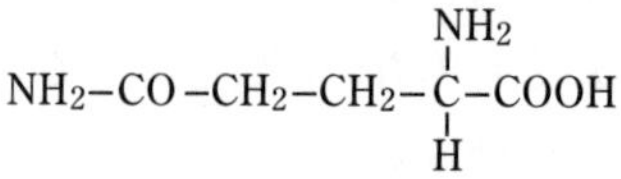

表 1.1　つづき

アミノ酸	略　号	化学構造
塩基性アミノ酸		
リシン	Lys	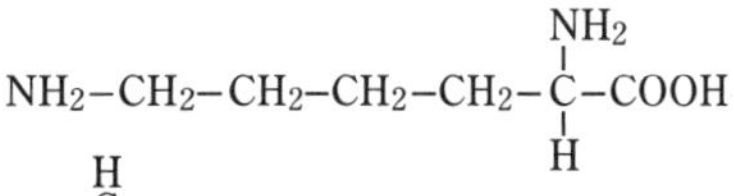
ヒスチジン	His	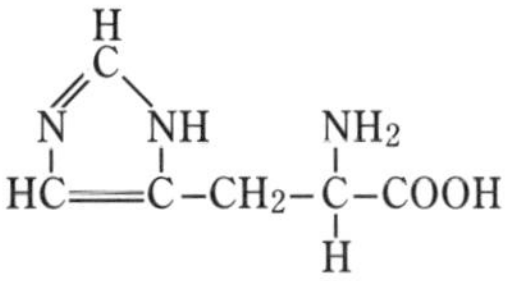
アルギニン	Arg	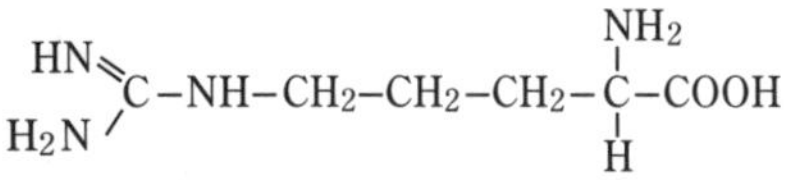
イオウを含むアミノ酸		
システイン	Cys	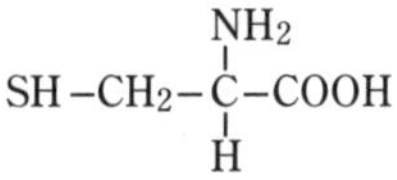
シスチン	CysCys	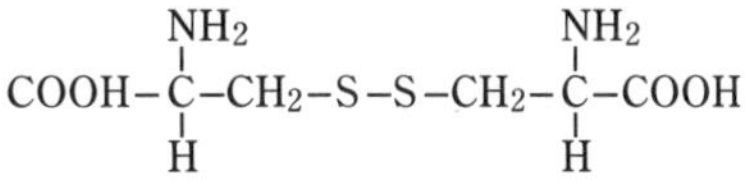
メチオニン	Met	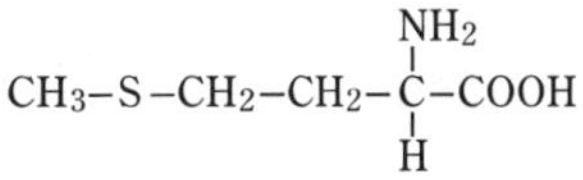
イミノ酸		
プロリン	Pro	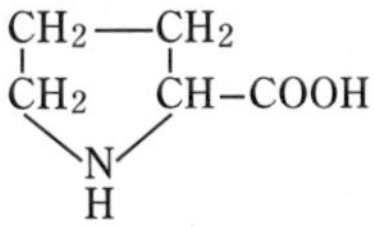
4- ヒドロキシプロリン	Hyp	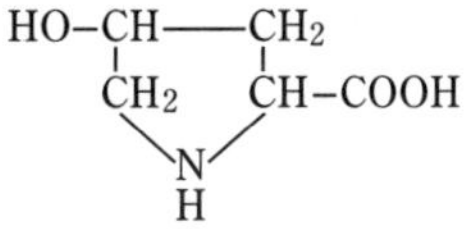

1.2.2　アミノ酸の命名法と立体配置

アミノ酸分子の炭素原子に，次の例で示すように α，β，γ … と序列の記号を付ける．例えばグルタミン酸については 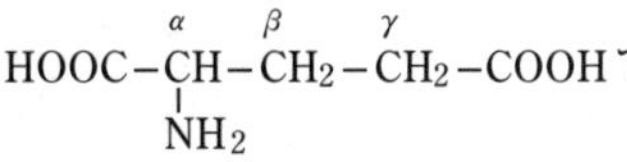 で，左側のカルボキシ基を α-COOH 基，右側を γ-COOH 基という．

アルギニン中の 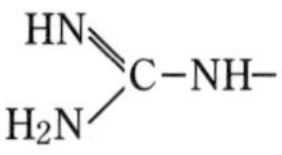 をグアニジン基，ヒスチジン中の 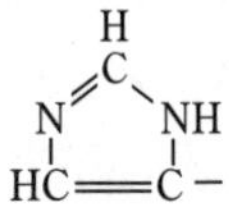 をイミダゾール基という．

グリシンを除く他のアミノ酸は不斉炭素原子を少なくとも 1 個はもっているので，光学異性体が存在する．グリセリンアルデヒドの D 型と L 型を基にして，-CHO 基を -COOH 基に，-OH

基を -NH_2 基に置き換えた型をアミノ酸の立体配置とする．例えば，D-セリンと L-セリンは次のようになる．

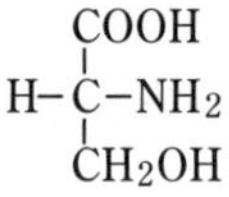

D-セリン

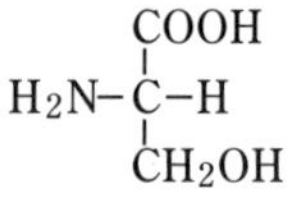

L-セリン

ラセミ体には DL をつける．-CH_2OH を R で置き換えると，一般のアミノ酸となる．

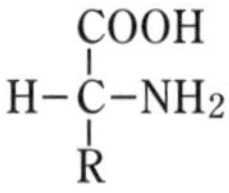

D-アミノ酸

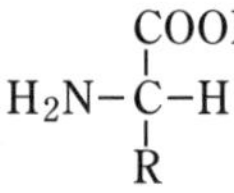

L-アミノ酸

たとえば，トレオニンのようにアミノ酸分子中に 2 つの不斉炭素原子が存在する場合には，4 つの立体異性体が存在する．

なお，天然に得られるアミノ酸はすべて L 型である．ただし，抗菌性物質からは D 型のアミノ酸も見出されている．

1.2.3　タンパク質

タンパク質はアミノ酸の -COOH 基と -NH_2 基が脱水縮合して，ポリペプチド鎖［-NH-CHR-CO-$]_n$ で連なった高分子である．

ペプチド結合してできた生成物をペプチドとよぶ．天然に存在する最小のペプチドにカルノシン（β-アラニン-L-ヒスチジン）がある．トリペプチドであるグルタチオン（γ-L-グルタミル-L-システイニル-グリシン）は，生体内の酸化還元反応で重要な役割を果たしている．その他，パントテン酸，ポリミキシン，オキシトシン，バソプレシンなどホルモン作用などの生理活性をもつ重要なペプチドがある．

ペプチドのうち，ペプチド鎖が 10 個以下くらいの比較的小さなペプチドをオリゴペプチド，これより大きなものをポリペプチドと総称し，ポリペプチドのうち分子量が 10,000 を超えるものを一般にタンパク質という．タンパク質はそれぞれのタンパク質に特有のアミノ酸配列をとり，この配列により生体内における機能が基本的に決まる．

シスチンは 2 個ずつの COOH と NH_2 をもつので，それぞれがペプチド結合をすると 2 つのペプチド鎖が形成され，これら 2 つのペプチド鎖の間に S-S 結合（ジスルフィド結合）による架橋ができる．このペプチド鎖間の架橋はタンパク質分子の立体構造の安定化に寄与している．リゾチーム，インスリン，チトクローム c，リボヌクレアーゼなどは，小さいタンパク質に属する．アミノ酸残基の配列順序をそのタンパク質の 1 次構造 primary structure という．この際，N 末端のアミノ酸残基から C 末端に向かって書くことになっている．タンパク質のポリペプチド鎖は高次構造をとっているが，高次構造については第 2 章で述べる．

1.3 脂 質

脂質は，生体を構成している一群の脂肪および脂肪類似化合物の総称であり，単純脂質，複合脂質，ステロイドに分類される（表 1.2）．

表 1.2 脂質の分類

- 脂質
  - 単純脂質……トリグリセリドなど
  - 複合脂質
    - リン脂質
      - グリセロリン脂質……ホスファチジルコリン，ホスファチジルセリンなど
      - スフィンゴ脂質………スフィンゴミエリン
    - 糖脂質
      - グリセロ糖脂質
      - スフィンゴ糖脂質……ガングリオシドなど
  - ステロイド……コレステロール，胆汁酸など

1.3.1 単純脂質

単純脂質は脂肪酸と各種アルコールとのエステルの総称である．このうち，グリセロール（グリセリン）と脂肪酸とのエステルをグリセリド glyceride といい，エステル結合の数によりモノグリセリド，ジグリセリド，トリグリセリドに分けられる．

1.3.2 複合脂質

複合脂質にはリン酸を含むリン脂質 phospholipid と，リンの代わりに糖を含む糖脂質 glycolipid とがある．リン脂質はグリセロリン脂質とスフィンゴ脂質に分けられる（表 1.3）．

ホスファチジン酸，ホスファチジルセリン，ホスファチジルイノシトール，ホスファチジルグリセロールは，中性の pH ではリン脂質分子全体の電荷は負になる．一方，ホスファチジルエタノールアミン，ホスファチジルコリンでは，リン脂質分子全体の電荷はゼロになる．

リン脂質分子の 2 つの炭化水素鎖のうち，1 つがとれた形のものをリゾ体 lysophospholipid という．生体内では，ホスホリパーゼの作用によりリゾ体が生じる．

スフィンゴシンに脂肪酸 RCOOH が酸アミド結合した化合物はセラミド ceramide とよばれる．スフィンゴ脂質の代表的なものにスフィンゴミエリン sphingomyelin がある．表 1.3 からわかるように，スフィンゴシンの 1 位の水酸基にホスホコリンがエルテル結合し，2 位のアミノ基に脂肪酸がアミド結合したのが，スフィンゴミエリンである．

ヒトの ABO 式血液型は，スフィンゴ脂質に結合している末端の糖（スフィンゴ糖脂質）によって決まる．スフィンゴ糖脂質の一種であるガングリオシド ganglioside は，脂質二分子膜の表層に存在し，シグナル伝達や細胞認識などに関与していると考えられている．糖鎖の違いに

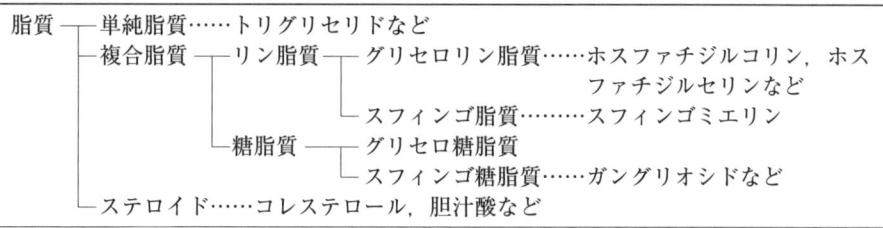

表 1.3 複合脂質の構造

グリセロリン脂質

$$\begin{array}{l}R_1-\overset{O}{\overset{\|}{C}}-O-CH_2\\ R_2-\overset{O}{\overset{\|}{C}}-O-CH\\ CH_2-O-\overset{O}{\overset{\|}{\underset{\|}{P}}}-O-X\\ O\end{array}$$

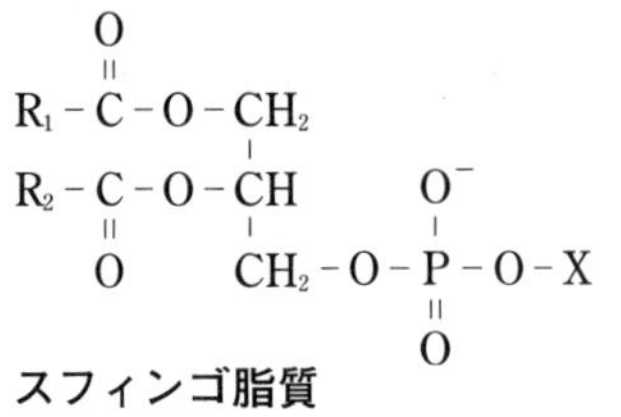

-X =	
-H	ホスファチジン酸
-CH$_2$CH(NH$_3^+$)COO$^-$	ホスファチジルセリン
-C$_6$H$_6$(OH)$_5$	ホスファチジルイノシトール
-CH$_2$CHOHCH$_2$OH	ホスファチジルグリセロール
-CH$_2$CH$_2$NH$_3^+$	ホスファチジルエタノールアミン
-CH$_2$CH$_2$N(CH$_3$)$_3^+$	ホスファチジルコリン

スフィンゴ脂質

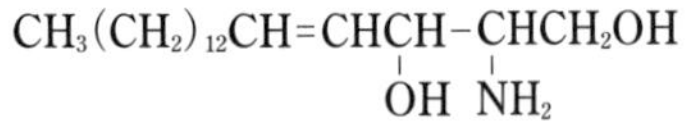

CH$_3$(CH$_2$)$_{12}$CH=CHCH-CHCH$_2$OH
　　　　　　　　　│　　│
　　　　　　　　　OH　NH$_2$
　　　　　　　　　　　　　　　　　スフィンゴシン

CH$_3$(CH$_2$)$_{12}$CH=CHCH-CHCH$_2$OH
　　　　　　　　　│　　│
　　　　　　　　　OH　NH
　　　　　　　　　　　　│
　　　　　　　　　　　　COR
　　　　　　　　　　　　　　　　　セラミド (Cer)

CH$_3$(CH$_2$)$_{12}$CH=CHCH-CHCH$_2$O-$\overset{O}{\underset{O^-}{\overset{\|}{P}}}$-OCH$_2CH_2\overset{\oplus}{N}$(CH$_3$)$_3$
　　　　　　　　　│　　│
　　　　　　　　　OH　NH
　　　　　　　　　　　　│
　　　　　　　　　　　　COR
　　　　　　　　　　　　　　　　　スフィンゴミエリン

スフィンゴ糖脂質

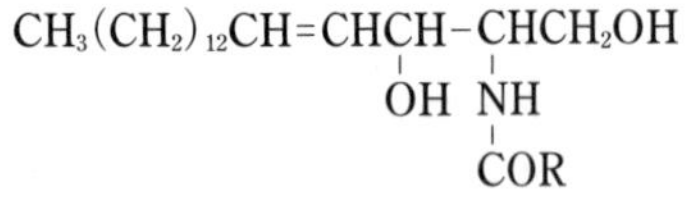

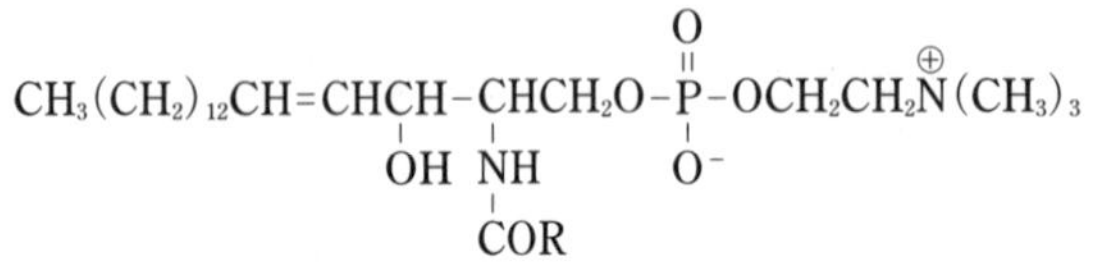

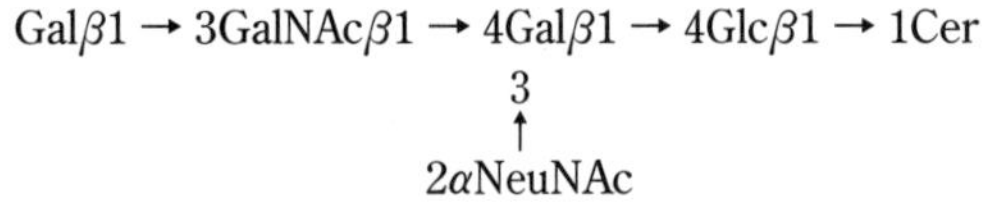

Galβ1 → 3GalNAcβ1 → 4Galβ1 → 4Glcβ1 → 1Cer
　　　　　　　　　　　　3
　　　　　　　　　　　　↑
　　　　　　　　　　2αNeuNAc
　　　　　　　　　　　　　　　　　ガングリオシド G$_{M1}$（神経系，脳灰白質に主として存在している）

Gal = ガラクトース，GalNAc = N-アセチルガラクトサミン，
Glc = グルコース，NeuNAc = N-アセチルノイラミン酸

よって種々なガングリオシドが存在する（第3章 参照）．

1.3.3 ステロイド

ステロイド化合物のコレステロールや脂溶性ビタミン類，胆汁酸，副腎皮質ホルモンなどがここに分類される．コレステロールは生体膜の構築に必要なものであり，また膜の流動性にも関係している．

生体膜（赤血球膜とミエリン鞘）の脂質組成を表 1.4 に示す．

表 1.4 ヒト生体膜の脂質組成*

脂　質	赤血球膜	ミエリン鞘
ホスファチジン酸	1.5	0.5
ホスファチジルコリン	19	10
ホスファチジルエタノールアミン	18	20
ホスファチジルイノシトール	1	1
ホスファチジルセリン	8.5	8.5
スフィンゴミエリン	17.5	8.5
糖脂質	10	26
コレステロール	25	26

* 全脂質の質量パーセント

脂質分子は生体膜中で均一に分布しているのではなく，脂質ドメインを形成し，この脂質ドメインが生体膜のさまざまな機能と関係している．

1.4　糖　質

1.4.1　単糖類

単糖類 monosaccharide は一般式 $C_nH_{2n}O_n$ で表され，一般的にみられるものは $n = 6$ のヘキソース hexose（六炭糖ともいう）と $n = 5$ のペントース pentose（五炭糖ともいう）である．糖は鎖状多価アルコールのアルデヒドもしくはケトンに相当するものと考えられ，それぞれアルドースとケトースという．また，単糖は不斉炭素原子をもっているので光学異性体が存在する．立体配置がグリセルアルデヒドの D 型と同じものに D- を，L 型と同じものに L- をつける．

アルドース　　　　ケトース

五炭糖（ペントース）や六炭糖（ヘキソース）は直鎖状の構造ばかりではなく環状構造もとる．環状構造をとることで変旋光性をもち，旋光度が時間とともに変化する．グルコースの場合，水から再結晶したものは比旋光度 $[\alpha]_D = 112°$ であるが，これを放置しておくと $[\alpha]_D = 53°$ に変化する．一方，グルコースをピリジンから再結晶すると $[\alpha]_D = 19°$ のものが得られる．すなわち，グルコース水溶液の比旋光度が 53° であるのは，$[\alpha]_D = 112°$ と 19° の 2 つのものが水溶液中で平衡を保って存在しているためで，前者が α-グルコース，後者が β-グルコースである．

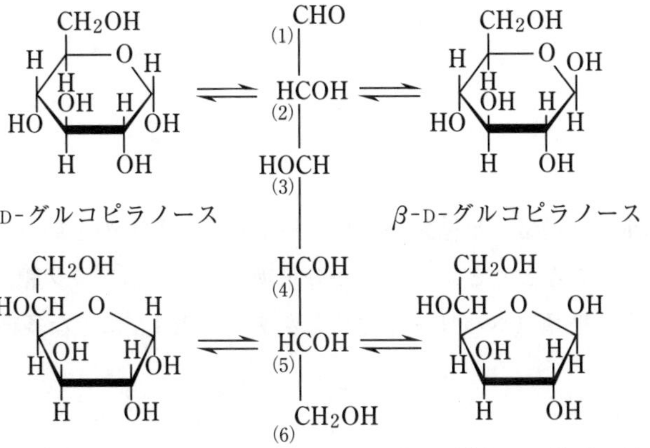

α-D-グルコピラノース　　β-D-グルコピラノース

α-D-グルコフラノース　　β-D-グルコフラノース

この両者は1位と5位の炭素が酸素と架橋した環状構造をとっている．この構造をとるグルコースをグルコピラノース glucopyranose とよぶ．また，グルコースの1位と4位の炭素が酸素によって架橋した環状構造をグルコフラノース glucofuranose という．

グルコースと同じ分子式をもつケトヘキソースにフルクトース（果糖）fructose がある．フルクトースも変旋光性を示す．2位と6位の炭素が酸素と架橋してフルクトピラノースとなり，α型と β 型が存在する．遊離の状態では安定なピラノース型で存在するが，グルコースとの縮合体であるショ糖中ではフラノース型で存在している（1.4.2 項参照）．

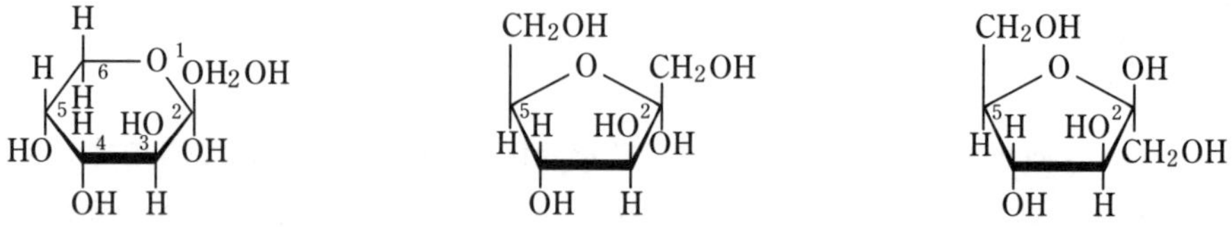

α-D-フルクトピラノース　　α-D-フルクトフラノース　　β-D-フルクトフラノース

1.4.2　少糖類（オリゴ糖）

単糖類がグリコシド結合 glycoside bond で縮合して，二糖類や三糖類などになったものを総称して少糖類（オリゴ糖）oligosaccharide とよぶ．α-D-グルコースが α-1,4 結合したものが α-マルトース maltose であり，化学名は 4-*O*-(α-D-グルコピラノシル)-α-D-グルコピラノースである．β-ラクトース（乳糖）lactose は 4-*O*-(β-D-ガラクトピラノシル)-β-D-グルコピラノース，ショ糖 sucrose は α-D-グルコピラノシル-β-D-フルクトフラノースと表される．

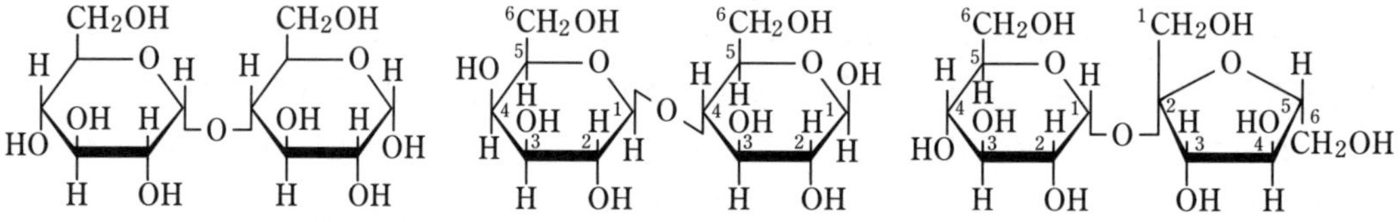

α-マルトース　　β-ラクトース　　ショ糖

1.4.3　多糖類

多糖類 polysaccharide は通常，単糖類が7分子以上縮合したものをいう．単一の単糖類から成る単一多糖類（アミロースなど）と，いくつかの単糖類もしくはアミノ糖，ウロン酸など単糖類の誘導体から成る複合多糖類（ヘパリンなど）とがある．表 1.5 に主な多糖類の性状をまとめる．

表 1.5 主な多糖類

多糖類	構成成分	グリコシド結合	分布，性状，適用
デンプン			植物の貯蔵栄養素．水溶性のアミロースと水に不溶性のアミロペクチンから成る．
アミロース	D-Glu	α-1,4	
アミロペクチン	D-Glu	α-1,4，α-1,6	
セルロース	D-Glu	β-1,4	植物細胞の主成分．
デキストラン	D-Glu	α-1,6，α-1,4，α-1,3	微生物が生産するグルカン．代用血漿として使用．
グリコーゲン	D-Glu	α-1,4，α-1,6	動物の貯蔵炭水化物．
寒天	D-Gal, L-Gal		紅藻の細胞中に分布．
キチン	*N*-acetyl-D-glucosamine	β-1,4	生体内で糖タンパク質として存在．
コンドロイチン硫酸 A, C	*N*-acetyl-D-galactosamine, D-glucuronic acid	β-1,4，β-1,3	軟骨，角膜，腱などに分布．
コンドロイチン硫酸 B	*N*-acetyl-D-galactosamine, L-iduronic acid	β-1,4，β-1,3	
ヘパリン	D-glucosamine-*N*-sulfate, glucuronic acid	α-1,4	血液凝固阻止作用がある．
ヒアルロン酸	*N*-acetyl-D-glucosamine, glucuronic acid	β-1,3，β-1,4	結合組織に多く分布．潤滑作用，保湿効果があり，化粧水などに配合される．
ペクチン質	galacturonic acid	α-1,4	植物の細胞間物質を形成．

1.5 核 酸

核酸 nucleic acid はすべての生細胞中に見出されている生体高分子で，デオキシリボ核酸（DNA）とリボ核酸（RNA）に分類される．DNA は遺伝子の本体である．RNA はタンパク質の合成に関与し，DNA の遺伝情報を伝えるメッセンジャーRNA（mRNA），アミノ酸転移をつかさどる転移 RNA（tRNA），アミノ酸を重合してタンパク質のポリペプチドをつくるリボゾーム RNA（ribosomal RNA）などが知られている．

1.5.1 ヌクレオシド，ヌクレオチド

核酸は，塩基，糖およびリン酸を構成単位とする生体高分子である．

(— 糖 — リン酸 —)$_n$
　　 |
　 塩基

プリン塩基またはピリミジン塩基が糖と *N*-グリコシド結合したものを**ヌクレオシド**という．またヌクレオシドの糖部分がリン酸とエステル結合したものを**ヌクレオチド**という．核酸を構成する糖は五炭糖で D-リボースまたは 2′-デオキシ-D-リボースであり，それによって核酸はそれぞれリボ核酸 RNA とデオキシリボ核酸 DNA に分類される．

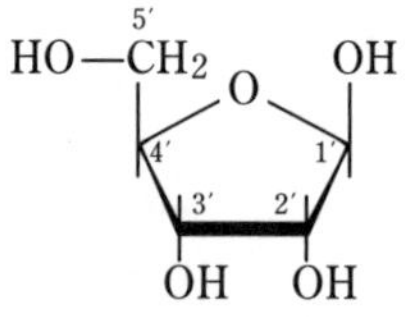

β-D-リボース

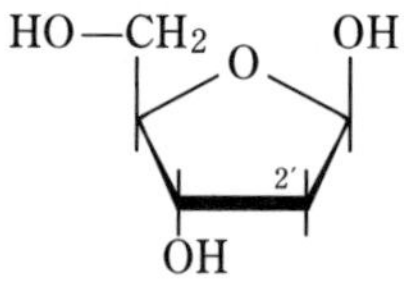

β-D-2′-デオキシリボース

核酸を構成する塩基はプリンかピリミジンの誘導体であり，プリン誘導体のアデニンとグアニンはDNAとRNAのどちらにも含まれている．一方，ピリミジン誘導体のチミンは主としてDNAに，ウラシルは主としてRNAに含まれている．これら塩基の構造を表1.6に示す．

なお，塩基はケト型とエノール型をとり得るが，pH 7付近では主としてケト型をとっている．

塩基が糖と結合したヌクレオシドは糖の1′ 位とプリン塩基の9位，およびピリミジン塩基の3位との間の結合によって形成されている．アデノシンとシチジンの構造を以下に示す．

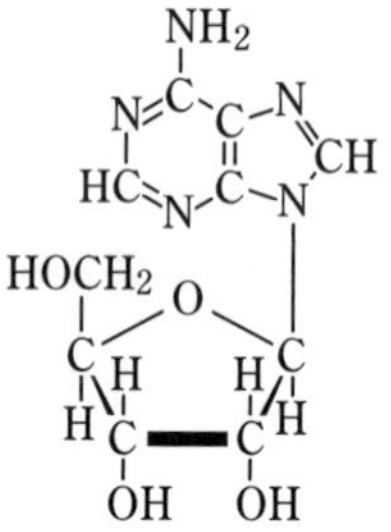

アデノシン

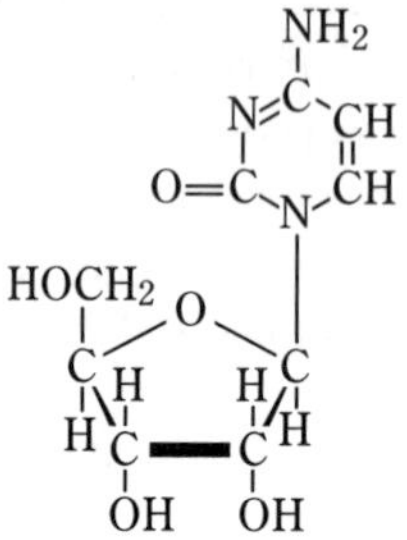

シチジン

表 1.6　核酸の構成塩基，ヌクレオシドおよびヌクレオチド

塩基名称	略 号	構造式	糖	ヌクレオシド名称	ヌクレオチド名称
アデニン	A	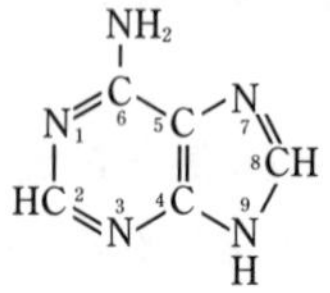	リボース デオキシリボース	アデノシン デオキシアデノシン	アデニル酸 デオキシアデニル酸
グアニン	G	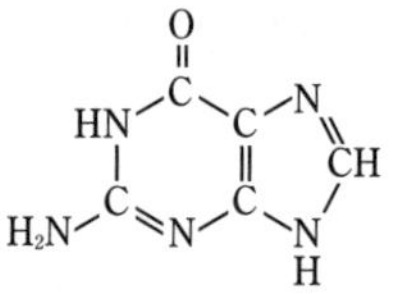	リボース デオキシリボース	グアノシン デオキシグアノシン	グアニル酸 デオキシグアニル酸
シトシン	C	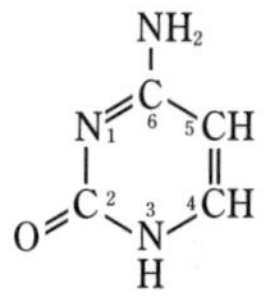	リボース デオキシリボース	シチジン デオキシシチジン	シチジル酸 デオキシシチジル酸
ウラシル	U	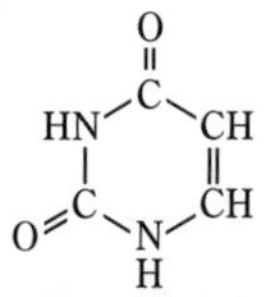	リボース	ウリジン	ウリジル酸
チミン	T	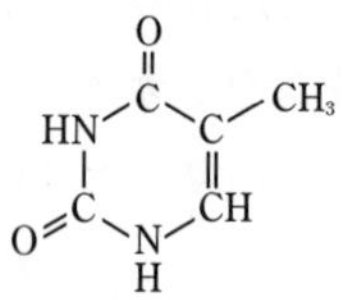	デオキシリボース	デオキシチミジン	デオキシチミジル酸

ヌクレオチドは，ヌクレオシド中の糖の水酸基とリン酸がエステル結合したもので，糖の5′の位置で結合しているものを5′-ヌクレオチドという．ヌクレオチドは核酸の構成成分としてだけではなく，アデノシン-三リン酸（ATP），アデノシン-二リン酸（ADP），さらにはニコチンアミドアデニンジヌクレオチド（NAD）などになっているものもある．

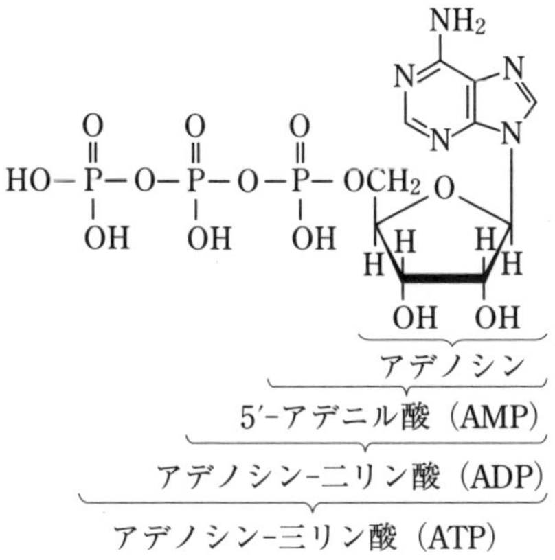

核酸はヌクレオチド（R, R′）がホスホジエステル 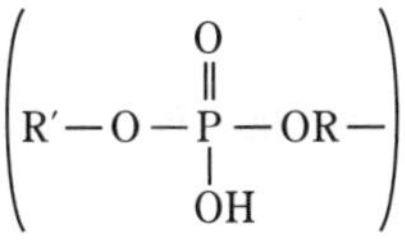 の形で重合してポリヌクレオチドとなったもので，リン酸はDNA，RNAともに糖の3′と5′の位置で結合している（図1.1）．

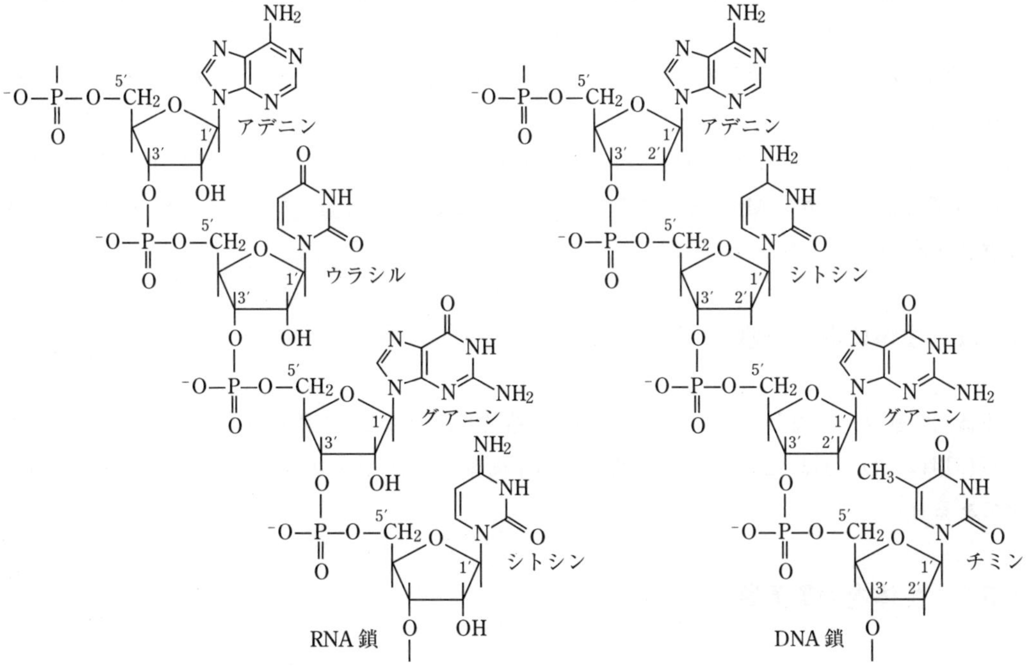

図1.1　RNAとDNAの部分構造

1.5.2　核酸の塩基組成に関する規則性

重合度 104～109 の巨大分子である核酸の塩基配列を決定すること（一次構造の解析）は容易ではないが，核酸の塩基組成に関しては顕著な規則性が知られており，これを Chargaff の規則という．この規則によれば次の関係が成り立つ．すなわち，DNA については，

(1)　プリンヌクレオチドとピリミジンヌクレオチドの総和は等しい．

$A + G = T + C$　（ここで C はメチルシトシンも含む）

(2)　アデニンとチミンの比，グアニンとシトシンの比はそれぞれ 1 で等しい．

$A/T = G/C = 1$

一方，RNA に対しては，

(3)　$A + G = U + C$

(4)　$A/U = G/C$

が成り立つ．

DNA は二重らせん構造をとっている．一方の DNA 鎖に属する塩基と他方の DNA 鎖に属する塩基は水素結合で結ばれている．このとき，一方が A であれば他方は T，一方が G であれば他方は C であり，これら以外の塩基対はできない．

1.6　無機物，無機イオン

100 種類以上存在する元素のうち，生体を構成する元素を生体元素という．C，H，O，N の 4 種で生体元素の 99％を占めるが，その他の微量元素としてリン P，イオウ S，塩素 Cl，カリウム K，ナトリウム Na，マグネシウム Mg，カルシウム Ca，鉄 Fe があり，さらに超微量元素として銅 Cu，亜鉛 Zn，マンガン Mn，モリブデン Mo，ホウ素 B，ヨウ素 I，コバルト Co，バナジウム V が存在する．

1.6.1　生体における水

生体内で水は，体液といわれる種々の物質を溶解した溶液として存在する．生体における水の生理作用は，1）溶媒，2）輸送，3）電解質の平衡維持，4）体温調節，5）物理的状態の維持などである．

1.6.2　生体内の電解質

ヒトの細胞内液と細胞外液に含まれる主なイオンは，K^+，Na^+，Mg^{2+}，Ca^{2+}，HPO_4^{2-}，HCO_3^-，SO_4^{2-}，Cl^- である．表 1.7 にヒトの細胞外液中のイオン濃度を示す．

表 1.7　ヒトの細胞外液のイオン組成（mEq）

	Na^+	K^+	Ca^{2+}	Cl^-	HCO_3^-
血液	142	5	5	103	27
涙液	145	24.1	1.5	128	26
膵液	148	7	6	80	80

1.6.3　Na^+，K^+の能動輸送

ヒトの細胞内液中の K^+ 濃度は 157 mEq/dm^3（= 157 mmol/dm^3），Na^+ は 14 mEq/dm^3（= 14 mmol/dm^3）であり，一方，細胞外液中の K^+ は 5 mEq/dm^3（= 5 mmol/dm^3），Na^+ は 142 mEq/dm^3（= 142 mmol/dm^3）である．K^+，Na^+，Ca^{2+} などは生体内で一様な濃度で分布せず，細胞内液と外液で濃度が異なる．これは，電気化学ポテンシャル勾配に逆らってイオンの輸送が行われるためであり，この輸送を能動輸送という．

1.6.4　生体内における Fe や Zn の存在状態

血液による組織への O_2 の運搬は，赤血球に存在するヘモグロビンによって行われる．ヘモグロビン分子はグロビンタンパク質と 2 価の鉄がプロトポルフィリン核に入ったヘムとが結合したものである．O_2 と可逆的に結合できるのは Fe^{2+} の状態であり，Fe^{3+} になると O_2 との可逆的結合能は消失する．

生体内における Zn の存在状態としては，Zn を含む金属タンパク質であるアルカリホスファターゼや炭酸脱水素酵素，さらに核酸の代謝に関連した酵素など 100 近い酵素がある．

1.6.5　生体内における無機化合物

ヒトおよび脊椎動物の硬組織（骨，歯）の主要な無機成分は，塩基性リン酸カルシウム［ヒドロキシアパタイト，$Ca_{10}(PO_4)_6(OH)_2$］である．また，この硬組織はカルシウムイオンやリン酸イオンなどの貯蔵器官としての機能も果たしている．

章末問題

問 1.1　塩基性アミノ酸と酸性アミノ酸をあげよ．

問 1.2　イオウを含むアミノ酸と，光学異性体が存在しないアミノ酸をそれぞれあげよ．

問 1.3　グリセロリン脂質に属するものの名称をあげ，かつ pH 7 でのリン脂質分子全体の電荷（ゼロ，負，正）について記せ．

問 1.4　グルコース水溶液の比旋光度が 53° を示すことを説明せよ．

問 1.5　単一多糖類に属するものをいくつかあげよ．

問 1.6　生理活性を有する複合多糖類をいくつかあげよ．

問 1.7　ヌクレオシドとヌクレオチドについて簡単に説明せよ．

問 1.8　RNA と DNA について簡単に説明せよ．

問 1.9　Chargaff の規則について簡単に説明せよ．

問 1.10　細胞内液と細胞外液で濃度が大きく違う無機イオンについて述べよ．

問 1.11　デキストランとデキストリンの違いを述べよ．

問題の解説

問 1.1〜2　表 1.1 を参照．不斉炭素がないものには光学異性体が存在しない．

問 1.3　表 1.3 を参照．

問 1.4　水溶液中で α-グルコースと β-グルコースが平衡を保っているため．1.4.1 項を参照．

問 1.5〜6　表 1.5 を参照．

問 1.7　1.5.1 項を参照．

問 1.8　1.5 節を参照．

問 1.9　1.5.2 項を参照．

問 1.10　1.6.3 項を参照．

問 1.11　表 1.5 および JP15（第 15 改正日本薬局方）の医薬品各条を参照．

2 生体構成物質の物理化学的性質

2.1 この章のねらい

生体構成成分は，それ自身が存在する場所およびその機能にふさわしい立体構造をとる．たとえば，血中タンパク質であるアルブミンは，分子量約 66,000 という高分子にもかかわらず，血液（水）に溶解し，血管内を移動できる．これは，アルブミンが球のような形をし，その表面には水溶性のアミノ酸残基が多く露出して，水に溶けやすい構造になっているからである．また，DNA は相補的な二重らせん構造を作ることで，細胞分裂における複製を可能にしている．

ヒトの身体の約 70%は水で占められており，タンパク質や糖などの生体構成物質がとる立体構造は，水分子との相互作用を抜きに考えることはできない．そこで，生体構成物質が，特に水溶液中で示す物理化学的性質に着目してみてみよう．さらに，これら生体構成物質の状態を知るためにどのような機器が使用されるかについて，簡単に述べることとする．

2.2 アミノ酸，タンパク質の物理化学的性質

2.2.1 滴定曲線と等電点

(1) 滴定曲線

アミノ酸 amino acid はカルボキシ基とアミノ基をもち，酸–塩基としての性質を示す．もっとも簡単なグリシン glycine についてみてみよう．

タンパク質は生体機能の中心をなす物質で，その物理化学的性質は多様な生物学的機能の発現と密接な関係がある．ここでは，タンパク質およびその構成成分であるアミノ酸の物理化学的性

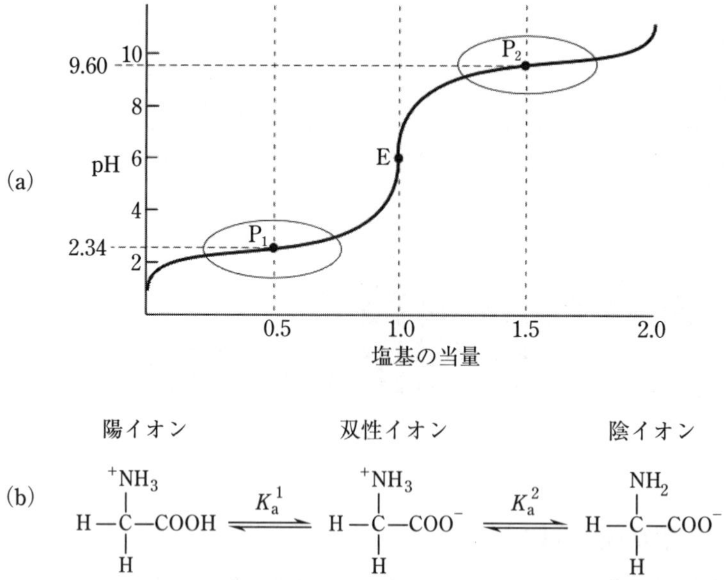

図 2.1　グリシンの滴定曲線と解離平衡

(a) グリシンの滴定曲線：グリシンのカルボキシ基およびアミノ基に由来する滴定曲線である．pK_a^1 = 2.34 および pK_a^2 = 9.60 付近のゆるやかに変化する曲線部分は緩衝作用の強い領域である．

(b) グリシンの解離平衡：中性付近では双性イオンが圧倒的に多く，分子型の存在は無視できる．

質について述べる．

グリシンを酸性溶液に溶解し，ここに，徐々に水酸化ナトリウム水溶液を添加したときの溶液の pH を測定した結果を図 2.1(a) に示す．このように，アミノ酸やタンパク質を含む溶液に加えた酸または塩基の量と pH の関係を示した曲線を**滴定曲線** titration curve という．一方，グリシンは，水溶液中では図 2.1(b) のように解離し，陽イオン，双性イオンおよび陰イオンの 3 つのイオン種が平衡にある．グリシン水溶液の滴定曲線（図 2.1(a)）をこのグリシンの解離平衡（図 2.1(b)）と対応させてみよう．解離は段階的に起こり，平衡にある 2 種類のイオン種のみが有効量存在する．pH 2～6 の酸性では，第一解離のみを考え，陽イオンと双性イオンのみを取り扱えばよい．解離定数を K_a^1 とすると（2-1）式，したがって（2-2）式が成立する．（2-2）式を**ヘンダーソン・ハッセルバッハ（又はハッセルベルヒ）式** Henderson-Hasselbalch 式という．

$$K_a^1 = \frac{[H_3N^+CH_2COO^-][H^+]}{[H_3N^+CH_2COOH]} \tag{2-1}$$

$$pH = pK_a^1 + \log\frac{[H_3N^+CH_2COO^-]}{[H_3N^+CH_2COOH]} \tag{2-2}$$

（2-1）式および（2-2）式から明らかなように，$[H_3N^+CH_2COOH] = [H_3N^+CH_2COO^-]$ のとき，$[H^+] = K_a^1$（したがって，pH = pK_a^1）となる．すなわち，pK_a^1 は当量点までの半分だけ滴定したときの pH として求められる．この値を図 2.1 より読み取ると，pH = pK_a^1 = 2.34 と求められる．pH 2.34 付近で pH の変化が小さいのは，加えた水酸イオンのほとんどがグリシンの陽イオンから双性イオンへの変化に使用され，水溶液中の水素イオンを消費しにくいためである．これはグリシンの**緩衝作用**（後述）と関係がある．

また，滴定曲線後半の部分は，第2の解離平衡に関係がある．双性イオンと陰イオンの解離定数を K_a^2 とすると，(2-3) 式，したがって (2-4) 式が成立し，$pK_a^2 = 9.60$（図 2.1(a)）である．

$$K_a^2 = \frac{[H_2NCH_2COO^-][H^+]}{[H_3N^+CH_2COO^-]} \tag{2-3}$$

$$pH = pK_a^2 + \log\frac{[H_2NCH_2COO^-]}{[H_3N^+CH_2COO^-]} \tag{2-4}$$

それでは，グリシンの3つのイオン種はどのような割合で存在しているのであろう．これを示したのが図 2.2 である．

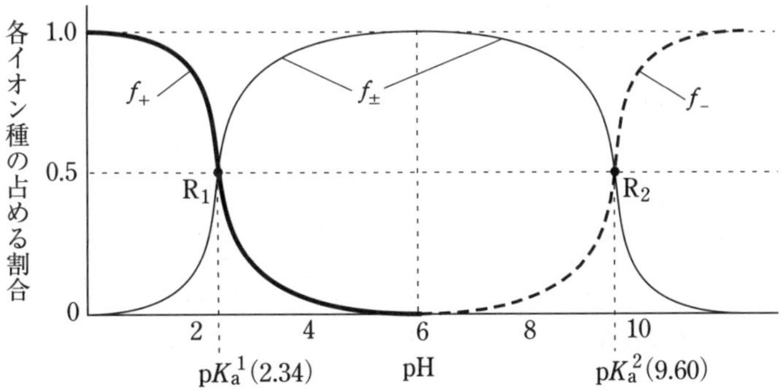

図 2.2　グリシンの各イオン種の割合

グリシンには3つのイオン種が存在する．水溶液中の pH によってこの3つのイオン種の存在割合が変化する．それぞれ，細い実線は双性イオンの占める割合 $f_\pm$，太い実線は陽イオンの占める割合 f_+，太い点線は陰イオンの占める割合 f_- を示す．R_1 および R_2 は，それぞれ $pK_a^1 = 2.34$ および $pK_a^2 = 9.60$ に一致する．いずれの pH でも，主に2つのイオン種が存在する．

全イオン種のうち，双性イオンの占める割合 $f_\pm$ は (2-5) 式で求められる．

$$f_\pm = \frac{[H_3N^+CH_2COO^-]}{[H_3N^+CH_2COOH]+[H_3N^+CH_2COO^-]+[H_2NCH_2COO^-]}$$

$$= \frac{1}{10^{pK_a^1-pH} + 1 + 10^{pH-pK_a^2}} \tag{2-5}$$

前述のように，平衡にある2つのイオン種のみを考えればよい．酸性側（pH 小）では陽イオンと双性イオンが主として存在するので (2-5) 式は (2-6) 式で近似でき，陽イオンの占める割合 f_+ は (2-7) 式で求められる．

$$\text{酸性側}\quad f_\pm = \frac{1}{10^{pK_a^1-pH} + 1} \tag{2-6}$$

$$f_+ = 1 - f_\pm = \frac{10^{pK_a^1-pH}}{10^{pK_a^1-pH} + 1} \tag{2-7}$$

(2-6) 式および (2-7) 式より，pH = pK_a^1 のとき $f_\pm = f_+ = 0.5$（図 2.2 の点 R_1）となり，双性イオンと陽イオンが同量存在する．この点は図 2.1(b) の点 P_1（pH 2.34）に対応する．

また塩基性側（pH 大）では，(2-5) 式は (2-8) 式で近似でき，陰イオンの占める割合 f_- は (2-9) 式で求められる．

$$\text{塩基性側}\quad f_\pm = \frac{1}{1 + 10^{\mathrm{pH} - \mathrm{p}K_a^2}} \qquad (2\text{-}8)$$

$$f_- = 1 - f_\pm = \frac{10^{\mathrm{pH} - \mathrm{p}K_a^2}}{1 + 10^{\mathrm{pH} - \mathrm{p}K_a^2}} \qquad (2\text{-}9)$$

(2-8) 式および (2-9) 式より pH = pK_a^2 のとき $f_\pm = f_- = 0.5$（図 2.2 の点 R_2）となり，双性イオンと陰イオンが同量存在する．この点は図 2.1(b) の点 P_2（pH 9.60）に対応する．

図 2.2 において，pH 6 付近では，$f_\pm \fallingdotseq 1.0$ であり，グリシンのほとんどが正味の電荷をもたない双性イオンとして存在する．また，ごく微量存在する陽イオンと陰イオンも同量存在する（$[H_3N^+CH_2COOH] = [H_2NCH_2COO^-]$）ので，グリシンは全体として中性となっている．この点を**等電点** isoelectric point といい，この時の pH を pI で表す．(2-1) 式および (2-3) 式の両辺を互いに掛け合わせると，$[H_3N^+CH_2COOH] = [H_2NCH_2COO^-]$ より (2-10) 式が得られる．グリシンのように側鎖に解離基をもたないアミノ酸（第 1 章 1.2.1 項を参照）の等電点は，2 つの pK_a 値の平均となる．グリシンの場合，pK_a^1 および pK_a^2 は 2.34 および 9.60 であるので，pI は理論上 5.97 となり，ほぼ pH6 が等電点である．この点は図 2.1(b) の点 E（当量点）に対応する．

$$K_a^1 \times K_a^2 = \frac{[H_3N^+CH_2COO^-][H^+]}{[H_3N^+CH_2COOH]} \times \frac{[H_2NCH_2COO^-][H^+]}{[H_3N^+CH_2COO^-]} = [H^+]^2$$

$$\mathrm{pH} = \frac{1}{2}(\mathrm{p}K_a^1 + \mathrm{p}K_a^2) \qquad (2\text{-}10)$$

グリシンの（-COOH の）pK_a^1 は 2.34 であり，酢酸 acetic acid の pK_a（4.76）より小さい．また，($-NH_3^+$ の) pK_a^2 は 9.60 であり，この値はメチルアミン methylamine の共役酸の pK_a（10.64）より小さい．このように，同じ官能基でも置かれている環境によって pK_a は変化するので，アミノ酸の pI もその側鎖によって変化する．アスパラギン酸 aspartic acid やリジン lysine のように，側鎖にカルボン酸やアミノ基をもつアミノ酸は複雑な滴定曲線となり，1 つ 1 つの反応基の pK_a を求めることができない．

タンパク質は数多くの解離基をもつのでさらに複雑である．その滴定曲線は，タンパク質表面に存在し，水素イオンの影響を受けるアミノ酸残基の側基によって決まる．タンパク質では，1 つ 1 つの解離基がどの程度解離しているかを求めることは不可能であるが，滴定曲線を描くことにより，タンパク質分子全体としての荷電状況を知ることができる．

(2) 緩衝能

グルコース glucose や脂質 lipid が代謝されると H^+ が発生する．体液中のリン酸イオンや炭酸イオンは，この H^+ を受け取って体液の pH を一定に保つ役割を担っている．このように，H^+ を受け取ったり放出したりして pH を一定に保つものを**緩衝成分**という．図 2.1 のグリシンにも見られるように，アミノ酸やタンパク質も体内の重要な緩衝成分としてはたらいている．実験室的にも，グリシンは緩衝成分としてよく使用される．リン酸イオンやアミノ酸，タンパク質はどのくらいの緩衝能力をもっているのだろうか．酸や塩基が加えられたとき，その pH を維持する能力を**緩衝能** buffer capacity（β）という．β は，pH を 1 増減させるために緩衝液に加えられる酸または塩基の量（ΔX）として定義され，(2-11) 式で近似される．

$$\beta = \frac{\Delta X}{\mathrm{dpH}} = 2.303 \times C_{\mathrm{T}} \times \frac{K_{\mathrm{a}} \times [\mathrm{H}^+]}{(K_{\mathrm{a}} + [\mathrm{H}^+])^2} \tag{2-11}$$

ただし，C_{T} は緩衝成分の総濃度，K_{a} は弱酸あるいは弱塩基の共役酸の**酸解離定数**である．一般に緩衝液は，弱酸とその塩あるいは弱塩基とその塩の 2 つの成分を含有するが，弱酸と塩の濃度が等しいとき，その緩衝液の pH は $\mathrm{p}K_{\mathrm{a}}$ に等しくなる．つまり，$\mathrm{pH} = \mathrm{p}K_{\mathrm{a}}$（$K_{\mathrm{a}} = [\mathrm{H}^+]$）のとき，(2-11) 式は (2-12) 式となり，緩衝能は極大値を示す．

$$\beta = \frac{\Delta X}{\mathrm{dpH}} = 0.576 \times C_{\mathrm{T}} \tag{2-12}$$

(2-12) 式より，緩衝成分の濃度が高いほど緩衝能は大きくなる．図 2.1 (a) でグリシン水溶液に水酸化ナトリウム水溶液を添加したとき，溶液の pH が $\mathrm{p}K_{\mathrm{a}}^1$ および $\mathrm{p}K_{\mathrm{a}}^2$ 付近であまり変化しなかったのは，この緩衝能によるものである．

2.2.2　旋光度

グリシンを除くアミノ酸水溶液は，偏光の振動面を回転させる．このことについて考えてみよう．

図 2.3(a) に示すように，アミノ酸の中央炭素（α 炭素）から，正四面体方向に 4 つの sp^3 混成軌道が張りだしてきている．それにアミノ基窒素，カルボキシ基炭素，水素および側鎖炭素の

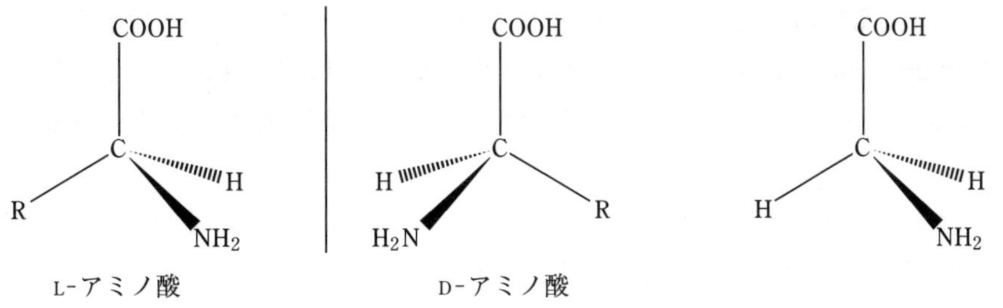

(a) 一般のアミノ酸　　(b) グリシン

図 2.3　アミノ酸の立体配置

アミノ酸の L, D 表記は，それぞれ，L-グリセルアルデヒドおよび D-グリセルアルデヒドの絶対配置に併せたものである．アミノ酸のカルボキシ基と α 炭素を紙面上におき，R 基を紙面より下に書くとき，アミノ基が左（紙面より上）にくるものを，L-アミノ酸，水素が左（紙面より上）にくるものを，D-アミノ酸とする．2 つのアミノ酸は互いに鏡像異性体（エナンチオマー）enantiomer である．アミノ酸の立体構造である D, L と旋光性である右旋性，左旋性とは無関係である．

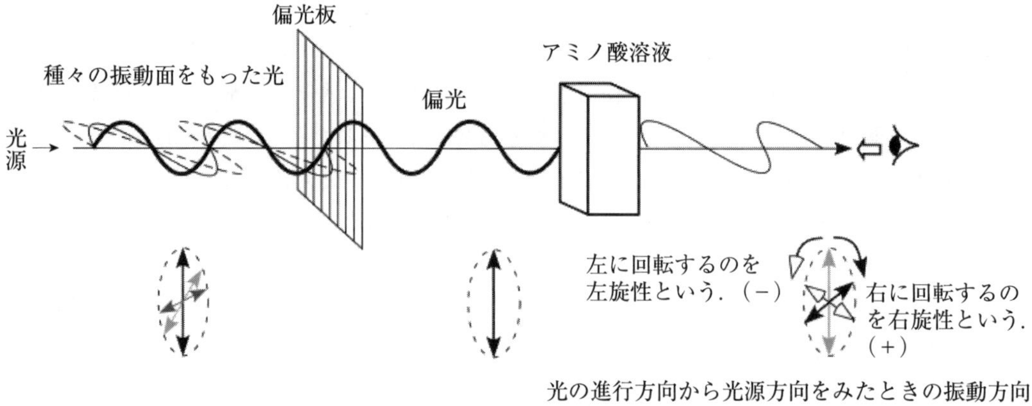

図 2.4　偏光と光学活性

自然光は種々方向に振動面をもつ電磁波の集まったものである．偏光板を通すと，ただ一方向にのみ振動する偏光を取り出すことができる．この光をアミノ酸の水溶液に照射すると，その振動面が回転する．図のように光源方向を向いて観察するとき，振動面を右方向に回転させるものを右旋性（+），左方向に回転させるものを左旋性（−）とする．

それぞれ異なる4種類の置換基がσ結合している．このため，対称面をもたず，どのように回転させても同じ分子2つを重ね合わせることはできない．このようなアミノ酸水溶液を，ある一定の方向の振動面をもつ光（**直線偏光** linear polarized light）が通過すると，その振動面が回転する（図 2.4）．このような光の振動面を回転させる性質を，**光学活性** optically active といい，このときの中央炭素を**キラル炭素** chiral（**不斉炭素**）という．

偏光面が光源に向かって時計回りに回転するときに，その物質または分子は**右旋性** dextrorotatory，反時計回りなら**左旋性** levorotatory といい，その大きさをそれぞれ符号 +，− をつけて表す．直線偏光は**右円偏光**および**左円偏光**の2つの円偏光成分を合成したものである．アミノ酸などの光学活性物質は，この2つの円偏光成分の速度に対する影響が異なるので，偏光面を回転させる．ヒトのからだをつくるアミノ酸はすべてL-アミノ酸であるが，すべてのアミノ酸が同じ方向に偏向面を回転させるわけではない．また，そのアミノ酸の解離状態に応じて置換基の**立体配座** conformation が変化するため，旋光度は水溶液の pH に依存して変化する．ただし，グリシンは2つの水素をもち，対称面をもつので**光学不活性** optically nonactive である（図 2.3(b)）．

キラル炭素をもつ分子が偏光面を回転させるので，水溶液の旋光度はその濃度および測定管の層長に比例する．そこで，日本薬局方では，濃度 c（$g \cdot cm^{-3}$）の溶液を層長 l（mm）の測定管にいれ，波長 x（nm）の単色光を入射したときの偏光面の回転角度を α（deg）とするとき，濃度 1 $g \cdot cm^{-3}$ の溶液の旋光度として，**比旋光度** specific rotation $[\alpha]_x^t$ を定義している．ただし，t は測定温度（℃）である．

$$[\alpha]_x^t = \frac{100\alpha}{l \cdot c} \qquad (2\text{-}13)$$

$[\alpha]_x^t$ は波長によって異なる．これを**旋光分散** optical rotatory dispersion（ORD）という．波長を変えて測定したとき，長波長ほど $[\alpha]_x^t$ の絶対値が小さくなる場合を正常分散という．タンパ

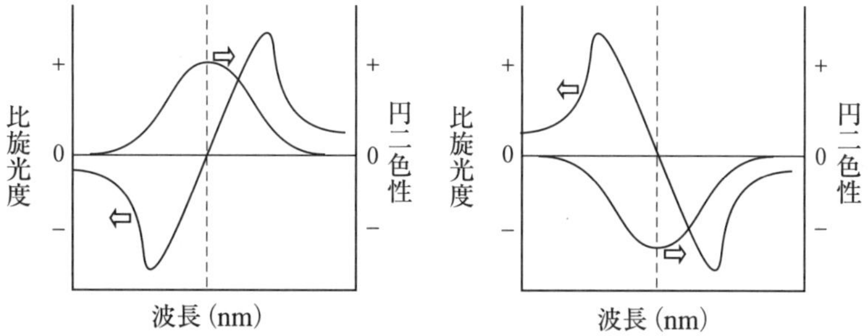

図 2.5　異常分散（コットン効果）と円二色性

タンパク質中のαヘリックスは，左右円偏光の成分をそれぞれ異なる割合で吸収する．このため，波長によって旋光度の方向が変化し，楕円偏光となる．旋光度の波長依存性（旋光分散）において，左図のように長波長側に極大がみられるのを正のコットン効果，右図のように短波長側に極大がみられるを負のコットン効果という．円二色性の山または谷が旋光分散の変曲点に一致する．

ク質も光学活性で偏光面を回転させるが，ある波長で偏光面の回転方向が＋から−，あるいは−から＋へと変化する（図 2.5）．このように，波長によって回転の方向が変わることを異常分散といい，このような効果を**コットン効果** Cotton effect という．これは，測定波長領域に吸収波長をもつためである．タンパク質は左右の円偏光成分を異なる割合で吸収する．すなわち，左右円偏光成分に対するモル吸光係数が異なる．このため，2つの円偏光成分を合成してできる偏光は，直線とならず楕円となる．このような性質を**円二色性** circular dichroism（CD）という．通例，円二色性はモル楕円率に換算して表す．タンパク質の場合には，ORD における異常分散（コットン効果）も CD も，ともにαヘリックスの存在が原因であり，その大きさはαヘリックスの含量によって決まる．したがって，これらを観察することで，タンパク質の二次構造（αヘリックス，βシート）や DNA の二重らせん構造を推測することができる．

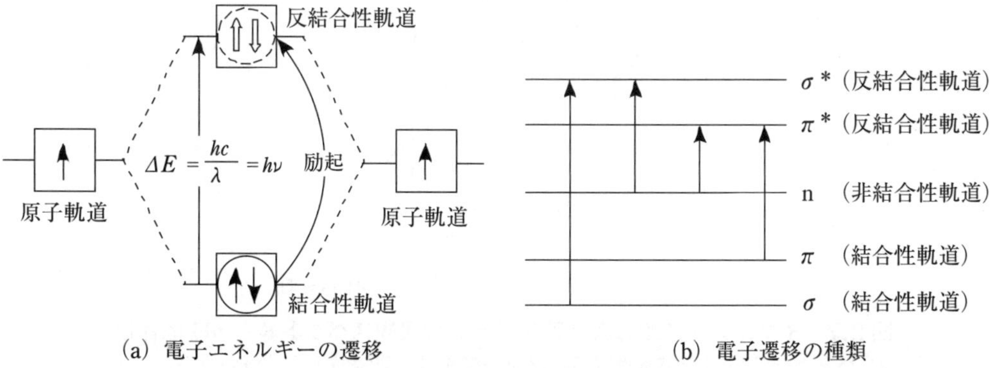

図 2.6　電子遷移と電磁波の吸収

分子を構成するそれぞれの原子の原子軌道から分子軌道がつくられ，1つの分子軌道に2個の電子が入ることで共有結合が形成される．分子軌道には結合性軌道と反結合性軌道の2種類がつくられ，エネルギー準位の低い結合性軌道に2つの電子が入ることで，原子が結合する．エネルギー準位の高い反結合性軌道には通常では電子は入っていないが，この両者のエネルギー差分が電磁波などによって供給されると電子が結合性軌道から反結合性軌道へ遷移する．

2.2.3　吸収スペクトル

アミノ酸やタンパク質は電磁波を吸収する．図 2.6(a) に示すように，この吸収は，結合性軌道にある電子がそのエネルギー差 ΔE に応じた電磁波を吸収して反結合性軌道に遷移するために観察されるものであり，結合の種類に応じて 3 種の遷移がある（図 2.6(b)）．$\Delta E = h\nu = h\dfrac{c}{\lambda}$ だから ΔE の大きな遷移ほど吸収する電磁波の波長が短い．このような電子エネルギーの遷移による吸収を波長に対してプロットしたのもを**電子スペクトル**という．

ほとんどのアミノ酸は $\sigma \rightarrow \sigma^*$ 遷移による 230 nm 以下の遠紫外線領域の電磁波を吸収するが，ΔE が大きく吸収波長が短いので，現在の吸光光度計での検出は難しい．フェニルアラニン

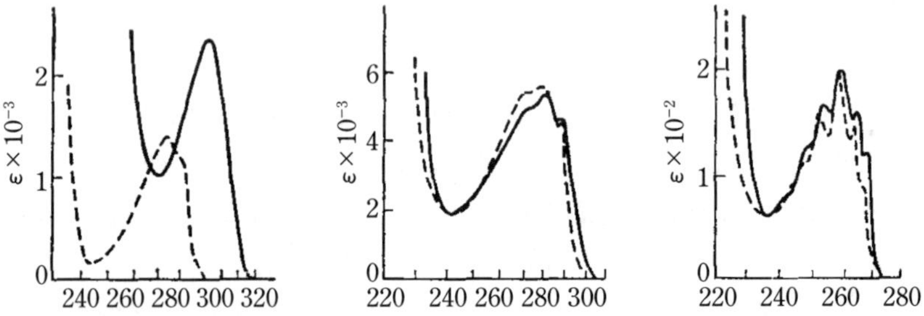

(a) ベンゼン環を有する 3 つのアミノ酸の吸収スペクトルとその pH 依存性

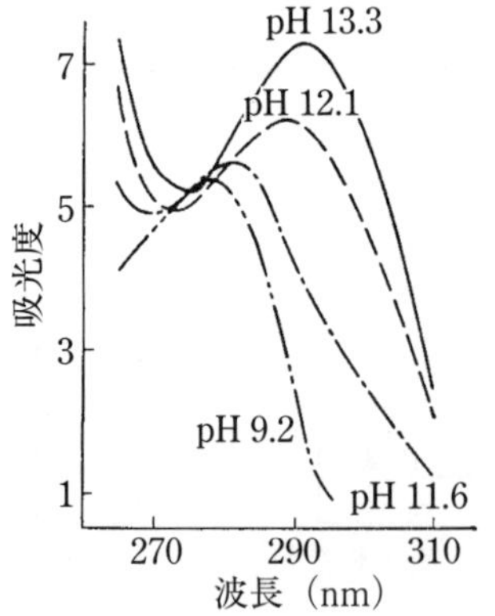

(b) アルブミンの吸収スペクトルの pH 依存性

図 2.7　3 つのアミノ酸およびアルブミンの吸収スペクトルと pH 依存性

(a) ベンゼン環に由来する吸収スペクトルである．3 つのアミノ酸のうち，フェニルアラニンの吸収は小さく，他の 10 分の 1 程度である．チロシンの吸収スペクトルは，溶液の pH の影響を大きく受ける．実線：0.1 M NaOH 中，点線：0.1 M HCl 中，ε：モル吸光係数

（中垣正幸・寺田弘・宮島孝一郎（1982）生物物理学化学，P181　図 3・4・5，南江堂）

(b) アルブミン水溶液の吸光度

（C. Tanford（1950）*J. Am. Chem. Soc.*, **72**, 441）

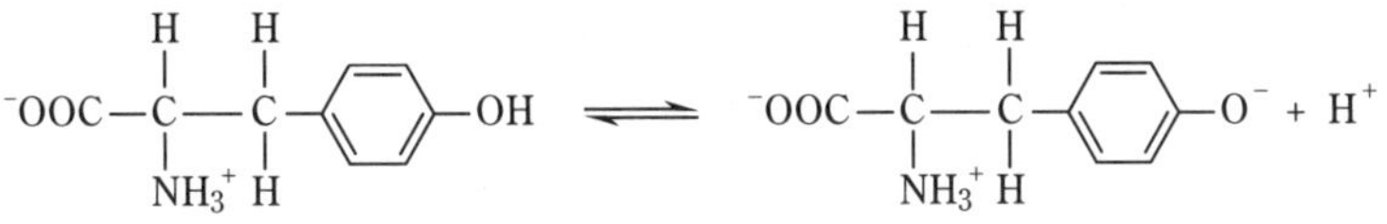

図 2.8　チロシンのフェノール性水酸基の解離平衡

フェノール性水酸基が解離することで，酸素とベンゼン環が共鳴し，
吸収波長が長波長にシフトする．

phenylalanine，チロシン tyrosine，トリプトファン tryptophan の 3 つのアミノ酸はその側鎖にベンゼン環を有し（第 1 章，表 1.1 参照），$\pi \rightarrow \pi^*$ 遷移による 280 nm 付近の電磁波を吸収する．3 つのアミノ酸の紫外部吸収スペクトルを図 2.7(a) に示す．フェニルアラニンおよびトリプトファンの吸光度の pH 依存性は小さいが，チロシンの吸光度の pH 依存性は大きく，その吸収極大は水溶液が塩基性に傾くと長波長側にシフトする．これはフェノール性水酸基の解離に起因している（図 2.8）．

タンパク質溶液の吸収スペクトルはこれら 3 種のアミノ酸に由来する．ただし，フェニルアラニンは吸光度が小さく（図 2.7(a)），タンパク質の吸光度にはほとんど寄与していない．アルブミン albumin 水溶液のスペクトルは pH によって変化（図 2.7(b)）し，この pH 依存性はチロシンの場合（図 2.7(a)）と類似している．このことは，アルブミンに含まれるチロシン残基が水素イオンの影響を受ける表面付近に位置していることを示すものである．

2.2.4　分子量測定法

タンパク質をつくるアミノ酸組成がわかれば，タンパク質の分子量を計算できる．しかし，タンパク質の中にはアミノ酸組成がわからないものも多い．そこで，表 2.1 にあげるような方法を使って，分子式がはっきり決まらないタンパク質の分子量を求めることができる．表 2.1 に代表的な分子量の求め方をまとめた．

表 2.1　タンパク質の分子量の求め方

数平均分子量	浸透圧法，凝固点降下度法
質量平均分子量（重量平均分子量）	光散乱法，沈降速度法，沈降平衡法（吸収法）
Z 平均分子量	沈降平衡法（屈折率法）
粘度平均分子量	固有粘度法
流体学的分子量	ゲルろ過クロマトグラフィー

(1) 浸透圧測定法

タンパク質の希薄溶液は，塩化ナトリウムやグルコースのような低分子化合物と同様に束一性を示し，その浸透圧は濃度に比例して大きくなる．

図 2.9 のように半透膜（高分子であるタンパク質分子は透過できないが，水分子は透過する）を隔てて，溶媒である水（左側）とタンパク質水溶液（右側）を接触させることを考えよう．この時，水分子の**化学ポテンシャル** chemical potential は溶液側（右側）で低い．境界の半透膜を取り除けば，タンパク質分子の拡散により均一な 1 つの溶液となる．しかし，半透膜に隔てられ

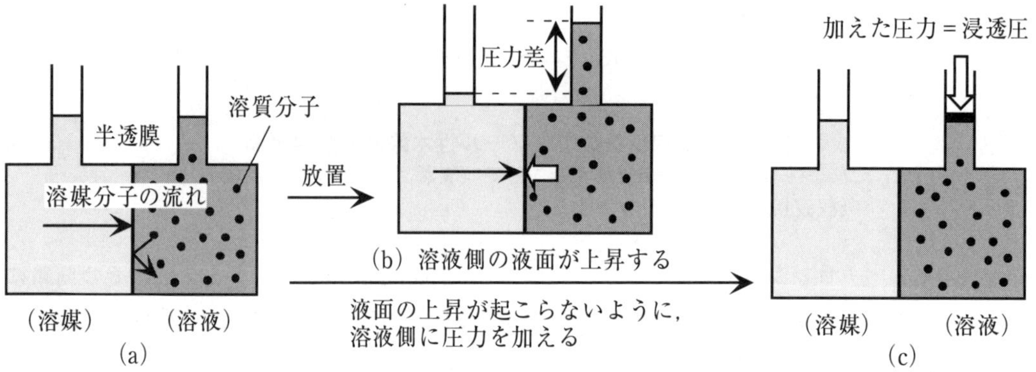

図 2.9　浸透圧

タンパク質分子は移動できないので，溶媒側（左側）から溶液側（右側）へ（化学ポテンシャルの減少する方向に）水分子が移動して溶液側（右側）の液面が上昇する．そこで，液面が上昇しないように溶液側の液面に圧力を加える（図 2.9(c)）．この加えた圧力が**浸透圧** osmotic pressure である．希薄溶液の浸透圧 Π（単位：N/m^2）は溶液中の溶質モル濃度 C（単位：$mol/m^3 = mmol/dm^3$）に依存し，タンパク質の分子量を M（単位：kg/mole）とすると近似式 (2-14) が成立する．

$$\Pi = RTC = RT\frac{x}{M} \tag{2-14}$$

ただし，R は気体定数（単位：J/mole・K），T は絶対温度（単位：K），C は溶質のモル濃度（単位：mol/m^3），x は溶液 $1\,m^3$ 中に溶けているタンパク質の kg 数である．溶液の束一的性質である凝固点降下度や沸点上昇度などを測定しても分子量の測定が理論上は可能であるが，その変化が小さく実際的ではない．

浸透圧の差による水分子の移動は生体内でもよく見かけられる現象である．たとえば，血清アルブミンは血液浸透圧の一部を担っているので，低アルブミン血症では膠質浸透圧の低下により，腹水（浮腫の一種）が起こる．また，腎臓では Na^+ などの再吸収が能動的に行われることで尿細管腔内と間質側の浸透圧の差が生じ，これを利用して水の再吸収が受動的に行われている．

(2) 沈降速度法

粉体を水に分散させてその沈降速度から粉体の粒子径を測定する方法がある．この原理を利用して高分子の分子量を測定するのが**沈降速度法** sedimentation velocity method である．

地球上の物体には，その質量に比例した重力がかかる．水溶液中のタンパク質分子にも重力がかかっているが，ブラウン運動のために沈降せず溶液はどこをとっても均一な濃度となる．図 2.10(a) のようなセルにタンパク質溶液を入れ，一定温度で，支点を中心に 70,000 rpm（rpm：1 分間の回転数）のような高速で回転させると，タンパク質分子には遠心力，浮力および摩擦力の 3 種類の力がかかり，タンパク質はセル底方向へ移動（沈降）する．この結果，タンパク質を含まない溶媒（水）層とタンパク質溶液層とに分離して，境界面ができる．回転を続けると境界面が移動するが，この移動速度はタンパク質の分子量に依存する．この移動速度を測定すれば，タ

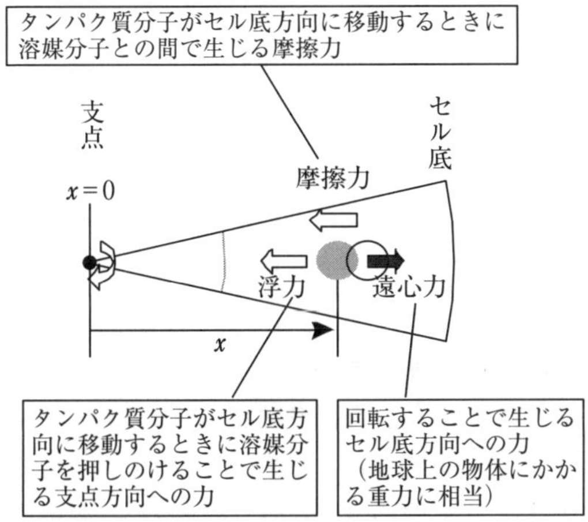

(a) タンパク質分子にかかる力

支点から距離 x の位置にある質量 m のタンパク質分子には，回転による遠心力 $m\omega^2x$ がかかりタンパク質分子をセルの底方向に向かって移動させる．このとき，移動したタンパク質分子のあとに溶媒分子が置き換わるために浮力が支点方向に，また，タンパク質分子が移動するとき溶媒分子との間に摩擦力が生じる．

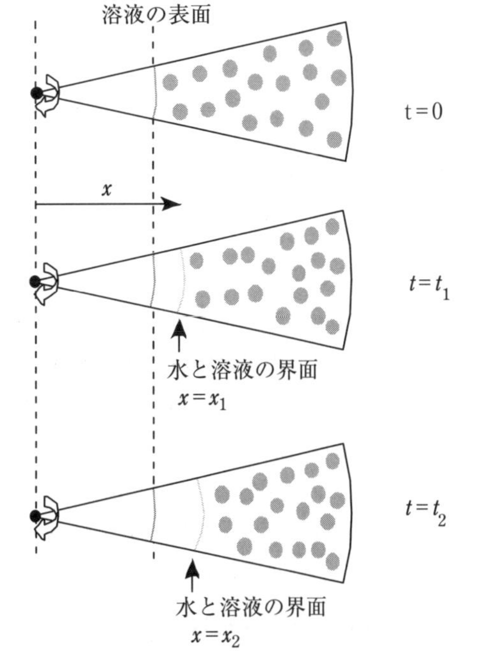

(b) タンパク質分子沈降の時間変化

時間とともにタンパク質を含む溶液とタンパク質を含まない純溶媒（水）の境界がセル底方向に移動する．

図 2.10　沈降速度法によるタンパク質の分子量測定

ンパク質の分子量を求めることができる．

方法としては，まず時間 t_1，t_2 における境界面の移動距離 x_1，x_2 を測定して（2-15）式より沈降係数 s を求める（図 2.10 参照）．ただし，ω は回転角速度（回転数から換算）である．この s を（2-16）式に代入すればタンパク質の分子量が求まる．ρ は溶媒の密度である．

$$s = \frac{\ln(x_2/x_1)}{\omega^2(t_2 - t_1)} \tag{2-15}$$

$$M = \frac{sRT}{D(1 - \bar{v}\rho)} \tag{2-16}$$

拡散定数 D と部分比体積 $\bar{v}$（1g の乾燥した溶質を無限大の溶媒に溶かしたときの，体質増加分で，溶質 1g の体積と思ってよい）は別の実験で求めなければならない．

(3) 沈降平衡法

沈降速度法は，遠心分離の回転速度を大きくしてあり，最終的にタンパク質分子はセル底に沈殿してしまう．しかし，回転速度 ω を小さくして 10,000 rpm ぐらいにすると，沈降方向の力とは逆方向に拡散力が生じ，両者が釣り合ったところで，タンパク質分子の移動が起こらなくなる．これを**沈降平衡** sedimentation equilibrium という．沈降平衡に達したとき，回転軸からの距離 x_1，x_2 におけるタンパク質濃度を C_1，C_2 とすると，（2-17）式より分子量を計算できる．

$$M = \frac{2RT\ln(C_2/C_1)}{(1-\bar{v}\rho)\omega^2({x_2}^2-{x_1}^2)} \qquad (2\text{-}17)$$

この方法は，拡散係数を必要としないが，沈降平衡に到達するのに時間がかかる．

（4）粘度測定法

タンパク質溶液では，高分子であるタンパク質分子と水分子の間に摩擦が生じて溶液の粘度が増加する．この粘度はタンパク質の分子量に依存するので，タンパク質溶液の粘度を測定することで，その分子量を見積もることができる．

タンパク質溶液の**還元粘度** reduced viscosity（図 2.11 の説明文参照）の濃度依存性は，図 2.11 のような直線となる．この直線を 0 に外挿して得られた値［η］を**固有粘度** intrinsic viscosity という．固有粘度［η］は，タンパク質の分子量，大きさ，形状などと密接に関係している値である．［η］とタンパク質の分子量 M との間には（2–18）式の関係があるので，タンパク質溶液の［η］が得られればタンパク質の分子量を求めることができる．

$$[\eta] = KM^{\alpha} \qquad (2\text{-}18)$$

K および α は経験的な定数である．一般に，球状（剛体球）では $\alpha = 0$，ランダムコイルでは $\alpha = 0.5$，長くて固い棒状の場合には $\alpha \fallingdotseq 1.8$ となり，タンパク質溶液の粘度はその形状によって大きく変化することがわかる．ただし，K および α の値は，溶媒，温度，イオン強度などによって変化する．また，ここで用いたタンパク質濃度は g/dL であり，固有粘度の次元は濃度$^{-1}$である．粘度の測定方法については，専門書を参考にしてほしい．

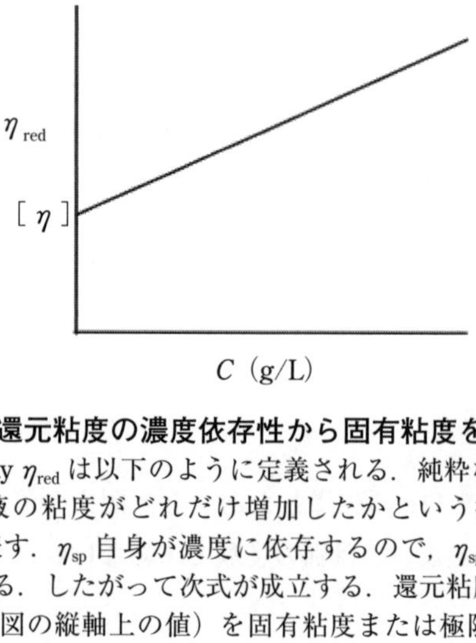

図 2.11　還元粘度の濃度依存性から固有粘度を求める

還元粘度 reduced viscosity η_{red} は以下のように定義される．純粋な溶媒（ここでは水）の粘度と比較して，溶液の粘度がどれだけ増加したかという指標を比粘度 specific viscosity といい，η_{sp} で表す．η_{sp} 自身が濃度に依存するので，η_{sp} を溶液の濃度で割った値を還元粘度と定義する．したがって次式が成立する．還元粘度を図のように図示して C を 0 に外挿した値（図の縦軸上の値）を固有粘度または極限粘度という．通常は図中に示されているように，［η］で表す．

$$\eta_{\text{red}} = \frac{\eta_{\text{sp}}}{C} = \frac{1}{C} \times \frac{\eta - \eta_0}{\eta_0}$$

（5）ドデシル硫酸ナトリウム-ポリアクリルアミドゲル電気泳動（特別講義参照）

ドデシル硫酸ナトリウム-ポリアクリルアミドゲル電気泳動 sodium dodecyl sulfate–polyacryl amide gel electrophoresis（**SDS-PAGE**）は，まず β-メルカプトエタノール β-mercaptoethanol でタンパク質のジスルフィド結合を還元して開裂させる．ここにSDSを加えると，SDSがタンパク質の分子量にほぼ比例する量で結合し，さらに本来の天然形の立体構造を壊して棒状のSDS-タンパク質複合体をつくる．この試料をポリアクリルアミドゲル上で電気泳動すると，タンパク質はもっぱらタンパク質の大きさに基づいて移動し，小さなタンパク質ほど速く泳動する．すでに分子量のわかっているタンパク質を同時に電気泳動し，その泳動距離を比較することで，試料の分子量を知ることができる．また，タンパク質のサブユニットが開裂するので，分子量既知のオリゴマータンパク質がいくつのサブユニットから成り立つかということがわかることもある．

(6) 質量分析法

この方法によっても分子量を決定することができるが，これの詳細については後出の2.5.8項で述べる．

2.2.5　タンパク質の立体構造および高次構造

タンパク質はアミノ酸がペプチド結合して構成される高分子であり，アミノ酸配列がそのタンパク質の立体構造を決定する．しかし，クロイツフェルト・ヤコブ病 Creutzfeldt-Jakob disease（CJD）の原因の異常型プリオンタンパク質と正常型プリオンタンパク質のように，同じアミノ酸の配列からなるタンパク質でも立体構造（折りたたまれ方）によって機能が変わることがある．このようにタンパク質の機能は立体構造によって決定される．

タンパク質の構造は，一次構造から四次構造に分類されるが，二次以上を高次構造という．

一次構造	アミノ酸の配列順序
二次構造	タンパク質中の部分的かつ特徴的な立体構造．α ヘリックスなど
三次構造	ポリペプチド鎖1本の全立体構造
四次構造	複数のポリペプチド鎖がつくる幾何学的位置関係

(1) 一次構造

2つのアミノ酸は，**ペプチド結合** peptide bond により（脱水）縮合してジペプチドとなり，これが連なってポリペプチド鎖をつくる．ポリペプチド鎖のアミノ酸のつながり方（配列）を**一次構造** primary structure という（図2.12）．ペプチド結合は酸素原子の電子吸引性により共鳴構造をとっており，ペプチド結合を形成する6つの原子はほぼ同一平面上にある．このため，ペプチド結合の部分は自由回転できない（図2.13）．

(2) 二次構造

ペプチド結合の部分は自由回転できないが，α 炭素原子の周りの回転は可能である（図2.13）．この回転により形成されるのが高次構造である．タンパク質は高次構造をつくることで安定化し

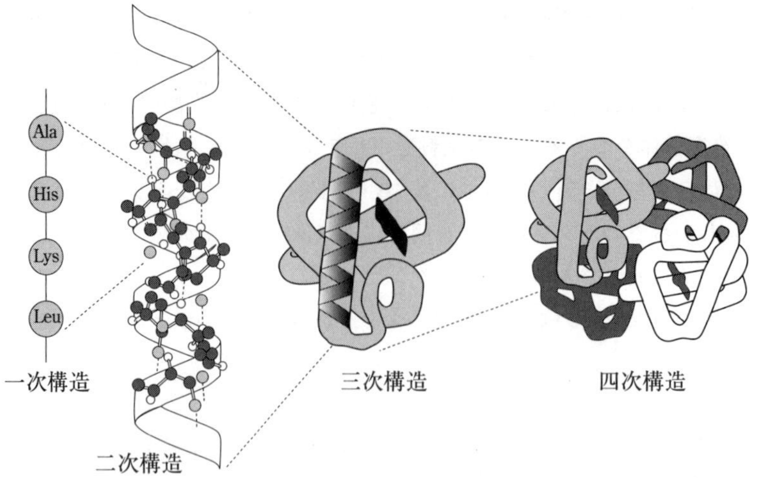

図 2.12　ヘモグロビンの高次構造
(Raymond Chang 著，岩澤康裕・北川禎三・濱口宏夫訳（2003），化学・生命科学系のための物理化学，p.591，図 22・23，東京化学同人)

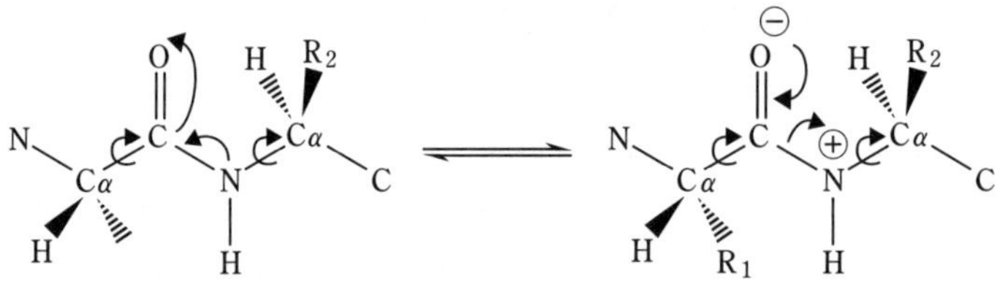

図 2.13　ペプチド結合の共鳴
カルボニル基の炭素原子とアミド基の窒素原子は，それぞれ sp^2 混成軌道をつくり図のように共鳴している．このため，ペプチド結合に関与する原子は 1 つの平面上に固定されている．

ている．

αヘリックス α helix や **βシート** β sheet は，ペプチド結合を形成するカルボニル O 原子とアミド H 原子間の**水素結合**によるものである．O 原子はその電気陰性度により δ- を帯びている．一方，アミド基の H 原子は N 原子の電子吸引性により δ+ となっている．この H 原子を介した 3 つの原子の相互作用を水素結合という．水素結合は 10〜40 $kJ\,mol^{-1}$ で共有結合（500 $kJ\,mol^{-1}$ 程度）ほどには強くないが，一般的なファンデルワールス力による結合（1 $kJ\,mol^{-1}$）よりかなり強い．また，水素結合は強い方向性を持ち，結合を形成する 3 つの原子が直線上に並んだとき最も強くなる．このため，N-H 基が，ペプチド鎖に沿って 3 残基離れた C=O 基と分子内水素結合して右巻きのらせん状構造をつくるとき，水素結合の長さや角度のひずみが最小で安定な構造となる．これを α ヘリックスという（図 2.14(a)）．しかし，すべてのポリペプチドが α ヘリックスを形成するわけではない．プロリン proline やグリシンは α ヘリックスを形成しにくい．一方，グルタミン酸 glutamate，アラニン alanine，ロイシン leucine が連続すると α ヘリックス構造をとりやすいとされる．また，アミノ酸残基の側鎖間の静電的相互作用や疎水性相互作用は α ヘリックスの安定性に影響を与える．

遠く離れたポリペプチド鎖や異なるポリペプチド鎖間で水素結合し，ひだ状構造をつくったも

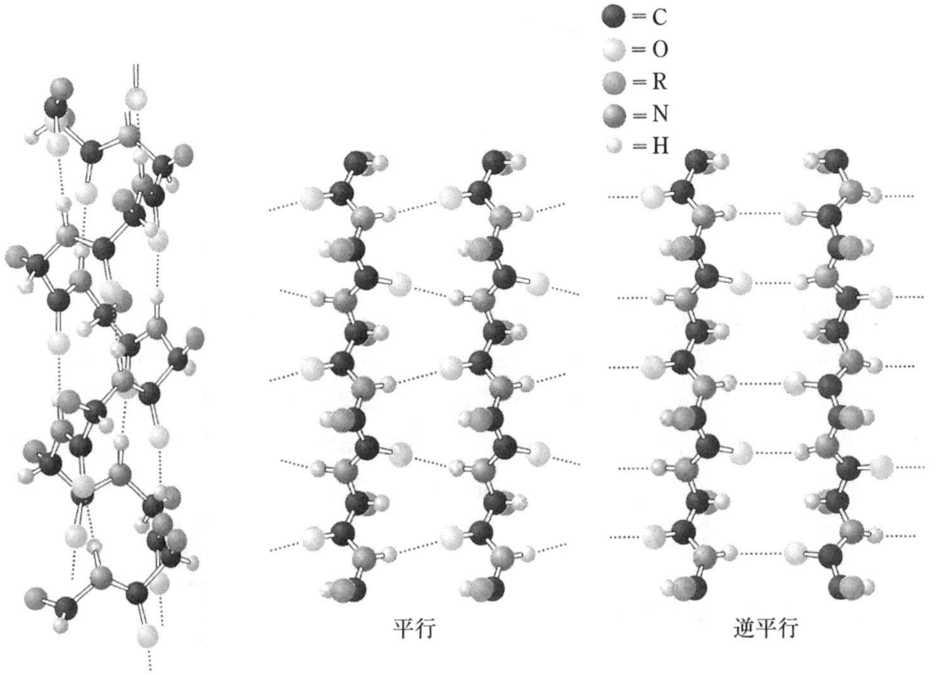

図 2.14　ポリペプチド鎖の二次構造

(a)　α ヘリックス：安定な右巻き構造である．
(L. Pauling, "The Nature of the Chemical Bond," 3rd Ed., Copyright 1939, 1940, 1960, by Cornell University. Cornell University Press より転載)
(Raymond Chang 著，岩澤康裕・北川禎三・濱口宏夫訳（2003）化学・生命科学系のための物理化学, p.588，図 22・18，東京化学同人)
(b)　β シート：C 末端から N 末端への並びが同じ場合を平行，C 末端から N 末端への並びが逆の組合せを逆平行という．両者の水素結合の様子が異なる．
(Raymond Chang 著，岩澤康裕・北川禎三・濱口宏夫訳（2003）化学・生命科学系のための物理化学, p.589，図 22・20，東京化学同人)

のを β シートという．図 2.14(b) に示すように，いずれのポリペプチド鎖も C 末端から N 末端への方向が同じ方向に並ぶ場合（平行）と，逆方向（逆平行）に並ぶ場合のいずれかをとる．平行と逆平行で水素結合のパターンが異なる．イソロイシン isoleucine，バリン valine，メチオニン methionine は β シート構造をとりやすいとされる．

α ヘリックスや β シートの二次構造はいずれも一次構造で決定されるアミノ酸配列を反映している．このような定まった構造をとっていない部分を**ランダムコイル** random coil という．

(3)　三次構造

1 本のポリペプチド鎖の中には，α ヘリックスや β シートのような二次構造がいくつか形成される．さらにこれらの構造がファンデルワールス力やクーロン力などによって三次元的に組み立てられ，1 本のポリペプチド鎖の形状ができあがる．これを**三次構造** tertiary structure という．三次構造がつくられるときには，疎水性アミノ酸残基の多い部分が疎水性相互作用や分散力によって集まってポリペプチドの内部にたたみ込まれたり（folding），ポリペプチド鎖が折れ曲がったり（ターン）する．特に疎水性相互作用は，球状タンパク質の構造形成に重要である．鋭角な折れ曲がりの部分にはグリシンやプロリンが多い．さらにシステイン cysteine の SH 基による**ジスルフィド結合**（これは共有結合）も三次構造の形成に関係している．血液中に存在し，医薬品との相互作用において重要なアルブミンは，1 本のポリペプチドからなるタンパク質で，分子全体は回転楕円体のような形をとっている．

（4）四次構造

2 つ以上のポリペプチド鎖が互いに相互作用して 1 つのタンパク質をつくることがある．この複合体の三次元的な配置を**四次構造** quaternary structure という．この時，それぞれのポリペプチド鎖を**サブユニット** subunit とよぶが，サブユニットは同一のものもあれば異なる場合もある．細胞膜を介した水の透過に関与するチャネルであるアクアポリン aquaporin は同じポリペプチド鎖からなる四量体であるが，ヘモグロビン hemoglobin（図 2.12）は α，β の 2 種類のポリペプチド鎖それぞれ 2 つからなる四量体である．

2.2.6　タンパク質分子の形状

タンパク質は高次構造をつくることでさまざまな形状をしているが，その形状はタンパク質の機能と密接な関係がある．一般には，**線維状タンパク質** fibrous protein と**球状タンパク質** globular protein に分類される．線維状タンパク質は通常そのほとんどが 1 つのタイプの二次構造から成り長い鎖状またはシート状をしている．球状タンパク質はいくつかの二次構造を含むことが多く，球状に折りたたまれている．これら 2 つのグループは形状だけでなく機能的にも全く異なる性質をもつ．

（1）球状タンパク質

球状タンパク質に分類されるのは，酵素，輸送タンパク質，調節タンパク質，免疫グロブリン，その他多くの機能性タンパク質である．球状タンパク質の最大の特徴は，非常にわずかな空隙を残してポリペプチド鎖は折りたたまれコンパクトになっている．球状タンパク質は，いくつかの二次構造が規則的に並び，特に安定な配置をとって，**超二次構造** supersecondary structure（あるいはモチーフ motif，フォールディング folding）をつくる．アミノ酸残基が 200〜300 以上のポリペプチドは，モチーフがいくつか相互作用して**ドメイン** domain とよばれる非常に安定な球状の集合体をもち，さらにドメインが集まって機能を発現するタンパク質としての構造をつくっている．また，何本かのポリペプチド鎖がサブユニットとして集合している場合もある．

アルブミンやキモトリプシン chymotrypsin のような水溶性の球状タンパク質は，疎水性アミノ酸のほとんどが疎水性相互作用で引きあってタンパク質内部に埋もれて安定化され，極性側鎖のほとんどが分子の外側に配置して水分子と相互作用（水和）している（口絵 1 参照）．

細胞膜に存在するチャネル channel や受容体 receptor などのタンパク質は，疎水性側鎖をもつアミノ酸残基が α ヘリックスや β シートをつくって膜貫通部となり，細胞膜の脂質と接触する．一方，極性側鎖をもつアミノ酸は，細胞内外に突き出た部分に多く局在し，リガンド認識能などを有して機能を発現する．アクアポリンのように，いくつかのサブユニットが集合してチャネルを形成する場合には，膜脂質と接触する外側部分は疎水性アミノ酸が，水が通る内側部分には水分子を透過させるために必要な親水性アミノ酸が配置されるように折りたたまれている．

(2) 線維状タンパク質

線維状タンパク質の例としては，α-ケラチン α-keratin，コラーゲン collagen，アクチン actin などがあり，結合組織，腱，骨，骨格筋などをつくっている．これらのタンパク質は長い線維状の構造をつくり，強度や柔軟性を与えている．単純な二次構造の繰り返しで，疎水性アミノ酸がタンパク質の内部と表面に高密度に存在する．線維状タンパク質は球状タンパク質に比べて変性しにくい．

毛髪の成分である α-ケラチンは，2 本の右巻き α ヘリックス鎖の N 末端どうしが同じ方向に並び，左巻きに巻きついて超らせん状の構造（コイルドコイル coiled coil）をつくっている（口絵 2 参照）．これらはさらに会合して四次構造をつくっている．α-ケラチンはシステイン残基を多く含んでいる．このため，コイルドコイル内のポリペプチド鎖間，あるいはさらなる会合体中の隣りあうポリペプチド鎖間で多くのジスルフィド結合をつくり，その強度を高めている．ちなみに，このジスルフィド結合を化学薬品で切断し，酸化剤を加えて切断前とは別の位置にスルフィド結合をつくるのがパーマネントウェーブである．

コラーゲンは 3 残基ごとにグリシンが存在するとともに，プロリンやヒドロキシプロリン hydroxyproline のようなイミノ酸 imino acid を多く含む．プロリンやヒドロキシプロリンはピロリジン環の立体障害のために α ヘリックスを形成できない．また，イミノ酸は水素結合をつくれない．このため，コラーゲンは左巻きの独特のらせん構造をつくる（口絵 3 参照）．さらに，らせんが 3 本右巻きに巻きついて特有の超らせんをつくっている．

筋肉タンパク質である F アクチンのように，球状アクチン（G アクチン）が会合して糸状のポリマーを形成する場合もある．

2.2.7　タンパク質の溶解度と塩析

タンパク質は多くの疎水性アミノ酸を含んでおり，本来は水に対して不溶性である．しかし，アルブミンのような可溶性タンパク質では，その表面に多くの親水性アミノ酸残基が現れ上述のように水分子がタンパク質の周りに水和するので，水に溶解する．また，正または負の電荷をもつアミノ酸の電荷による反発力や引力はタンパク質の立体構造の形成に深く関わっており，水溶液の pH と塩濃度はタンパク質の溶解度に大きな影響を与える．

塩濃度一定のもとに，タンパク質の溶解度の pH 依存性を調べると，タンパク質の溶解度は正味の電荷が 0 となる等電点で最低となる．水分子の水和が制限されるためである．等電点より酸性側あるいは塩基性側ではタンパク質の表面が正あるいは負の電荷をもつようになり，水分子による水和が増えて溶解度が大きくなる．

pH 一定のもとに，タンパク質の溶解度の塩濃度依存性を図 2.15 に示した．タンパク質の溶解度がイオン強度の増大とともに大きくなり，最大値を経て減少していることがわかる．このイオ

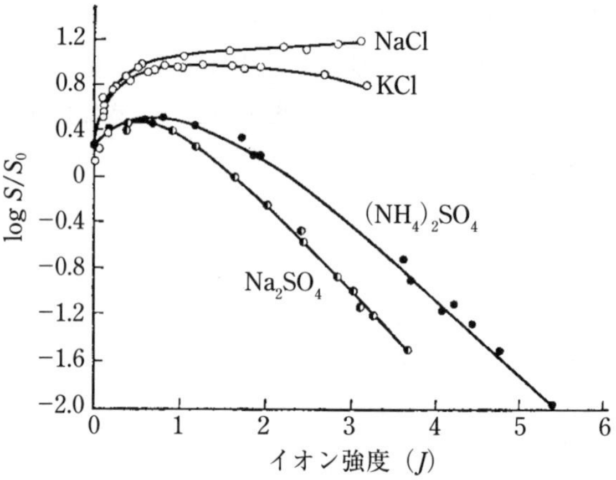

図 2.15　タンパク質の溶解度の塩濃度依存性
ウマのカルボキシヘモグロビンの溶解度のイオン強度依存性
S/S_0：S_0はイオン強度＝0のときの溶解度．Sはイオン強度Jの時の溶解度を表す．
(A. A. Green (1931) *J. Biol. Chem.*, **93**, 495, 517)

ン強度の小さい領域でみられるように，塩濃度の増大に伴って溶解度が増加する現象を**塩溶** salting in といい，高濃度領域にみられるように塩濃度の増大に伴って溶解度が減少する現象を**塩析** salting out という．これは添加塩のイオンがタンパク質の水和水を奪うためである．このため，一般に多価イオンほどその効果が大きい．

図 2.15 のイオン強度領域における溶解度 C_s（＝ S）の直線的減少は（2-19）式で表すことができる．

$$\log C_s = \log C_i - k_s J \qquad (2\text{-}19)$$

C_i はイオン強度 J を 0 に外挿した溶解度であり，この値は図 2.15 に示す塩無添加の時の実測値 S_0 とは異なる．k_s は塩析定数といわれる．k_s は温度や pH に依存せず，タンパク質や塩の種類により決まる定数である．もちろん k_s の値が大きいほどその効果は大である．塩析はタンパク質の分離精製法として利用される．

卵の白身には，主にアルブミンやグロブリン globulin の 2 種類のタンパク質が含まれている．卵の白身を真水の中に入れると白濁するが，生理食塩水（0.9 w/v% NaCl 水溶液）に加えても白濁しない（塩溶）．しかし，さらに食塩の濃度を大きくすると再び白濁する（塩析）ようになる．

2.2.8　タンパク質の変性

ゼラチン gelatin を温水に溶かし，冷やすと固まってゼリー状になる．このように，タンパク質に熱，酸や塩基，アルコール，重金属イオンなどを加えるとタンパク質の高次構造が変化し，一次構造は残っているが本来の活性や機能をもった天然状態とは違った状態になることがある．これをタンパク質の**変性** denaturation という．ゼラチンはコラーゲンを主成分とするが，コラーゲン特有のらせん構造は高温では壊れて三量体が解離し，水に溶ける．これを冷却すると，もとのらせん構造をとるようになり固化するのである．

一次構造から考えられるタンパク質の高次構造はいくつもあり，天然形はその中で最も安定（自由エネルギーが最小）な構造である．変性形は，天然形の高次構造を保つ原因であった疎水性相互作用や水素結合，イオン結合などの相互作用が破壊され，天然形とは異なる高次構造に変化したものとされる．天然形と変性形のエネルギー差が小さい場合（20〜40 kJ/mol^{-1} くらい）には，互いに可逆的に変化することができる（図 2.16）．これは，タンパク質の機能とも関係している．たとえば，細胞膜をたやすく横切って拡散することができるタンパク質は，天然形から変性形に構造変化して細胞膜を拡散し，再び天然形に戻ることができる．

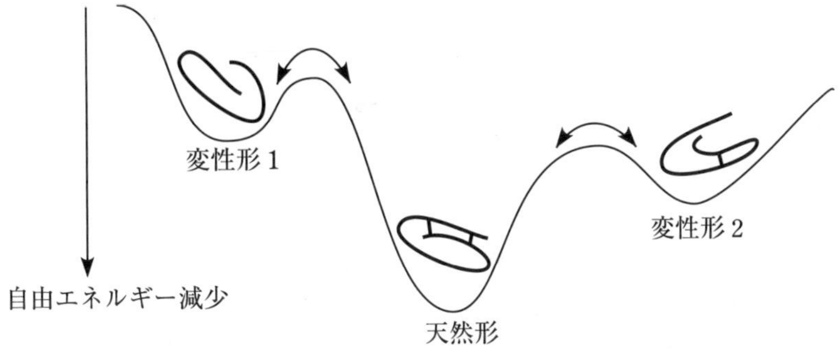

図 2.16　タンパク質の高次構造の自由エネルギー
タンパク質のとりうる構造は，天然形で最も安定である．変性形と天然形のエネルギー差が小さい場合，互いに可逆的に変化することができる．

なお，変性したタンパク質を元の高次構造に戻す操作をタンパク質の**再生** renaturation という．タンパク質の再生は，たたみ込まれたペプチド鎖を一旦完全にほどき，数時間かけてゆっくりとたたみ込むよう条件を細かく調整・変化させることで行われている．また，細胞内のリボソームで新たに生成されたタンパク質は，**分子シャペロン** molecular chaperone という特別な分子によって天然形に効率よく折りたたまれる．

表 2.2 に，代表的なタンパク質の変性要因をまとめた．

表 2.2　タンパク質の変性要因

熱変性	ほとんどのタンパク質は加熱により変性するが，低温で変性するものもある．
pH	水素イオン濃度は，アミノ酸側鎖の解離基の解離平衡に影響する．このためタンパク質内の静電的相互作用，水素結合などに影響を及ぼし，タンパク質変性の要因となる．
イオン強度	イオンはアミノ酸側鎖の解離基と相互作用する*．このためタンパク質内での側鎖間あるいは解離基間の相互作用が変化し，タンパク質の高次構造を変化させるので，変性の原因となる．
変性剤	・高濃度の尿素や塩酸グアニジンの添加は，タンパク質内の水素結合や疎水性相互作用を破壊すると考えられる． ・エタノール等の水溶性有機溶媒は，タンパク質表面の極性残基と水素結合を形成する． ・β-メルカプトエタノール：ジスルフィド結合の開裂 ・界面活性剤

* また解離基間どうしの電気的相互作用の大きさを変化させる．

2.3　糖質の物理化学的性質

糖質はエネルギーや情報伝達，生体防御など様々な分野で不可欠であり，その機能は物理化学的性質と深く関わっている．ここでは糖の生体機能に関係する物理化学的性質について述べる．

2.3.1　単糖の立体配座と立体異性

最も重要な単糖であるグルコース glucose の化学構造はいろいろな表記法で描かれる（図 2.17）．直鎖構造と環状構造は溶液中で可逆的平衡関係にあるが，この平衡は一方に偏っており，環状構造の方が熱力学的に安定である．環状構造は簡易的にハース投影式で表記されるが，実際には 6 員環は同一平面上にはなく，いす型の立体配座をとっている．

グルコースは不斉炭素原子を少なくとも 4 つ（C2，C3，C4，C5）もつので立体異性体が数多く存在する．大文字の D や L を用いて「D-グルコース」や「L-グルコース」のように表記されることがあるが，これは非還元末端の 1 つ隣の炭素（グルコースでは C5）の立体異性を示している．この絶対配置が *R* であれば D 型，*S* であれば L 型と表す習慣になっている（図 2.18）．哺

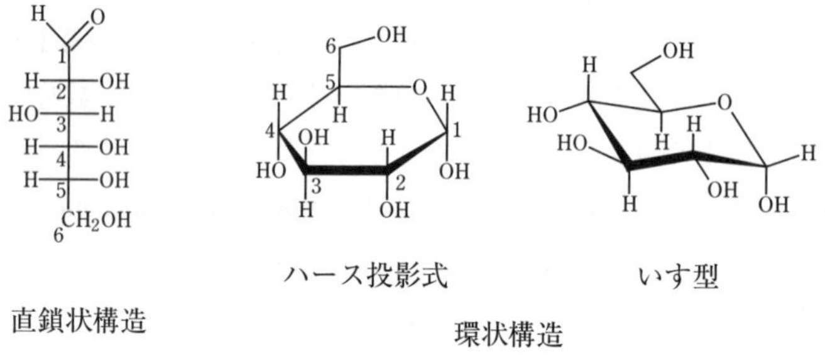

図 2.17　糖の化学構造の表記法
直鎖状構造と環状構造は溶液中で熱力学的平衡状態にある．

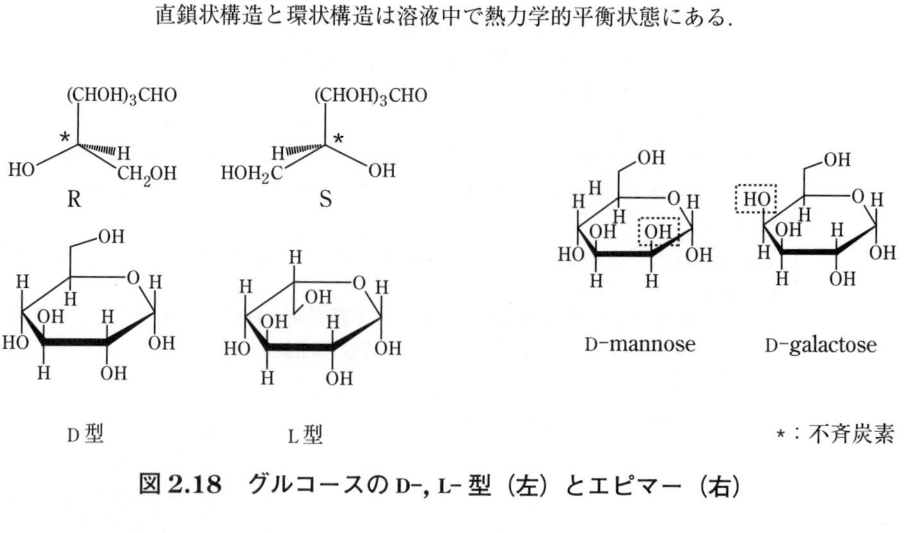

図 2.18　グルコースの D-, L- 型（左）とエピマー（右）

乳動物ではフコース fucose やイズロン酸 iduronic acid などを除き，グルコースを含むほとんどの糖が D 型である．一方，グルコースの C2，C3，C4 の立体異性体は互いにエピマーとよばれる関係にあり，糖としての名称が異なる．マンノース mannose（グルコースの C2 エピマー）やガラクトース galactose（同 C4 エピマー）は**糖タンパク質** glycoprotein の糖鎖構成成分として重要である（図 2.18）．これらの糖はいずれも光学活性であるが，右旋性，左旋性の表記に用いられる小文字の *d*（または（+）），*l*（または（−））と C5 の立体配置を示す大文字の D，L を混同しないよう注意すべきである．

グルコースが 6 員環を形成すると C1 がアルデヒドからアルコールになるため，C1 も新たに不斉炭素となる．この不斉炭素をアノマー炭素 anomeric carbon といい，その立体異性体は α アノマー，β アノマーとよばれる．水溶液中で両アノマーは直鎖状構造を介して可逆的な平衡状態にあり，例えば D-グルコースの水溶液では図 2.19 に示す両アノマーとそれらの中間構造である直鎖構造が共存している．両アノマーはエネルギー的に等価ではなく，安定な β グルコースの方がより多く存在する．また直鎖構造は環状構造よりエネルギー的に不安定であるため，ほとんど存在していない．ケトースであるフルクトース fructose は C2 のケトン炭素の位置で環を形成することから，C2 がアノマー炭素となる．この場合でも直鎖構造より環状構造の方が安定である．

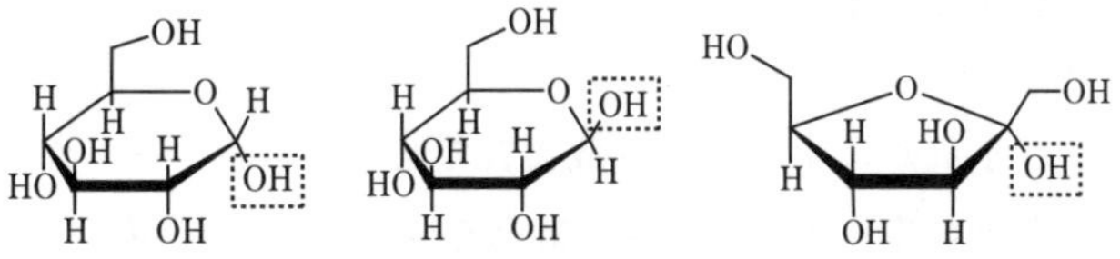

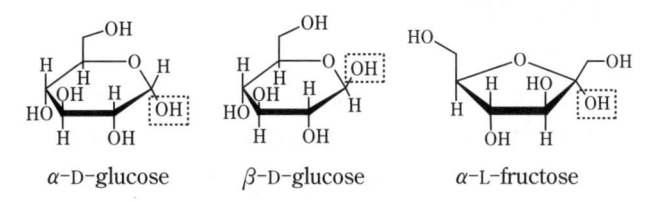

図 2.19　グルコースの α アノマー，β アノマーとフルクトースの α アノマー
α アノマーと β アノマーは水溶液中で直鎖状構造を介して平衡関係にある．

2.3.2　電荷をもつ単糖

非還元末端がカルボキシ基に置換されている単糖はウロン酸 uronic acid と総称され，D-グルコースのウロン酸は **D-グルクロン酸** glucuronic acid である（図 2.20）．これは生体内では異物代謝に重要な役割を担うほか，多糖類である**グリコサミノグリカン** glycosaminoglycan（GAG，後述）の構成成分としても重要である．代表的なウロン酸にはグルクロン酸のほかに**イズロン酸** iduronic acid などがある．生体の酸性糖にはこのほか，硫酸基をもつ糖も多い（後述）．これに対し正電荷をもつ単糖もある．例えば D-グルコサミン glucosamine，D-ガラクトサミン

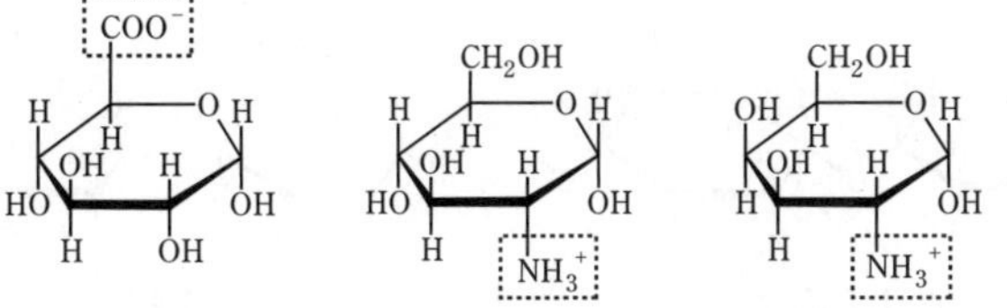

図 2.20　電荷をもつ単糖の例

galactosamine はそれぞれ D-グルコース，D-ガラクトースの C2 に 1 級アミノ基が結合している（図 2.20）．これらのアミノ糖も *N*-アセチル誘導体として GAG や糖タンパク質糖鎖に含まれている．これらの解離基は親水性の増加と静電相互作用に寄与している．

2.3.3 グリコシド結合

グリコシド glycoside（配糖体）は，単糖のヒドロキシル基と単糖あるいは糖以外の物質が脱水縮合して得られたものであり，それらの間の結合をグリコシド結合とよぶ．グリコシド結合が単糖間で繰り返されることによって生理的に意味のあるオリゴ糖や多糖（後述のセルロース cellulose やデンプン starch，グリコーゲン glycogen，グリコサミノグリカンなど）が形成されるが，構成単糖が同じでもグリコシド結合をする位置が違えば多糖全体の立体構造や性質にまでその影響が及ぶ．糖以外の物質のグリコシドも生体にとって重要なものが多く，例として生体エネルギーに関与する ATP や情報伝達にかかわる GTP，cAMP，ホスファチジルイノシトールなどがあげられる．

2.3.4 生理的に重要な多糖類

デンプンは植物中に含まれるエネルギー貯蔵物質であり，グルコースが α-1,4- グリコシド結合（単に α-1,4 結合と略記する）および α-1,6 結合を介して高度に重合したものである．**アミロース** amylose とよばれる一部のデンプンは，α-1,4 結合の繰り返しでつくられる直鎖高分子がらせん構造をとったものである．このらせん内にヨウ素が挿入されると青紫色に呈色する（ヨウ素デンプン反応）．らせん構造が短いと複合体の安定性が低くなり色調は赤紫になる．一方，分枝しているデンプンは**アミロペクチン** amylopectin とよばれ，分枝点では α-1,4 結合に加え α-1,6 結合が形成されている（図 2.21）．このような枝分かれがおよそ 25 残基につき 1 個ある．また，植物には**セルロース**とよばれる細胞壁構成成分があり，これもグルコースを構成単糖とする高分子多糖である．セルロース内でグルコースは β-1,4 結合を介して直鎖状に重合していて，分子内および分子間でヒドロキシル基どうしの水素結合が数多く形成されている．したがってセルロースは構造的に強固であり，分子間に水分子が容易に侵入できないため水に不溶である．こ

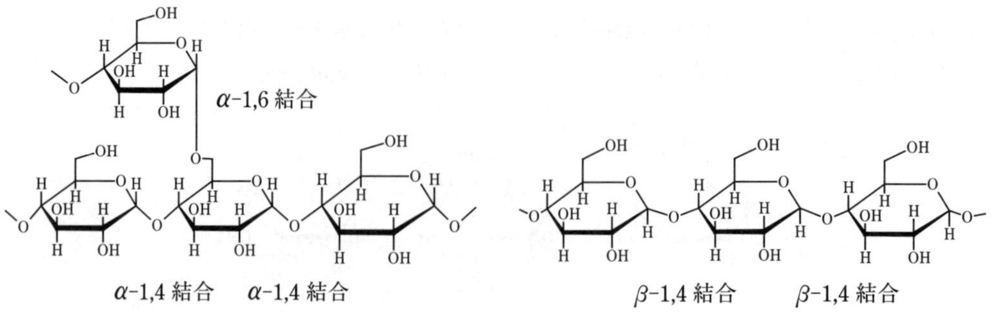

図 2.21 アミロペクチンやグリコーゲンの α-1,4 グリコシド結合および α-1,6 グリコシド結合と，セルロースの β-1,4 グリコシド結合

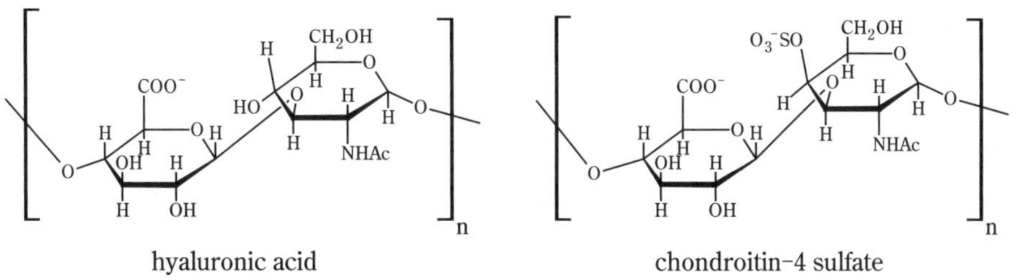

図 2.22　グリコサミノグリカンの例
ヒアルロン酸（左）とコンドロイチン-4 硫酸（右）

れに対しデンプンは，セルロースと構成単糖が同じであるにもかかわらず水によく溶ける．このことからグリコシド結合の違いが分子全体の性質に大きく影響することがわかるであろう．

動物のエネルギー貯蔵多糖である**グリコーゲン**はグルコースを構成単糖とし，α-1,4 結合と α-1,6 結合で重合している．アミロペクチンよりもさらに分枝程度が高く，おおむね 10 残基に 1 つの枝分かれがある．もう 1 つ重要な多糖としては**グリコサミノグリカン**（ムコ多糖，GAG）があげられる．GAG はウロン酸（グルクロン酸，イズロン酸）とアミノ糖（グルコサミン，ガラクトサミン）の酸誘導体から成る二糖の繰り返し構造をもつ多糖である（図 2.22）．代表的なものに**ヒアルロン酸** hyaluronic acid，**コンドロイチン硫酸** chondroitin sulfate，**ケラタン硫酸** keratan sulfate，**ヘパリン** heparin などがある．2.3.2 項で述べたようにウロン酸やアミノ糖にはもともと親水性置換基があるが，さらに C4 や C6 に硫酸基を有することで親水性をさらに増しているただし，ヒアルロン酸は硫酸基をもっていない．これらの GAG とタンパク質が結合したものは**プロテオグリカン** proteoglycan とよばれ，結合組織に多量に含まれている．親水性の極めて高いプロテオグリカンは水分子を多量に含むとともに，負電荷どうしの静電反発力に富むので，生体内では組織間の潤滑成分やクッション材として機能している．

2.4　核酸の物理化学的性質

2.4.1　ヌクレオチド

核酸は五炭糖であるデオキシリボースまたはリボースと，リン酸および塩基から構成されるヌクレオチドが**ホスホジエステル結合**を介して高度に重合した高分子である（1.5 を参照）．構成単位としてのヌクレオチドの立体構造が核酸全体の構造に影響を与えうるため，はじめにヌクレオチドの立体構造を説明する．なお，糖と塩基にそれぞれヘテロ環が存在するが，両者を区別するため，糖の環内における位置を示す際には番号の直後に「′」を付けることになっている．

(1) ヌクレオチドの酸解離平衡

ヌクレオチドに存在する解離基として，① リン酸基や，② 塩基側鎖のアミノ基，③ 塩基内の NH–CO 部が挙げられる．ただし，ここで言う塩基はアデニン，グアニン，シトシン，チミンであってプロトン受容体ではない．例として図 2.23 にシチジル酸 cytidylic acid の酸解離平衡を示す．塩基内側鎖のアミノ基の pK_a はおよそ 5 以下であるため，中性の生理的環境下では電荷をもっていない．また，プリン環やピリミジン環の NH–CO 部の pK_a はおおむね 9 以上であるため，これらも中性条件下では電荷をもっていない．一方，リン酸基は核酸中では 1 価の酸であるが，その pK_a は 1 付近であるので中性条件下では負電荷をもっている．したがって，核酸全体としては負に荷電した高分子電解質となっている．この負電荷間の反発は DNA の立体構造を不安定化させる要因であるが，後述のように細胞の核内で塩基性タンパク質と結合した状態では負電荷が中和され，安定性が増す．

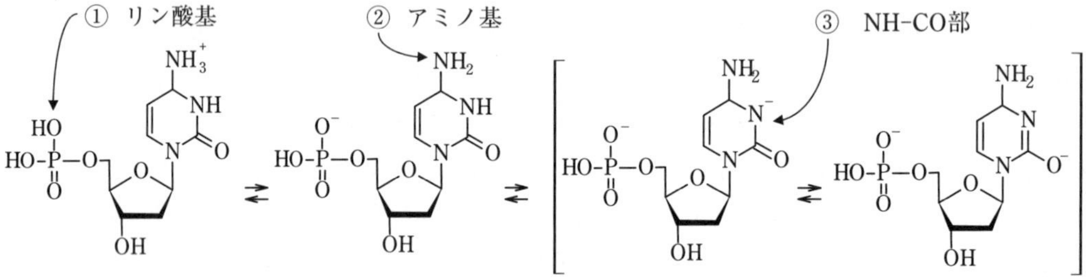

図 2.23　ヌクレオチド（ウリジル酸）の酸解離平衡
ウリジル酸としてみる時はリン酸基は 2 価であるが，核酸になるとき，リン酸基の -OH 基がさらに糖との結合に関与するので最終的には 1 価となる（図 1.1 参照）．

(2) ヌクレオチドの立体構造

① 糖のパッカリング

核酸の主骨格は糖－リン酸の反復構造により形成されるので，糖のヘテロ環の立体的ひずみは主骨格全体の構造に影響を及ぼす．五炭糖のひずみは**パッカリング** puckering とよばれ，エンド型 endo とエキソ型 exo がある．図 2.24 に示すように，**2′-エンド型**や **3′-エンド型**ではそれぞれ 2′位および 3′位の炭素原子が，1′位および 4′位の炭素原子と酸素原子を含む平面からはずれて 5′位の炭素原子側に存在する．逆にエキソ型はそれぞれの炭素が反対側に存在する構造を指す．生体内で最も普通に存在する DNA は右巻きの **B 型**二重らせんとよばれる構造を形成し，この中での糖は主に 2′-エンド型をとっている．一方，RNA は一本鎖で存在することが多いが，RNA が二重らせん構造をとるときは **A 型**とよばれる右巻きのコンホメーションをとることが多く，この中では糖は 3′-エンド型をとっている．

② 糖と塩基のねじれ角

糖と塩基はかさ高いヘテロ環を有しているので，DNA の二重らせん構造の中ではそれぞれの環の向きはかなり制限されている．実際に糖と塩基の平面は互いに向かい合っているのではなく，

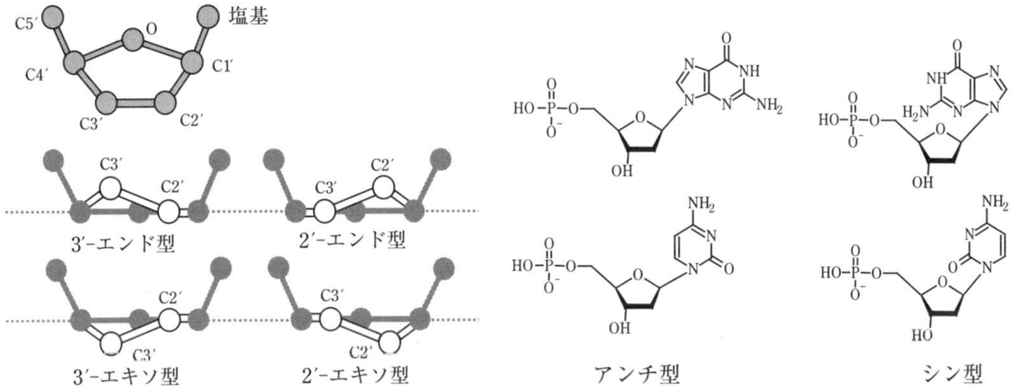

図 2.24　デオキシリボース，リボースのコンホメーション
左：糖のパッカリング，右：糖と塩基のねじれ角

「寝て」いる糖の面に対して塩基の面は「立って」いる．このとき，塩基の環状構造の中でかさ高い部分構造（プリン塩基の六員環，ピリミジン塩基の 2 位のカルボニル炭素）が，糖から遠く離れるように配置されている（図 2.24）．糖と塩基のこのような立体配置は**アンチ型** anti とよばれている．これとは反対に，塩基のかさ高い部分構造が糖に近いほうに向いている立体配置を**シン型** syn という．一般にシン型のヌクレオチドはアンチ型に比べ立体的な障害が大きく不安定であるが，どちらのコンホメーションをとるかは糖のパッカリングにも関係している．例えば通常とは逆の左巻き二重らせんである **Z 型** DNA ではアンチ型とシン型が交互に並んでいるが，その中のシン型デオキシグアノシンでは 2′-エンド型ではなく 3′-エンド型をとっている．

2.4.2　デオキシリボ核酸

（1）塩基の水素結合

DNA の二重らせん構造の中で，プリン塩基とピリミジン塩基は相補的な塩基対を形成する．相補的塩基間に働く相互作用は水素結合であり，グアニン－シトシン間では 3 つの，アデニン－チミン間では 2 つの水素結合が形成される．水素結合 1 個当たりの結合エネルギーは 12〜30 kJ mol^{-1} ほどであるので，単純計算では 3〜15 残基程度の塩基対に働く水素結合のエネルギーの総和は炭素原子間単結合の結合エネルギー（およそ 300〜350kJ mol^{-1}）に匹敵するほど大きくなる．高分子である DNA 内では膨大な数の水素結合が形成されるため，この強い相互作用により安定な二本鎖が形成されている．対をなす塩基の組合せ（G–C，A–T）は決まっているが，塩基間で形成される水素結合のパターンには何通りかあり，もっとも代表的ものは**ワトソン・クリック型塩基対** Watson–Crick base pairing（図 2.25）として知られている．その他，フーグスティーン型 Hoogsteen base pairing（図 2.25）や**逆フーグスティーン型** reverse Hoogsteen base pairing のような非ワトソン・クリック型塩基対を形成することがある．

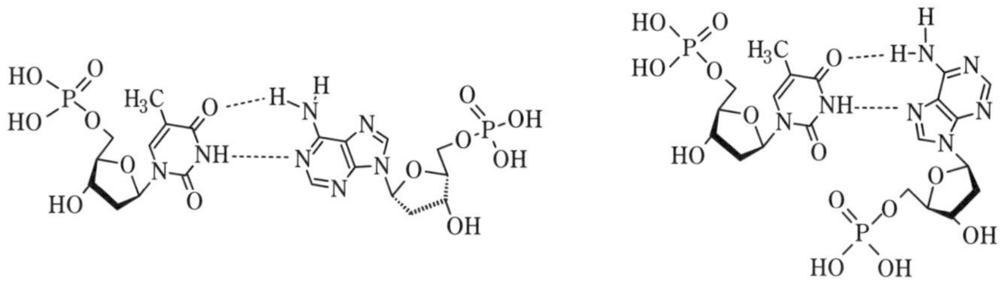

図 2.25　塩基間水素結合の形成様式の例

(2) 塩基のスタッキング

生体内で普通に存在する二本鎖 DNA は B 型二重らせん構造をとっている．親水性の高い糖－リン酸骨格が二重らせんの外側に配向していて，らせんの中心部分に疎水性のプリン環やピリミジン環をもつ相補的塩基対が積み重なったように存在している．この整然とした構造の形成に寄与する相互作用は，主に塩基間に働く疎水性相互作用と π-π スタッキングである．

① **疎水性相互作用**

塩基の疎水性は糖やリン酸，および周囲の水相に比べて大きい．疎水性の大きい塩基が水相中に分散するより塩基どうしが集合して水との界面を小さくするほうが，疎水性水和を減少させることができるため安定に存在しうる．その結果，DNA は塩基をらせんの内側に向け，外部の水相から隠したような状態をとる．ただし完全には隠しきれておらず，二重らせんの主溝や副溝に塩基の一部が露出していて，ここに特異的塩基配列を認識するタンパク質が結合しうる（後述）．塩基間の**疎水性相互作用**は DNA の立体構造形成に寄与しているが，疎水性相互作用そのものには方向性がないため，二重らせんの中で塩基対が整然と積み重なった構造をとるには次の π-π **スタッキング**の寄与が重要である．

② **π-π スタッキング**

一般に，非極性分子であっても電子の位置の瞬間的な偏りから双極子モーメントが生じるので，非極性分子間にも分散力（ロンドン力）とよばれる双極子相互作用が働いている．分子内環状構

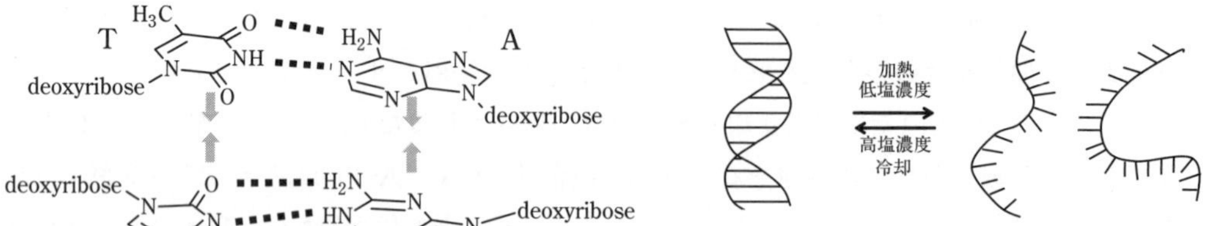

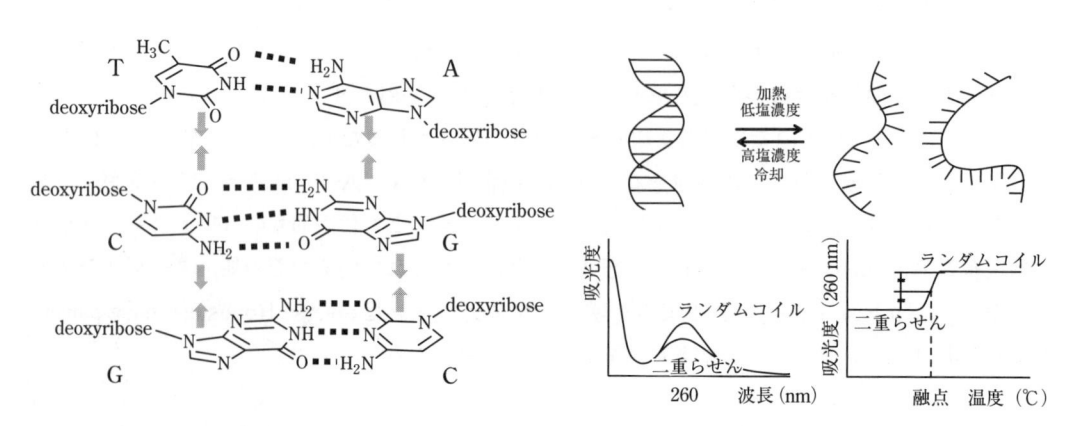

図 2.26　塩基間の π-π スタッキング（左）と二重らせん構造の可逆的融解（右）

造のπ電子についてもその位置が瞬間的に偏るので，π電子をもつ環状構造の間にも分散力が働く．この相互作用はπ電子に起因していることと，環状構造どうしが平行に積み重なる方向で作用することから，**π-πスタッキング**とよばれている．DNAにはプリン環やピリミジン環にπ電子が存在するので，これらの間にもπ-πスタッキングが生じる（図2.26）．その結果，二重らせんの中では塩基平面が平行に積み重なった構造を形成する．スタッキングの強さは塩基によって異なり，一般にグアニンどうしのスタッキングやグアニンとシトシンのスタッキングは，アデニンどうしやアデニンとチミンのスタッキングより強い．

ところで，臭化エチジウム ethidium bromide はDNAと結合し，結合すると発蛍光性が増すのでDNAを標識する蛍光試薬として使用されている．これは，環状π電子系をもつ臭化エチジウムが塩基平面間に平行に挿入され，安定な複合体を形成する性質を利用した標識法である．このように塩基のスタッキングの間に挿入される物質は**インターカレーター**intercalator とよばれ，DNAの標識に利用されている．しかし，DNAの立体構造にひずみを生じさせ，遺伝子機能発現に影響を与えることから発がん性が疑われている．

温度の上昇に伴ってDNA分子の運動性が増すと，また塩濃度の低下によってリン酸基間の反発が強まると，全体としての構造が不安定化され解離しやすくなる．水素結合が切断され，二重らせん構造がほどけて2つの一本鎖DNAになることを**融解** melting とよぶ（図2.26）．これに対し，緩和な環境変化に伴って，あるらせん構造から別のらせん構造に変化すること（例えばB型→A型など）を**転移** transition という．融解が起きるときの温度を**融点**というが，実験的には試料溶液中の半分のDNAが融解するときの温度を指している．グアニン，シトシンが多い二本鎖DNAではアデニン，チミンが多い二本鎖DNAより融点が高いが，これは塩基間の水素結合数と塩基対間のスタッキングの強さの両方に起因する．熱によるDNAの融解は可逆的であり，一本鎖になったDNAを冷却することによって再び二本鎖DNAに戻すことが可能である（ただし完全に元の状態に戻る保証はない）．このような温度制御によるDNAの変性・再生は遺伝子工学分野で大変有効な基盤技術であり，人工的にDNAを増幅する**ポリメラーゼ連鎖反応法** polymerase chain reaction method（PCR法）などに利用されている．

(3) 分光学的性質

DNAの塩基のヘテロ環は近紫外領域の光を強く吸収する．その吸収極大波長は約260 nmであり，この付近の波長における吸光度はDNAの定量によく用いられている．しかし塩基の数が試料中で一定であっても，そのモル吸光係数がDNAの立体構造によって変化するため，吸光度の増加がDNA量の増加を必ずしも反映するわけではない．塩基当たりのモル吸光係数はヌクレオチド単量体で最も大きく，ランダムコイルDNA，二重らせんDNAの順に小さくなる．すなわち，塩基間のスタッキングは吸光度を減少させる方向に作用する．このことを利用すると，ヌクレオチド量が一定であることが既知である場合には，吸光度を測定することにより立体構造変化をモニターすることができる（図2.26）．このような立体構造変化に伴う吸光度の増加や減少は，吸収極大波長の変化を伴わず，それぞれ**濃色効果** hyperchromicity や**淡色効果** hypochromicity という．

(4) タンパク質との相互作用

① ヒストンとの相互作用

ヒトDNAには約30億もの塩基対があり，その全長はおよそ2mにも及ぶといわれている．個々の細胞は，遺伝情報の本体として重要である巨大なDNAをコンパクトかつ安定的に核内に収めなければならない．そのため細胞はDNAを**ヒストン** histoneとよばれるタンパク質と結合させて保持している．ヌクレオチドの酸解離平衡状態（2.4.1項参照）から考えると，中性条件ではDNAはリン酸基に由来する負電荷を帯びている．一方のヒストンはリジンやアルギニンを多く含む塩基性タンパク質である．DNAのリン酸基はこの塩基性アミノ酸と静電相互作用により結合し，リン酸基間の反発を減少させる．これに加えてDNAの糖リン酸骨格－ヒストン間には多数の水素結合も形成されている．このとき長い糸状のDNA二本鎖は複数の円盤状のヒストンに巻きつくように結合し，それがさらに密に捻れることによって**クロマチン繊維** chromatin fibrilsとよばれる構造が形成されている．細胞はこのような**凝縮**過程を何段階にも繰り返すことによってDNAのコンパクト化と安定化を達成している．ところで，DNAが転写される際には，DNAがヒストンから部分的に解離する必要がある．その場合にはヒストンの塩基性アミノ酸側鎖が**アセチル化**を受け，それによって糖-リン酸骨格との静電相互作用が減少し，DNAが解離すると考えられている．

② DNA結合タンパク質との相互作用

DNAの機能発現はDNAと結合するさまざまなタンパク質によって調節されている．DNAの二重らせん構造が規則的であることから，これに結合するタンパク質の立体構造にも特徴的な共通部分構造（モチーフ）があり，代表的なものとして，**ヘリックス・ループ・ヘリックス** helix-loop-helix，**ジンクフィンガー** zinc finger，**ロイシンジッパー** leucine zipperなどが知られている．図2.27にはヘリックス・ループ・ヘリックスモチーフとDNAの結合の立体的模式図を示す．ヘリックス・ループ・ヘリックスは2本のαヘリックスが数残基のアミノ酸からなるループ構造によって連結された形をしており，**認識ヘリックス** recognition helixとよばれる1本のαヘリックスがDNAの主溝に「はまって」らせん内部の特異的塩基配列と相互作用する．認識ヘリックスの円筒部の直径は約1.2nmであり，この値はDNA二重らせんの主溝の間隔（約2.2nm）に対してちょうどよい大きさである．DNA結合タンパク質には二量体を形成するものも多くあり，例えばCroというファージ由来DNA結合タンパク質では二量体の2本の認識ヘリックスが約3.4nmの間隔で平行に存在している．これは二重らせんの一巻きの距離とほぼ等しいことから，

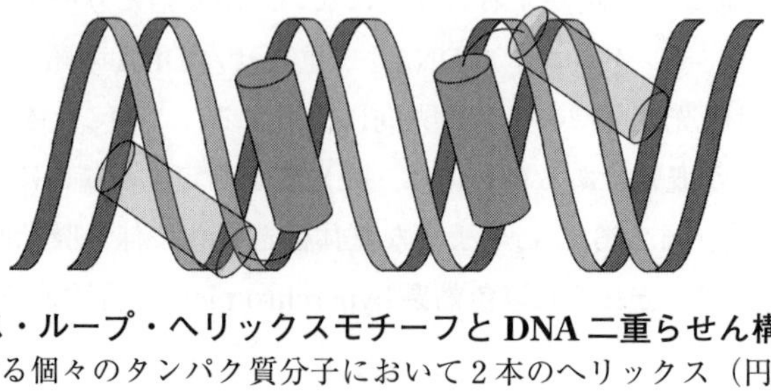

図2.27　ヘリックス・ループ・ヘリックスモチーフとDNA二重らせん構造との結合の模式図
二量体を形成する個々のタンパク質分子において2本のヘリックス（円筒部）が1本のループでつながっている．灰色円筒部が認識ヘリックスであり，主溝に「はまって」いる．

Cro 二量体の 2 本の認識ヘリックスは二重らせんの同一側面に結合すると考えられている．ヘリックス・ループ・ヘリックスに限らず，タンパク質の DNA 認識ヘリックスはこの例のように二重らせんの主溝から核酸塩基に結合する場合が多い．しかし，転写に関与する **TATA Box 結合タンパク質**のように，DNA を認識する部分が β シート構造で，それが副溝に結合するものもある．

2.5　機器分析の応用

薬物や生体成分を分析する上で分析機器の利用は不可欠である．特に今日では機器の性能向上が著しく，どの分析法も重要度が増している．しかし，個々の分析法の詳細は膨大であるので他の専門書に委ねることとし，ここでは生体分析において各分析法が受け持つ部分を概説する．

2.5.1　紫外可視吸光度法

分子内の電子（π 電子と非共有電子対）が励起され反結合性軌道に遷移する過程で，紫外・可視部の光が吸収される．例えばベンゼン環やエチレンの π 電子はそれぞれ 260 nm，220 nm 付近に吸収極大波長をもつことが知られている．多くの**発色団**の吸収極大波長は相互に近い場合が多く，また**助色団**とよばれる別の官能基の存在によって吸収極大波長の移動が起こるので，複雑な分子の構造を紫外可視吸光スペクトルのみから決定するには限界がある．一方，希薄溶液では吸光度は試料の濃度に比例するので（**ベールの法則**），吸光度と濃度の相関性から定量分析を行うことができる．たとえ良好な発色団がなくても標的分子自身やその分解物に適当な発色団を化学的に導入（**誘導体化**）すれば定量可能である．例えば細胞膜構成成分のホスファチジルコリンは不飽和結合が少ないためそのままでは感度良く定量できないが，その酵素分解産物である過酸化水素に着目した高感度比色定量法が確立されている．一方，タンパク質は紫外光を吸収するのでそのままでも定量できなくはない．しかし，低感度や夾雑物の妨害といった問題がある場合，これを回避するために，Cu(II) イオンと反応させ可視部に強い吸収をもつ錯体に誘導する方法（**ビウレット法** biuret method や**ローリー法** Lowry method）が用いられる．

2.5.2　蛍光光度法

π 電子共役系の励起された電子は熱以外にも蛍光を放出して基底状態まで遷移する．薬物や生体分子には発蛍光性物質が多い．一部の例をあげると，薬物ではキニーネ quinine やクマリン誘導体類 coumarin delivatives，ベンゾジアゼピン誘導体類 benzodiazepine derivatives などがあり，生体成分ではタンパク質中のトリプトファン残基などが知られている．希薄溶液では蛍光強度は濃度に比例するので定量分析が可能であり，紫外可視吸光度法と比べると再現性は劣るものの特異性や検出感度で優れている．それ以外にも次のような巧みな蛍光測定法があり，生体の挙動をよく捉えることができる.

(1) 蛍光イメージング法

細胞内物質と結合すると蛍光を発するプローブを細胞に取り込ませ，生じた蛍光を顕微鏡下で観察し画像化する技術がある．例えばFura-2とよばれるプローブはCa^{2+}イオンと結合すると蛍光を発するので，これを細胞に加えるとCa^{2+}イオンが局在する部分から強い蛍光が発生し，細胞内Ca^{2+}イオンの分布が可視化される．今日では核酸や細胞膜，ミトコンドリア，リソソームなどさまざまな細胞内物質やオルガネラを可視化する蛍光プローブが開発されている．

(2) 蛍光偏光解消法

励起光に偏光を用いると蛍光もまた偏光になる．分子の運動性が乏しいと蛍光の偏光性（**蛍光異方性** fluorescence anisotropy）は高いが，運動性が高く分子の向きが変化しやすい場合には偏光性が低下する．すなわち，蛍光の偏光性の減少度（**偏光解消** depolarization）を調べると分子の運動性の大小がわかる．例えば脂質二分子膜の流動性を見る場合には，1,6-ジフェニル-1,3,5-ヘキサトリエン 1,6-diphenyl-1,3,5-hexatriene（DPH）という蛍光プローブを用いて蛍光偏光解消の測定がよく行われる．この化合物は脂質二分子膜の疎水部に結合すると蛍光を出す．DPHを平面偏光で励起し得られる蛍光の偏光性が大きく減少している場合には，膜の流動性が高いと解釈される．

(3) 蛍光共鳴エネルギー移動法　fluorescent resonance energy transfer（FRET）

この方法では，あるドナープローブ donor probe の蛍光波長が別のアクセプタープローブ acceptor probe の励起波長と重なっている2個一対の蛍光プローブを利用する．両蛍光プローブが空間内で極めて近接した位置にあるときにドナーを励起すると，ドナーの蛍光エネルギーが光として放出されずに隣のアクセプターに移動する．するとアクセプターはこのエネルギーにより励起され，蛍光を発する．つまりドナーを励起しているのにアクセプターの蛍光が観測される．このドナー－アクセプター間のエネルギー移動は両プローブがおよそ1～10 nmの距離にあるときに生じる．2つの生体分子をこのような一対の蛍光プローブでそれぞれ標識し，観測される蛍光強度が拡散によって偶発的に距離が近くなるときに認められる蛍光強度より十分大きければ，両分子間に相互作用があると解釈される．

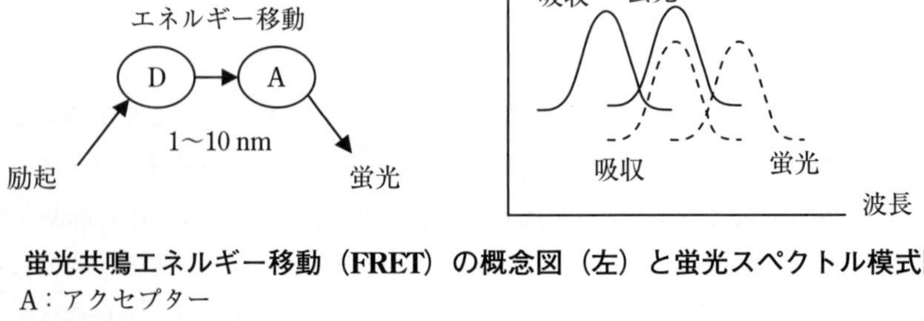

図 2.28　蛍光共鳴エネルギー移動（FRET）の概念図（左）と蛍光スペクトル模式図（右）
D：ドナー，A：アクセプター
実線：ドナーの吸収スペクトルと蛍光スペクトル，破線：アクセプターの吸収スペクトルと蛍光スペクトル

2.5.3　赤外吸収スペクトル法およびラマンスペクトル法

分子内の各原子は基準振動とよばれるいくつかの基本的振動パターンが組み合わさった振動をしている．振動エネルギー準位遷移による電磁波（赤外線）の吸収に基づく測定法が赤外吸収スペクトルである．一方，分子に紫外可視光を照射したときの散乱光に含まれる微弱な異波長成分から分子振動を観測するのがラマンスペクトルである．赤外吸収スペクトル法では分子の双極子モーメントを変化させる振動が，ラマンスペクトル法では分極率を変化させる振動が，それぞれ観測できる（**選択律**）．赤外吸収スペクトルで振動が明瞭に観測されるのは，C＝O や C≡N，O－H，N－H などの結合に関する振動である．C－C 等では個別のスペクトル上では不明瞭であるが，各化合物に特有の複雑なピークとなって低波数帯に観測される（**指紋領域**）．多くの医薬品は特徴的な赤外吸収スペクトルを示すので，本法は日本薬局方における薬物の確認試験によく用いられる．高分子生体成分ではタンパク質の赤外吸収がよく知られており，ペプチド結合に特有の振動スペクトル（アミドⅠ，アミドⅡ）から二次構造を予測することができる．

2.5.4　旋光度，旋光分散，円二色性

生体関連の物質を扱う生物物理化学の分野においては，これらの課題は機器分析の重要項目である．しかし，すでに 2.2.2 項で詳述したのでここでは省略する．

2.5.5　電子スピン共鳴（ESR）スペクトル法

ESR は電子スピンによって発生する磁化ベクトルを検出する方法であるので，不対電子をもつ常磁性物質が測定対象となる．一般に有機ラジカルや一酸化窒素，遷移金属イオン等の検出や定量によく用いられる．ラジカルは反応性に富みすぐに消失してしまう場合があるが，その場合には 5,5-ジメチル-1-ピロリン-*N*-オキシド 5,5-dimethyl-1-pyrroline-*N*-oxide（DMPO）などの**スピントラップ剤**とよばれる捕捉剤を用いて安定ラジカルへ誘導体化し，ラジカルの寿命を延ばすことで測定可能にする．生体関連では活性酸素種や生体金属物質などの測定に用いられる．

2.5.6　核磁気共鳴（NMR）スペクトル法

NMR は核スピンによって発生する磁化ベクトルを検出する方法であるので，陽子または中性子が奇数個である原子核が測定対象となる．したがって，^{1}H，^{13}C，^{15}N などを含む分子であれば測定できる．そのうち ^{1}H は最も普通に存在する水素原子であるので，^{1}H-NMR 法がよく利用される．本法は物質の構造決定に極めて有効であり，外部静磁場からの遮蔽効果を示す化学シフト値や，近隣の ^{1}H が発生させる微小磁場の寄与を示すカップリング値（スピン結合）から単純な低分子化合物の構造が容易に決定できる．現在ではフーリエ変換 NMR が主流であり，より構造的に複雑なタンパク質などの場合でも**二次元 NMR** や**多次元 NMR** 法によって構造推定が可能に

なってきている．例えば**核オーバーハウザー効果** nuclear Overhauser effect に着目した NOESY は，直接結合していなくても空間的に近い ^{1}H どうしの相互作用を検出できるので，複雑な化合物の立体構造を推定するのに有効である．

2.5.7　X 線結晶解析法

単結晶とは分子あるいはイオンが同じ配向で繰り返し規則正しく整列した固体結晶である．繰り返しの最小単位は単位格子という．単位格子の中には原子が整然と並んでいるが，波長が 1～2 Å（0.1～0.2 nm）程度の X 線は原子の間を通り抜ける．このとき単位格子は回折格子として働き，X 線の進行方向が折れ曲がるとともに干渉が認められる．**干渉パターン**（**回折像**）は格子内の原子の並び方（より正しくは電子密度）と密接に関係しているので，干渉パターンから原子の並び方を逆に推測でき，分子構造を決定できる．単結晶が得やすい無機化合物や低分子有機化合物に限らず，結晶化されたタンパク質や核酸，あるいはタンパク質と低分子の複合体の構造も決定できる．

2.5.8　質量分析法

質量分析 mass spectrometry（MS）ではイオン化された様々な分子の分子量（正しくは質量 / 電荷比）が計測される．まず測定対象分子に電気的または化学的に電荷を与えるとともに気化させる．生じた**気化イオン**を高真空状態の電場下や磁場下におくと質量 / 電荷比に応じて異なる振る舞いをするので，これを利用して分子量の異なるイオンを分離できる．質量分析法が「気相中の電気泳動」とたとえられるゆえんである．これまでに種々のイオン化法や質量分離系が開発されているが，詳細については専門書を参照されたい．古くは**電子イオン化**（EI）や**化学イオン化**（CI）など測定対象分子が壊裂するほど大きなエネルギーを与えるイオン化法が主流であり，壊裂断片の分子量情報から元の構造を推定するのに利用されてきた．最近では，**エレクトロスプレーイオン化**（ESI），**マトリクス支援レーザー脱離イオン化**（MALDI）など，各種生体分子やタンパク質などの不安定な高分子でも壊裂させずにイオン化できる方法（ソフトイオン化法）が開発され，生体分析における質量分析の適用範囲が著しく拡大された．ESI は試料分子とプロトンなどのイオンを含む微小液滴に乾燥気流を吹き付け，溶媒を蒸発させることにより試料をイオン化させる方法である．解離基を多くもつタンパク質などは通常多価イオンになる．MALDI におけるマトリクスはパルスレーザー光のエネルギーを吸収するシナピン酸などの物質を指す．マトリクスと試料分子を混合した乾燥固化物にパルスレーザー光を照射すると，マトリクスの微小な爆発とともに試料の気化とイオン化が起こる．MALDI では ESI より価数の小さいイオンが生じる傾向がある．イオン化法に加えて質量分離系の改良も進み，真空度が高くなくても測定可能で維持が容易な**四重極型**，**イオントラップ型**などが今日では汎用される．また質量分離能力の高い**飛行時間型**（TOF）やフーリエ変換イオンサイクロトロン共鳴型（FT-ICR 型）なども普及し，分子量 10 万の分子における 1 原子量単位の差も識別可能になっている．これらの装置は単なる分子量測定以外にも，タンパク質のアミノ酸配列推定や**翻訳後修飾**の検出，会合体の検出や会合

表 2.3　薬物や生体成分の分析に用いられる各種機器分析法の特徴の比較

測定法	測定対象化合物例	測定原理	観測される現象	得られる情報	明らかにされる事柄	関連キーワード
紫外・可視吸光度法	π電子，非共有電子対をもつさまざまな有機化合物	電子の励起に伴う光吸収	紫外・可視光の吸収	吸光度，モル吸光係数，吸収スペクトル	発色団の有無，定量情報	ランベルト-ベールの法則，助色団，深色・浅色移動
蛍光光度法	π電子共役系をもつ有機化合物，タンパク質など	励起状態の電子からの光エネルギー放出	発光による緩和	蛍光スペクトル，蛍光量子収率	定量情報，分子間相互作用，分子の配向や運動性，分子の局在	フランク-コンドンの原理，ストークスシフト，量子収率，蛍光偏光，蛍光共鳴エネルギー移動
赤外吸収スペクトル法・ラマンスペクトル法	複素有機化合物，タンパク質，核酸など	分子振動による光エネルギーの吸収や光散乱	基準振動ごとのエネルギー吸収や光散乱	振動スペクトル	官能基の有無や配向，タンパク質二次構造	基準振動，ストークス線，反ストークス線，分極，双極子モーメント，選択律と交互禁制
旋光度・旋光分散（ORD）・円二色性（CD）	光学活性物質，タンパク質，核酸など	左右円偏光の屈折率の差異と吸光度の差異	偏光面の回旋と楕円偏光	比旋光度，旋光分散スペクトル，円二色性スペクトル	キラリティー，環状ケトンの立体配置，タンパク質二次構造，核酸のらせん構造	異常分散，コットン効果，オクタント則
電子スピン共鳴（ESR）	活性酸素種や遷移金属イオンなど不対電子をもつ常磁性物質	電子の磁気モーメントのゼーマン分裂と遷移	マイクロ波の吸収	ESR スペクトル，g 値，カップリング	不対電子の有無と定量情報	パウリの排他律，スピントラップ，スピントラップ剤
核磁気共鳴（NMR）	陽子数または中性子数が奇数である原子（^{1}H，^{13}C，^{15}N 等）をもつ有機化合物	核の磁気モーメントのゼーマン分裂と遷移	ラジオ波の吸収と緩和	NMR スペクトル，化学シフト値，スピン結合	分子構造	フーリエ変換 NMR，パルス，縦緩和，横緩和，遮蔽，核オーバーハウザー効果，二次元 NMR
X 線結晶解析法	無機，有機化合物の単結晶	結晶格子による電磁波の回折	電磁波の回折による干渉	回折像	電子密度と結晶中の分子構造	ブラッグの式，位相
質量分析法	電荷を持ちうる低分子有機化合物やタンパク質，核酸，糖鎖など	電場中または磁場中における荷電分子の運動	質量依存的な挙動の違い	質量スペクトル，マスクロマトグラム	分子量，分子構造，分子間相互作用	ソフトイオン化法（ESI，MALDI），MS/MS スペクトル，プロテオーム，HPLC-MS

部位の推定など幅広く利用されている．また，高速液体クロマトグラフィーと質量分析器を連結した装置（**HPLC-MS**）を用いる高選択的高感度定量法は，今日の医薬品開発に必須の技術になっている．

章末問題

問 2.1　アミノ酸およびタンパク質の解離平衡を説明せよ．

ヒント：例えば，図 2.1 および図 2.2 を参照．

問 2.2　タンパク質の分子量を測定する方法を，その原理とともに述べよ．

ヒント：2.2.4 項の本文参照．

問 2.3　タンパク質の二次構造とその特徴についてまとめよ．

ヒント：ポリペプチド鎖にみられる決まった構造はどうしてつくられる？　2.2.5 項の本文参照．

問 2.4　タンパク質の水への溶解性とその構造について検討せよ．

ヒント：例えば，卵のしろみはなぜ生理食塩水に溶けるのか？　2.2.6 項および 2.2.7 項の本文と図参照．

問 2.5　タンパク質の形状とその機能の関係について述べよ．

ヒント：例えば，アルブミンはなぜボールのような形をしているのか？　2.2.6 項および 2.2.8 項の本文と図参照．

問 2.6　タンパク質を変性させる要因をあげよ．

ヒント：2.2.8 項の本文および表 2.2 参照．

問 2.7　結合組織に多く存在するグリコサミノグリカン（GAG）の物理化学的性質と生体内における役割を関連付けて説明せよ．

ヒント：2.3.4 項と図 2.22 を参照．なぜ GAG にはイオン性置換基が多いのか，なぜ酸性解離基と塩基性解離基が半々ではなく酸性解離基が偏って多いのか．

問 2.8　DNA が二重らせんを形成するのに寄与している相互作用の種類を 3 つ述べよ．

ヒント：2.4.2 項の(1)，(2)と図 2.25，図 2.26 を参照．塩基は対をなすこと，塩基は疎水性であること，二重らせんは方向性をもつ構造であること，の 3 点に着目する．

問 2.9　DNA と結合するタンパク質が DNA のどの部分に結合するかはタンパク質の目的によって異なる．遺伝子の凝縮・安定化のためのタンパク質と遺伝子機能発現のためのタンパク質がそれぞれ DNA のどこに結合するかを理由とともに説明せよ．

ヒント：2.4.2 項の(4)と図 2.27 を参照．DNA の凝縮と保存は DNA 全体に対して行われる必要があり，機能発現は DNA の特定の部分についてのみ行われる必要があることに着目する．

問 2.10　未知タンパク質の二次構造を機器分析によって推定したい．どの方法で分析すればよいか．

ヒント：答えは 1 つに限らないので，可能性のあるものを考えればよい．

問 2.11　偏光と旋光，旋光分散と円二色性を正確に説明できるか？

ヒント：2.2.2 項の本文と図 2.4 を参照．

3 生体内界面活性物質

3.1 この章のねらい

この章では，生体内に存在する界面活性物質として，胆汁酸，リン脂質，糖脂質，不飽和脂肪酸，さらには，肺サーファクタントを取り上げ，それらの界面化学的性質を理解すると共に，生体内における役割を学ぶ．

胆汁酸の会合体による可溶化作用は，食物から摂取された脂質の消化吸収の他，コレステロール胆石の予防と治療にも関係する．また，新生児は出生直後に肺水が排除されて初めて肺呼吸を始めるわけだが，肺呼吸をする上で重要な役割を果たしているのが肺サーファクタントである．いい換えると，肺サーファクタントは生命維持に必須の物質であり，肺サーファクタントの欠乏により，新生児呼吸窮迫症候群という重篤な呼吸障害が起こる．

医療薬学の分野の学問がますます重要になってきていることから，本章では，生体内界面活性物質について詳述し，さらには疾病と治療薬についても簡単に述べる．

3.2 会合と可溶化

3.2.1 胆汁酸塩の会合と可溶化

(1) 胆汁酸塩の構造

胆汁酸は肝臓中のコレステロールを出発物質としてつくられるステロイドの酸である．天然胆汁中に最も広く分布している胆汁酸は，A 環と B 環の結合がシス型で，炭素数が 24 の 5β-コラン酸 cholanoic acid を基本骨格とし，その 3，7，12 位に 1～3 個の α 配置の水酸基を有するコー

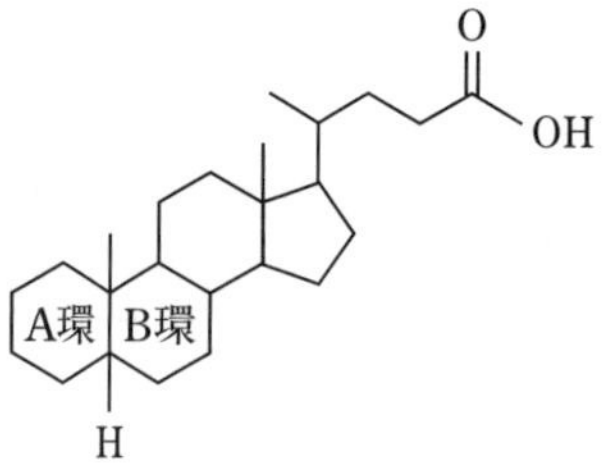

5β-コラン酸

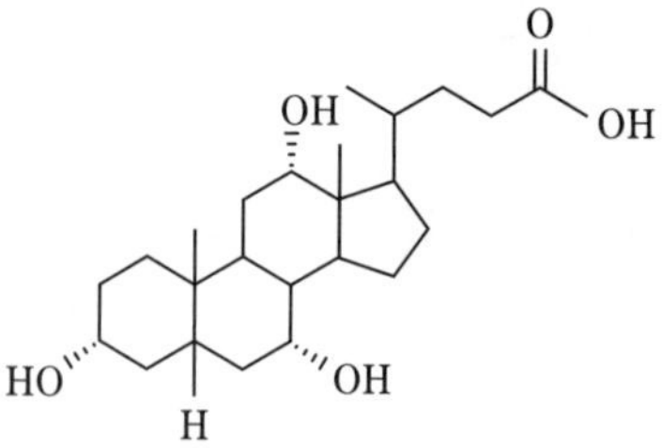

コール酸

図 3.1　5β-コラン酸とコール酸の化学構造

表 3.1　代表的な胆汁酸の構造

名　称	略　号	ステロイド骨核上の OH 基の位置		
		3	7	12
Lithocholic acid	LC	α-OH		
Chenodeoxycholic acid	CDC	α-OH	α-OH	
Ursodeoxycholic acid	UDC	α-OH	β-OH	
Deoxycholic acid	DC	α-OH		α-OH
Cholic acid	C	α-OH	α-OH	α-OH
Ursocholic acid	UC	α-OH	β-OH	α-OH

ル酸 cholic acid，デオキシコール酸 deoxycholic acid，ケノデオキシコール酸 chenodeoxycholic acid，リトコール酸 lithocholic acid である．その他に，これらの水酸基の 1 つが β 配置となったウルソデオキシコール酸 ursodeoxycholic acid（クマの主胆汁酸：漢方で用いられる「熊胆《ゆうたん》」の主成分）などがある．

胆汁中では胆汁酸のほとんどはそのカルボキシ基にグリシンやタウリンが酸アミド結合した抱合型胆汁酸ナトリウム塩として存在している．抱合体胆汁酸の名称は，アミノ酸を接頭語として付けて，例えば，グルココール酸，タウロデオキシコール酸となる．

（2）胆汁酸塩の性質

非抱合型の胆汁酸は融点が 140～250℃の白色結晶で，水に溶けにくく，有機溶媒によく溶ける．胆汁酸のナトリウム塩は水やアルコールに溶けるが，非極性溶媒には溶けにくい．グリシンやタウリン抱合型胆汁酸塩は，非抱合型よりも親水性が増す．胆汁酸分子はステロイド骨格の疎水性部分と，末端に極性基が付いた親水性部分をもつ構造であるため界面活性があり，一般の界面活性剤と同様にミセルあるいはミセルに類似した会合体を形成する．

（3）胆汁酸塩の会合

胆汁酸塩は会合体を形成するが，濃度の上昇と共に，オリゴマーから徐々に会合数を増していくため，一般的な界面活性剤とは異なり，臨界ミセル濃度（cmc）に相当する濃度の決定が難しい．また，胆汁酸塩会合体の会合数は通常のミセルと比べると著しく小さい．測定法によっても値はさまざまであり，例えば，デオキシコール酸ナトリウム（NaDC）の 20℃の水中での会合数

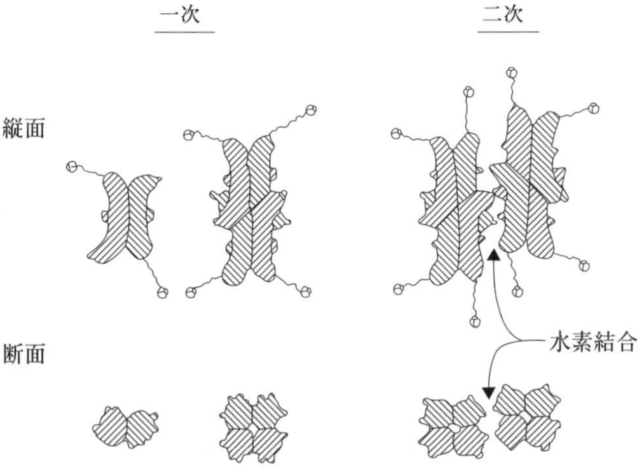

図 3.2　胆汁酸塩の一次会合体と二次会合体の構造
(D. M. Small, *Adv. Chem. Ser.*, **84**, 31 (1968))

表 3.2　コール酸ナトリウム（NaC）とデオキシコール酸ナトリウム（NaDC）の NaCl 存在下での cmc（20℃）

NaCl（mM）	NaC（mM）		NaDC（mM）	
	pH 7.0	pH 9.0	pH 7.0	pH 9.0
1	7.59	8.59	0.20	2.70
5	5.90	6.79	0.16	2.40
10	5.01	5.89	0.12	1.70
50	3.47	3.98	0.10	1.29
100	2.69	3.31	0.08	1.00

として 2.2〜25 の値が報告されている[1]．これら一次会合体の構造は図 3.2 のようであるが，塩濃度が増大すると，一次会合体間での水素結合により二次的な大きな会合体をつくるようになる．

NaDC はコール酸ナトリウム（NaC）と比べて水酸基が一つ少ないので疎水性が強く，会合体形成における協同性は NaDC の方が強く，会合数も大きい．表 3.2 に，NaC と NaDC の塩存在下での cmc 相当濃度[2]を示す．

グリシンあるいはタウリンとの抱合型の胆汁酸塩は親水性が増すために，会合を起こし始める濃度はわずかに上昇する．また，α,α-OH 基あるいは β,β-OH 基をもつ胆汁酸塩と比べて α-OH と β-OH 基をもつものは，会合体形成を始める濃度が高くなる[1]．これは，α-OH 基と β-OH 基とは互いに反対側に突き出ているので，α-型と β-型とでは疎水結合をする疎水基同士の接触面積が小さく，そのため会合体を形成し始める濃度が高くなると考えられている．

(4) 胆汁酸塩による可溶化

胆汁中の胆汁酸はレシチン（ホスファチジルコリン，第 4 章参照）とともにミセルをつくって，コレステロールを可溶化している．もし，胆汁中の胆汁酸濃度が低下すると，ミセル中に取り込みきれないコレステロールが集合・析出して結石を形成する．この意味で胆汁酸はコレステロール胆石が形成されるのを防いでいるともいえる．胆石の溶解に関しては，1971 年に米国で，ケノデオキシコール酸ナトリウムの投与で胆石の消失が見られたという報告がある．その後日本でも，生薬「熊胆」（主成分：ウルソデオキシコール酸）の投与で数例に胆石の消失が見られたという報告があるが，胆石の溶解に要する時間は数か月の単位であり，胆嚢内でのコレステロールの可溶化が胆石溶解を律速している．なお，ケノデオキシコール酸とウルソデオキシコール酸は7位のOH基がαかβかの違いだけであるが，コレステロールの可溶化量と可溶化速度はケノデオキシコール酸の方がウルソデオキシコール酸よりも大きい[3]．これは，ウルソデオキシコール酸は7β-OH基間の水素結合が可能であり，そのために内部が密に詰まった会合体を形成し，このことがコレステロール可溶化力の低下につながっていると考えられている．

生体内での胆汁酸のその他の役割として，膵液リパーゼのpHを至適pHに調節して活性化し，中性脂肪を乳化して膵液リパーゼの作用する水-油界面を拡大してその働きを助ける．また，胆汁酸は脂肪分解物や脂溶性ビタミンを可溶化し，それらの腸管からの吸収を容易にしている．

健常な人の小腸内胆汁酸濃度は2mM以上であり，消化吸収を助けた後，胆汁酸は回腸から再吸収され門脈を通って肝臓に運ばれ，肝細胞に摂取されて再び胆汁中に分泌される腸肝循環を行っている．健常な人の体内の総胆汁酸量は2〜4gであり，その99％以上が腸肝循環系内に存在している．健常な人の血中胆汁酸は約1μg/mL，尿中に排泄される胆汁酸は0.55〜5mg/日である．病態時には血中や尿中の胆汁酸が増加することがあり，その濃度測定は臨床検査項目の1つである．腸肝循環から逸脱して糞便中に排泄される胆汁酸は1日約0.5gであり，この排泄された量とほぼ同量の胆汁酸が肝臓でコレステロールから新たに生合成されて，体内の胆汁酸濃度は一定に保たれている．

その他，胆汁酸には細菌の繁殖を抑える作用や，結腸の運動を促進する作用もある．

ウルソデオキシコール酸，ケノデオキシコール酸，デヒドロコール酸が現在，医薬品[4]として，胆石溶解，脂質消化吸収改善，整腸などに用いられている．

3.2.2　コレステロールの会合体形成

コレステロールは生体膜の構成成分であり，膜を安定化させる．また，副腎皮質ホルモンなどのステロイドホルモンの原料，ビタミンDや胆汁酸の原料となるものである．水に非常に難溶で，コレステロールの水への溶解度は4.7×10^{-6}Mである．気-液界面に展開すると単分子膜を形成する．水に溶けたコレステロール分子は会合体を形成する．会合体を形成し始める濃度（cmc相当濃度）は$2.5〜4.0 \times 10^{-8}$Mである[2]．透析膜を使った実験結果から，コレステロール会合体の形状は，長さ1000 Å，直径20 Åの棒状であると推定されている．コレステロール分子の大きさは$5.2 \times 6.2 \times 18.9$ Åであることから，棒状の会合体はコレステロール分子がside to sideの積み重ね状態で形成されると考えられている．

3.2.3　リン脂質のリポソームとミセル形成

リン脂質は生体膜の主要な構成成分であり，脂質二重膜の基本構造を形成している．また，2本のアルキル鎖をもつリン脂質はリポソーム（第4章参照）をつくるが，アルキル鎖が1本のリン脂質（リゾ体）では極性基間の距離が近く静電的な反発力が高くなるために，リポソームよりも曲率の大きいミセルを形成する．ミリストイルリゾホスファチジルコリンの30℃水中での cmc は 5.9×10^{-5}M である[5]．なお，リゾ体リン脂質も他の2本鎖リン脂質と混合すればリポソームをつくることができる．

3.2.4　不飽和脂肪酸，プロスタグランジン，糖脂質のミセル形成

飽和脂肪酸と不飽和脂肪酸は，膜の流動性の調節に関与している．一部の不飽和脂肪酸はオータコイドなどの生合成過程での原料となっている．高級不飽和脂肪酸は飽和のものに比べて水に対する溶解度が高く，ミセル形成が可能である．炭素数が20の不飽和脂肪酸の cmc の値[6]を表3.3に示す．

表 3.3　Icosapolyenoic acid（IA）の cmc*

IA	二重結合の位置	cmc（M）
C20：2	11，14	2.6×10^{-5}
C20：3	8，11，14	3.6×10^{-5}
C20：4	5，8，11，14	6.8×10^{-5}
C20：5	5，8，11，14，17	2.5×10^{-4}

*　at pH 7.80 and 25℃

25℃，pH 7.80 の水溶液中でのアラキドン酸（C20：4）の cmc は 6.8×10^{-5}M，イコサペンタエン酸（C20：5）の cmc は 2.5×10^{-4}M であり，分子内二重結合の数が多いものほど cmc が高くなる．

また，生体内でアラキドン酸（アラキドン酸カスケード）から生合成されるプロスタグランジン E_2，および他のいくつかのプロスタグランジンにもミセル形成能がある[6]．

糖脂質の一種であるガングリオシドは生体膜表層に存在し，シグナル伝達や細胞認識などに関与しているのではないかと考えられている．ガングリオシドの分子構造はセラミド骨格にシアル酸を含む糖鎖をもつ．糖鎖の数が少ないものはベシクル（リポソーム）を形成し，糖鎖の数が多いものはミセルを形成する（表3.4）．ガングリオシド G_{M1} の構造（図3.3）を基にすると，糖鎖の増減により数種類のガングリオシドに分類される．G_{M1} の M はモノシアロ（シアル酸残基が1つ）を表し，シアル酸残基が2つのものは G_{D1}，3つのものは G_{T1} となる．ガングリオシドの cmc と会合数を表3.4に示す．pH 7.4，20℃における G_{M1} の cmc は $(2 \pm 1) \times 10^{-8}$M，会合数は

表 3.4　ガングリオシドの糖鎖構造と会合体

Ganglioside	糖鎖連鎖	糖の数	会合体	cmc（M）*	会合数
G_{M1}	図 3.3	5	ミセル	$(2 \pm 1) \times 10^{-8}$	218 ± 14
G_{M2}	− Ⅳ	4	ミセル		
G_{M3}	− Ⅳ，− Ⅲ	3	ベシクル		
G_{D1a}	＋1 シアル酸 at Ⅳ	6	ミセル	$(2 \pm 1) \times 10^{-6}$	
G_{D1b}	＋1 シアル酸 at A	6	ミセル		
G_{T1b}	＋2 シアル酸 at Ⅳ	7	ミセル	$(1 \pm 0.5) \times 10^{-5}$	

*　at pH 7.4 and 20℃

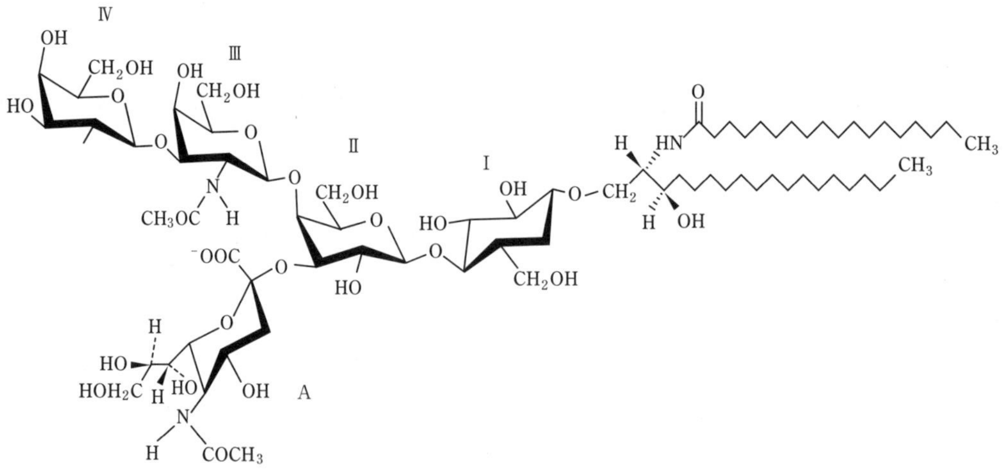

図 3.3 ガングリオシド G_{M1} の化学構造

218 ± 14 であり[7]，糖鎖が増えると親水性が増すので cmc が上昇する．

ベシクル形成能のあるガングリオシドは，糖鎖のもつ細胞認識能を利用して，標的指向型ドラッグデリバリーシステムへの応用が期待されている[8]．

3.3 肺サーファクタント

3.3.1 肺サーファクタントとは

ヒトおよび哺乳動物が肺呼吸を行う上で必要不可欠な物質が肺サーファクタントである．気管支が何十回も枝分かれした先端に肺胞がある．肺胞は直径 0.1 mm くらいの大きさで約 5 億個あり，その総表面積は 70 m^2 になる．肺胞の内側の表面は肺サーファクタント lung surfactants で覆われている．息を吐いたとき肺胞はしぼむが，このとき肺サーファクタント分子が反発しあって肺胞が虚脱（潰れる）のを防いでいる．もし，肺サーファクタントがないと肺胞は潰れてしまい，いったん潰れてしまった肺胞を押し広げるには大変な力が必要になる．ちょうどゴム風船が萎んだあと放置すると，ぺたっとくっついてしまい，それを再び膨らませようとするとすごい力が必要になるのと似ている．すなわち，息を吐いたあとに息を吸うと肺がすっと広がってくれるのは，この肺サーファクタントが存在して肺胞表面の界面エネルギーが低下しているおかげであり，肺サーファクタントは生命維持に必須の物質である．

また，肺サーファクタントは新生児が出生直後に肺水が排除され，はじめて肺呼吸を始めるときに必要な物質であり，未熟児では肺サーファクタントが欠乏しているために肺呼吸が行えず，そのためのケア（後述）が必要となる．

3.3.2　肺サーファクタントの成分とその役割

肺サーファクタントは脂質約90％とリポタンパクなどから成る混合物で，脂質の主成分はジパルミトイルホスファチジルコリン（第4章参照）である．このリン脂質が肺胞内側の膜表面を覆って，気-液界面張力を低下させ，それによって円滑な呼吸の場を提供している．もし，肺胞に肺サーファクタントがないと肺胞内面は水分のみで覆われ，肺胞が萎んだときには水の表面張力（全体の表面積を小さくしようとする力が働く）で肺胞の壁が引き合って肺胞が潰れてしまう．しかし，空気と水分の間に肺サーファクタントの膜が存在すると，この表面張力を和らげることによって肺胞が潰れるのを防いでくれる．

肺サーファクタントに含まれるタンパクとしては，サーファクタントプロテインSP-A，SP-B，SP-C，SP-Dが知られている．リン脂質が肺サーファクタントの活性中心であるが，これらのタンパクはそのホメオスターシスや活性を補助する働きをしている．なお，SP-AとSP-Dは肺胞免疫に関与しているのではないかと考えられている．

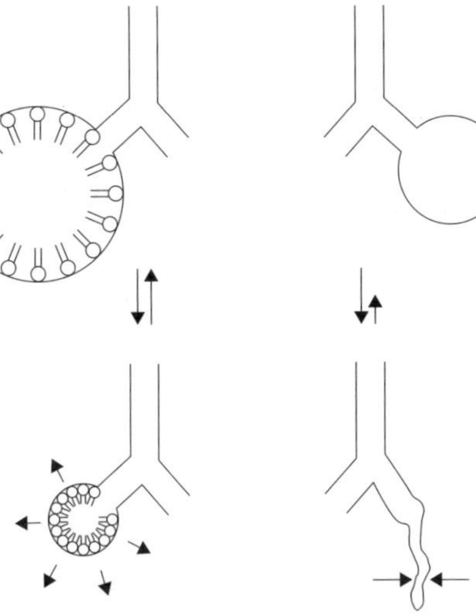

(a)　(b)

図3.4　肺胞と肺サーファクタントの役割
(a) 肺サーファクタントあり，(b) 肺サーファクタントなし

3.3.3　新生児呼吸窮迫症候群と肺サーファクタント

在胎週数32週以下，出生体重1500g以下の極低出生体重児では肺が未熟であり，呼吸窮迫症候群 respiratory distress syndrome（RDS）とよばれる呼吸器疾患がみられる．出生後，肺水が排除されて，第一呼吸によって肺呼吸を始める新生児の肺胞の中では，液相と気相が触れ合う界面が形成されて肺胞を縮める力が働く．これをさまたげるのが肺サーファクタントである．在胎週数32週以下の低出生体重児では肺のII型細胞が未熟であり，肺サーファクタントの欠乏によ

り重篤な呼吸障害を起こすことがある．これがRDSである．なお，陣痛発来前の帝王切開術で起こることもある．肺サーファクタントの産生は，妊娠28週以後に急速に増加し，通常32〜34週頃までにRDSを発症しない程度のサーファクタントが産生するようになるといわれている．

RDSに対する初期対応としては，酸素投与や人工換気療法によって呼吸を補助すると共に，早期に肺サーファクタントの気管内投与を行う[9]．RDSは肺サーファクタントの欠乏による疾患であるのでそれを補うことが治療になるが，内在性肺サーファクタントが産生されるようになって新生児は初めてRDSから回復したといえる．

3.3.4 人工肺サーファクタント

RDS治療薬としての人工肺サーファクタントとして，サーファクテン®が1987年から発売されている．サーファクテン®はウシの肺抽出物で，リン脂質，遊離脂肪酸，トリグリセリドを含有する．なお，サーファクテン®は，新生児のRDSだけではなく，大人になって発症した急性呼吸窮迫症候群（ARDS）や肺吸収や肺炎などの呼吸器疾患の重症例の治療薬としても使われる．ARDSは肺サーファクタントが存在してもその働きが悪くなって肺が膨らまなくなる病気である．新生児と違って，有効な治療法がないのが現状である．すなわち，肺疾患のために，人工肺サーファクタントを投与してもサーファクタントが次々と壊されてしまうので，注入したときには肺は膨らんでも，すぐに元に戻ってしまう．サーファクテン®は非常に高価である（注入剤120 mg/瓶　2008年の薬価109544.40円[4]）．体重1.2 kgの未熟児を助ける量は120 mgもあれば十分だが（120 mgを生理食塩液4 mLに懸濁し，4〜5回に分けて気管内に注入する．その際，1回ごとに体位を変えて注入し，全気管内に行きわたるようにする），大人の場合には1回の治療にこの50倍近くもの大量を必要とするので，そう何日も注入できないのが実状である．そのため，低価格で量産もできる新しい人工サーファクタントの開発が進められている[10]（特開2004-305006）．

参考文献

1）生体コロイドⅠ，嶋林三郎，寺田弘，岡林博文編集，p.28，31，38，廣川書店（1990）．

2）田中満，表面，**16**, 537（1978）．

3）生体コロイドⅡ，嶋林三郎，寺田弘，岡林博文編集，p.701，廣川書店（1990）．

4）今日の治療薬，水島裕編集，p.781-782，南江堂（2008）．

5）T. Yamanaka, N. Ogihara, T. Ohhori, H. Hayashi, T. Muramatsu, *Chem. Phys. Lipids*, **90**, 97（1997）．

6）S. Yokoyama, T. Kimura, M. Nakagaki, O. Hayashi, K. Inaba, *Chem. Pharm. Bull.*, **34**, 455（1986）．

7）B. Ulrich-Bott, H. Wiegandt, *J. Lipid Les.*, **25**, 1233（1984）

8）S. Yokoyama, T. Takeda, M. Abe, *Colloid Surf. B: Biointerfaces*, **27**, 181-187（2002）．

9）澤田まどか，小児看護，**29**, 18-26（2006）．

10）特開2004-305006.

章末問題

問 3.1　代表的な胆汁酸の名称をあげよ.

問 3.2　胆汁酸の会合と，一般的な合成界面活性剤の会合の違いについて述べよ.

問 3.3　胆汁酸塩の生体内運命（生合成～排泄）について簡単に述べよ.

問 3.4　胆汁酸塩と胆石について説明せよ.

問 3.5　胆汁酸塩と食物消化について説明せよ.

問 3.6　胆汁酸塩以外の生体内界面活性物質の名称をあげよ.

問 3.7　アルキル鎖が 1 本と 2 本のリン脂質の性質について説明せよ.

問 3.8　肺サーファクタントの分布と成分について述べよ.

問 3.9　肺サーファクタントと呼吸との関係について説明せよ.

問 3.10　新生児呼吸窮迫症候群について簡単に説明せよ.

問題の解説

問 3.1　表 3.1 参照.

問 3.2　胆汁酸の会合体は会合数が少なく，さらに会合数の増え方も徐々に増える. 3.2.1(3)項参照.

問 3.3　3.2.1(4)項の後半部分参照.

問 3.4, 3.5　3.2.1(4)項参照.

問 3.6　リン脂質，糖脂質（ガングリオシドなど），長鎖不飽和脂肪酸など. 3.2.3 項，3.2.4 項，表 3.3，表 3.4 参照.

問 3.7　アルキル鎖が 2 本のリン脂質はリポソームを，1 本のもの（リゾ体）はミセルを形成しやすい. 3.2.3 項参照.

問 3.8　主成分はジパルミトイルホスファチジルコリン. 3.3.1，3.3.2 項参照.

問 3.9　3.3.1，3.3.2 項参照.

問 3.10　3.3.3 項参照.

4 生体膜および脂質二分子膜

4.1 この章のねらい

細胞はその周りを膜で被われていて，生物の機能の単位であるという説を提案したのはシュライデン Schleiden とシュワン Schwann で，古く 1839 年のことである．細胞を取り囲んでいる「膜」は「油っぽい」ものであるとの考えは，1895 年に油によく溶ける物質ほど細胞内に早く取り込まれるという観測がもとになっている．そののち，1917 年のラングミュアー Langmuir による水面上に脂肪酸や脂質の単分子膜ができるという発見が契機になり，1935 年のダニエリ Danielli とダブソン Davson の脂質二分子膜が生体膜の基本構造であるとの説が提案された．二分子膜が基本構造であることは電子顕微鏡観察で証明されたが，膜のもう 1 つの構成成分であるタンパク質がどのように存在するのかについての結論は，1972 年のシンガー Singer とニコルソン Nicolson の流動モザイクモデルまで待たなければならなかった．この流動モザイクモデルの考案は物理化学的な考察によってできたといえる．このように，生体現象の理解には物理化学，特に熱力学の考えが必要であることを膜構造を通じて学ぶ．生体膜は細胞にとって外界とのインターフェイスであるので，薬学領域においては特に生体膜の理解が重要である．例えば，薬は細胞内で効力を発揮するので，薬物の生体膜輸送の理解の基礎として生体膜の理解，特にその構成原理を理解しておくべきである．

4.2 生体膜の構成成分

生体膜は脂質とタンパク質から成り立っている．膜に存在する脂質は，1）グリセロリン脂質，2）スフィンゴリン脂質，3）グリセロ糖脂質，4）スフィンゴ糖脂質，5）ステロール，6）微量成分からなる．どうしてこのような多種類の脂質が必要なのか？　これに対する解答は現在得られていない．しかしながら，これらの脂質に共通していることは，水との接触を好む親水性

hydrophilic 部位と水との接触を嫌う疎水性 hydrophobic 部位の，性質の異なる 2 つの部位を 1 つの分子の中にもっていることである．このような分子を両親媒性物質とよんでいる．

もう 1 つの構成成分のタンパク質については多種多様である．膜を介する多くの生理現象は膜タンパク質が担うので色々な膜タンパク質が存在する．ただし，古くは，膜脂質は外界と細胞内を隔てる単なる「障壁」であり，膜の機能発現はタンパク質によると考えられていたが，今日では脂質も色々な役割を果たしており，その異常は種々の疾病を引き起こすことが示されている．

脂質とタンパク質の量比は膜によって様々である．タンパク質が多い膜の代表はミトコンドリア内膜である（タンパク質 / 脂質 = 3.2 % w/w）．これは，呼吸基質を酸素で酸化するのに多くの膜タンパク質が関与しているからである．脂質が多い膜の代表は神経細胞のミエリン膜である（タンパク質 / 脂質 = 0.2 % w/w）．この膜は神経細胞を被う絶縁体として働く必要があるので，疎水性の脂質含量が多い．

4.3　リン脂質二分子膜：「水と油は混じらない」という原理からできた膜

生体膜の主成分であるリン脂質は，疎水性である炭化水素の鎖が 2 本と，リン酸および親水性の残基からなる親水性の部分の 2 つの部位からなる両親媒性物質である．このことを端的に示すために，リン脂質は図 4.1(a) のように書かれる．○の部分は親水性の部分であり，よくリン脂質のヘッド（頭）とよばれる．ヘッドから出ている 2 本の線は疎水性の炭化水素の鎖を示す．両親媒性物質が水中でとる構造は，いわゆる「水と油は混じらない」という原則に立脚している．この原則によると，2 本の鎖の部分は水には接しないで，これらのみで集まる必要がある．○の親水性部位は，水とは接するが，炭化水素の部分とは混じり合わない．これらの条件を満たす構造は図 4.1 の (b)，(c) の 2 つが可能である．リン脂質の場合は，(b) のような構造をとり，これを脂質二分子膜またはラメラ相とよんでいる．(c) の構造はミセルとよばれており，界面活性剤（洗剤はこの 1 つである）が水中でとる構造である．鎖が 1 本で書かれていることに注意して

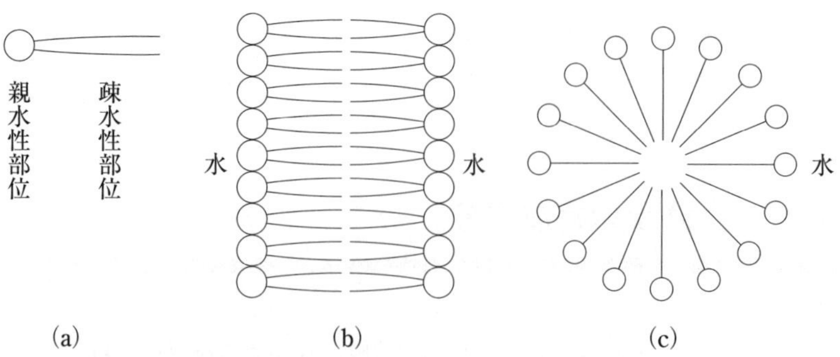

図 4.1
(a) リン脂質が両親媒性であることを模式的に示したもの．○はリン脂質の親水性ヘッドを，2 本の線は疎水性炭化水素鎖を示す．(b) 脂質二分子膜が水中でつくるラメラ構造．(c) 1 本の炭化水素鎖をもつ界面活性剤が水中でつくるミセル．

ほしい．一般的に界面活性剤の炭化水素鎖は1本であるので，頭（親水性部位）が大きい形をしている．いわば，頭でっかちの逆三角形▼型である．このような形のものが寄り集まるときに，できるだけ密に接して分子間力を大きくなるようにしたいので，頭を外に出した（c）のミセルとなる．一方，リン脂質は鎖が2本であり，いわば，■の寸胴型である．このようなものが集まるとすれば（b）のラメラ型がよい．そこで，リン脂質は一般的には，ラメラ構造となる．ここで一般的にといったのは，リン脂質でも違った構造をとることもある．例えば，ホスファチジルエタノールアミンはヘキサゴナルⅡ型（逆ミセル型）とよばれる構造をとる．その理由は，親水性の頭が小さいので，おむすび型▲をしているためである．このようなものが集まるとすれば，ミセルの形であるが，親水性部位の頭がミセルとは逆に内部に向かったものができる．

これらの構造で注意すべきことは，分子は化学結合で結ばれたものではなく，分子間相互作用のみによってできた構造物であることである．なお，リン脂質は（b）のラメラ構造をとると述べたが，この構造の両端（図4.1(b）の上下）は疎水性炭化水素鎖が水に接するのではないかと心配されるかもしれない．しかし，両端が互いに接触し閉じて球状になれば，これを回避できる．これが後述のリポソームである．

4.4　疎水性相互作用：水と油が混じらないのはどうしてか？

「水と油は混じらない」のはどうしてかを考えてみよう．そのためには水の特異的な性質を理解することが必要である．水はH-O-Hであり，2つのH-O結合間の角度は104.52°である．酸素原子のほうが水素原子より電気陰性度が大きいので，酸素原子はややマイナス，水素原子はややプラス（図4.2では$\delta+$と書いている）に分極している（極性物質とよばれる）．水は直線分子でないので，電気双極子をもち大きな誘電率をもつことになる．電気的な相互作用によって極性物質やイオンは水によく溶ける．一方，炭化水素鎖の炭素原子と水素原子の電気陰性度はほぼ等しいので，炭化水素は分極していない．このような分子を非極性分子とよぶ．非極性分子間にも引力が働き，これはファンデルワールス van der Waals 力とよばれている．「類は友をよぶ」のであって，一般に，極性分子どうしは混じり合い，非極性分子どうしは混じり合う．非極性分子は極性の高い物質の溶媒には溶けない．すなわち，炭化水素は水には溶けにくい．

水を理解するには水素結合の理解が重要である．水素は，O，N，F，Clなどの電気陰性度の大きな原子とY…HXのような結合をすることが知られている．H原子が原子XとYを結ぶ役割をしているので，水素結合とよばれる．通常の化学結合よりは弱い結合である．ある水分子の1つの水素原子が，他の水分子（第2の分子）の酸素原子の非共有電子対と水素結合をつくる．この第2の水分子の1つの水素原子が第3の水分子の酸素原子との間で水素結合をつくる．このように次々と水分子間で水素結合のネットワークをつくっている（図4.2）．水分子はある塊（クラスターともいう．このクラスターを構成する平均分子数は温度により異なり，また研究者によっても異なる）として存在している．この塊は決して固定されたものではなく，壊れたり形成されたりしている．これが，分子量が18と小さいにもかかわらず沸点が100℃と高く，蒸発のエン

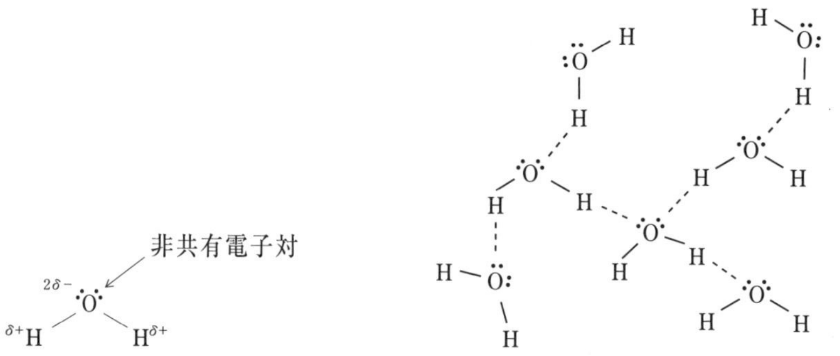

(a) 水分子の電子構造　　(b) 水中の水素結合（---）のネットワーク

図 4.2　水中の水分子間の水素結合

水分子の酸素原子は 2 つの水素原子と化学結合をつくるが，酸素原子にはあと 2 つの非共有電子対がある．水素原子と他の水分子の酸素原子の非共有電子対との間に水素結合をつくる．また，この水分子の水素原子が他の水の酸素原子と水素結合をつくる．このように，水分子は水素結合を介して塊（クラスター）をつくっている．このような水分子の集団は固定されたものではなく，できたり，壊れたりしている．水溶液中の H^+ または OH^- イオンの移動速度が速いのは，この水素結合ネットワークのためである．

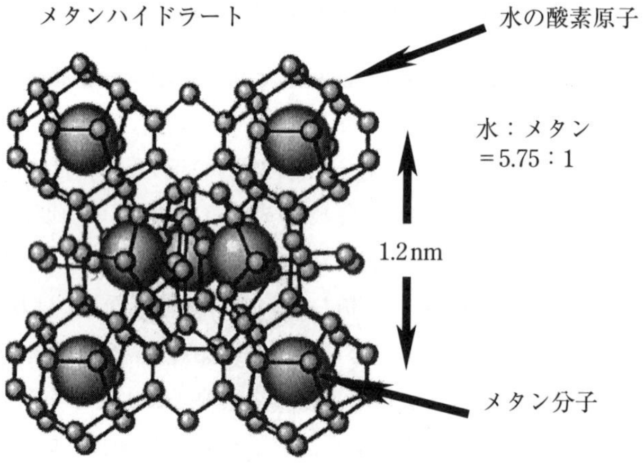

図 4.3　メタンハイドラートの X 線結晶解析の結果

水素原子は図示されていない．メタン分子は，水分子のつくる「かご」の中に閉じ込められている．このような「かご」をつくっているのは水分子間の水素結合による．水分子は規則正しく配列していることに注意．この規則正しさのためにエントロピーが減少する．
(http://www.12.plala.or.jp/ksp/energy/methanehydrate)

タルピー（蒸発熱）が大きい原因である．また，氷は水よりもモル体積が大きい．凝固点で固体が液体よりもモル体積が大きいのは地球上の物質で水のみである．これも水素結合が原因である．もしも水素結合をつくらないとすれば，水は −100℃ で凍り，−80℃ で沸騰する．

図 4.3 は，エネルギー問題を解決するものとして期待されている海底の低温高圧下で存在しているメタンハイドラートの X 線構造である．メタンという疎水性ガスの周りに，水分子が水素結合をつくり，規則正しく取り囲んでいることがわかる．水分子でつくられた「かご」にメタンが包まれている．この「規則正しい」という点を記憶しておこう．

表 4.1　25℃における有機溶媒中から水への移行に関する熱力学量

	$(\mu^{\ominus}{}_{w} - \mu^{\ominus}{}_{HC})$ /kJ mol^{-1}	$(H^{\ominus}{}_{w} - H^{\ominus}{}_{HC})$ /kJ mol^{-1}	$(S^{\ominus}{}_{w} - S^{\ominus}{}_{HC})$ /J K^{-1} mol^{-1}
$CH_4(CCl_4) \rightarrow CH_4(H_2O)$	12.1	− 10.5	− 75.8
$CH_4(C_6H_6) \rightarrow CH_4(H_2O)$	10.9	− 11.7	− 75.8
$C_2H_6(C_6H_6) \rightarrow C_2H_6(H_2O)$	15.7	− 9.2	− 83.6

（C. Tanford（1980）the hydrophobic effect : formation of micelles and biological membranes, 2nd ed., John Wiley & Sons から改変）

表 4.1 は，有機溶媒（疎水性溶媒）から水相へ有機溶媒を移動させたときの熱力学諸量を示している．この表の数値がどのようにして決められたかを，CH_4 のクロロホルム相［$CH_4(CCl_4)$］から水相［$CH_4(H_2O)$］への移行を例にとって説明する．基本は物理化学で学習する分配平衡と同じである．CH_4 はクロロホルム相（HC と略す）と水相（w と略す）で平衡になっているので，CH_4 の化学ポテンシャル chemical potential，μ は，HC 相と w 相で等しく，次式が成立する．

$$\mu^{\ominus}{}_{HC} + RT \ln X_{HC} = \mu^{\ominus}{}_{w} + RT \ln X_{w}$$

ここで，X_{HC} および X_{w} は，それぞれ，HC 相および w 相中の CH_4 のモル分率である．$\mu^{\ominus}{}_{HC}$ および $\mu^{\ominus}{}_{w}$ は，それぞれ，CH_4 の HC 相および水相での標準状態の化学ポテンシャルである．X_{HC} および X_{w} を測定することにより，表 4.1 の $\mu^{\ominus}{}_{w} - \mu^{\ominus}{}_{HC}$ を求めることができる．$\mu^{\ominus}{}_{w} - \mu^{\ominus}{}_{HC}$ は移行に伴う標準状態での部分モルギブズエネルギー（1 モル当たりのギブズエネルギー，G）の変化量であるので，次のギブズ・ヘルムホルツの式を使えば，移行に伴う部分モルエンタルピー（1 モル当たりのエンタルピー，H）の変化量，$H^{\ominus}{}_{w} - H^{\ominus}{}_{HC}$ が求められる．

$$\left[\frac{\partial\left(\frac{G}{T}\right)}{\partial\left(\frac{1}{T}\right)}\right]_P = H$$

さらに，$G = H - TS$ であるから，移行に伴う部分モルエントロピー（1 モル当たりのエントロピー，S）の変化量，$S^{\ominus}{}_{w} - S^{\ominus}{}_{HC}$ が計算できる．この表を見ると，エンタルピー変化（$\Delta H = H^{\ominus}{}_{w} - H^{\ominus}{}_{HC}$）は負（発熱反応）である．このことは，$CH_4$ や C_2H_6 は熱的には非極性・疎水的な有機溶媒より水のほうが安定であることを意味する．このことは，炭化水素が水に溶けないことを考えると不思議である．しかしながら，エントロピー，S の項を見てほしい．値が負になっている．エントロピーは「乱雑さ」の指標である．そして，自然は乱雑さを増加させる方向へ移行しようとする．ただし，エネルギーが低下するという方向も自然に起こる方向である．すなわち，次の 2 つの要因が重要である．

熱エネルギー（エンタルピー）の減少　$-\Delta H$（発熱反応）
乱雑さの増加　$+\Delta S$（エントロピーの増加）

これら 2 つが単独に自然に起こる方向を決めるのではなく，H と S の両方を含んだ G の変化，$\Delta G = \Delta H - T\Delta S$ の減少（すなわち $\Delta G < 0$）で，自然に起こる方向が決まるのである（正確には温度，圧力一定の条件のもとにおいてである）．表 4.1 の結果より，炭化水素が非極性溶媒から水へ移行するギブズエネルギー変化（ΔG）が正ということは「水と油は混じらない」ことを意味する．明らかに ΔG の正は ΔS の負に起因している．すなわち，移行に伴って何かの規則性

が増したのである．ここで改めて図4.3を見てみよう．疎水性・非極性分子であるメタン分子の周りに水分子が規則正しく配列している．疎水性分子の周りの水分子は，疎水性分子とは水素結合をつくれないので，水分子が互いにより強固な水素結合をつくる．そのために，水の規則的構造が増す．これがエントロピーを（正確には混合のエントロピーの増大以上に）低下させ，ギブズエネルギーを増加させるのである．

この疎水性分子の周りの水の規則正しい配列によってエントロピーが減少することにより，色々な現象が起こることを疎水性相互作用という．例えば，水溶性タンパク質の立体構造を決めるにも疎水性相互作用は重要である．バリンとかフェニールアラニンは疎水性アミノ酸である．したがって，これらのアミノ酸が，水と接するタンパク質表面へ出てくることは少ない（これは水溶性のタンパク質の場合である．膜タンパク質は後述）．むしろ，タンパク質内部へ入り込み，水と接しないで，これらの疎水性アミノ酸同士が集まって，タンパク質の高次構造をつくるのである．

4.5 生体膜の構造

図4.4は生物の体は細胞からできており，細胞の周りには細胞膜 cell membrane または生体膜 biological membrane があり，細胞の中にも細胞内小胞があり（真核細胞のみであり，バクテリアには原則的に細胞内小胞はない），その小胞体の周りもまた膜で包まれていることを示している．読者の皆さんは，植物細胞やクロレラには細胞壁という細胞を包んでいる膜状の堅い構造体があることを知っていると思う．バクテリアにも外周に堅い膜状の構造物がある．この構造物によって外界の浸透圧変化に耐えることができる．これらはここで問題とする細胞膜ではなく，その内側に存在して種々の機能をしている膜を問題とする．この膜を形質膜 plasma membrane とよぶこともある．この膜の厚さは5〜7nmと極めて薄い膜である．髪の毛の直径を0.1mmとすれば，生体膜の厚さはそれの約2万倍も薄い．

この生体膜の機能として次のようなことがあげられる．

(1) 細胞の（または小胞の）内と外を隔てる障壁である．この障壁によって，細胞内の諸成分が一定に保たれる．また，外界の変化に対して，いたずらに追随することなく適切な対応をとることができる．

(2) 物質の選択的な透過を可能とすることができる．細胞膜には輸送タンパク質またはトランスポーターとよばれるタンパク質が発現しており，それらのタンパク質によって，栄養物が取り込まれている．多くの場合，濃度勾配（正確には電気化学ポテンシャル）に逆らって取り込まれており，これを能動輸送とよんでいる．近年では，ある種の薬物の生体内移行はトランスポーターによることが示されている．がん細胞には，抗がん剤をATPのエネルギーを使って排出する膜タンパク質，P-glycoprotein（PGPと略す）が発現して，抗がん剤が効かなくなる．また，バクテリアの薬剤耐性の発生原因は色々と知られているが，現在では主原因は排出タンパク質による薬剤の排出であると考えられている．

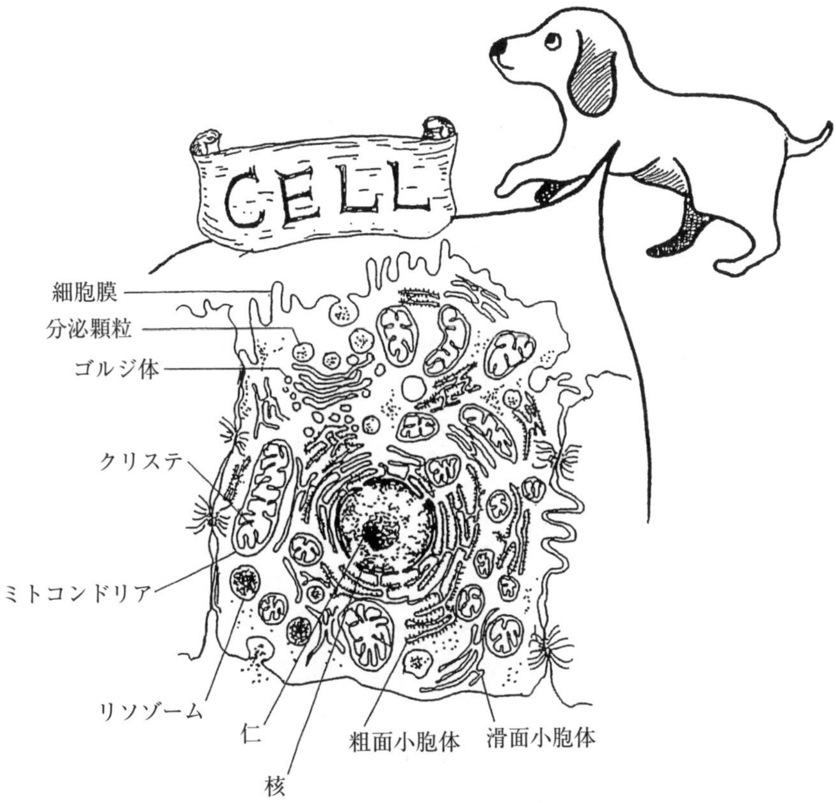

図 4.4　生体は細胞の集合体である

各々の細胞の周りは細胞膜で包まれている．高等動物や植物の細胞では，細胞の中には細胞内小器官（小胞体など）があり，それらもまた膜（生体膜）で包まれている．
（日本生物物理学会編（1996）生物物理から見た生命像，生体膜—生命の基本形を形づくるもの，図1，p. 2，吉岡書店）

(3) 外界からの情報変換や情報伝達に関して細胞膜は不可欠である．細胞膜は一番外側に存在するために，外界の刺激を受けるのもまず細胞膜においてである．ホルモンや神経伝達物質と結合する（しばしば受容するといわれる）膜タンパク質が細胞膜に存在し，それへの結合が信号となり，他のタンパク質の助けを借りて細胞内に信号を送っている．人間には，視覚，嗅覚，味覚，聴覚，触覚の五官があるが，これらの感覚の受容にも膜が重要な役割をしている．例えば，視覚は，網膜に存在するロドプシンという光受容分子が光を受け取ることから始まる．嗅覚は，鼻粘膜に存在する匂い分子の受容体に匂い分子が結合することから始まる．その信号伝達機構はホルモンの伝達機構と本質的に同じである．また，神経の興奮は細胞内外の電位差（膜電位という）が変化して，その電位変化が神経の膜を通って伝播することである．膜電位が変化するのは，特定のイオンを通すチャネルという膜タンパク質があり，それが電位変化に応じて開閉するからである．

(4) エネルギーの生産には生体膜が必須であることがある．ATP の産生機構には大きく分けて 3 つあり，それらは，1) 基質レベルのリン酸化（解糖系），2) ミトコンドリアや好気性細菌における酸化的リン酸化，および 3) クロロプラストにおける光リン酸化である．2) と 3) は

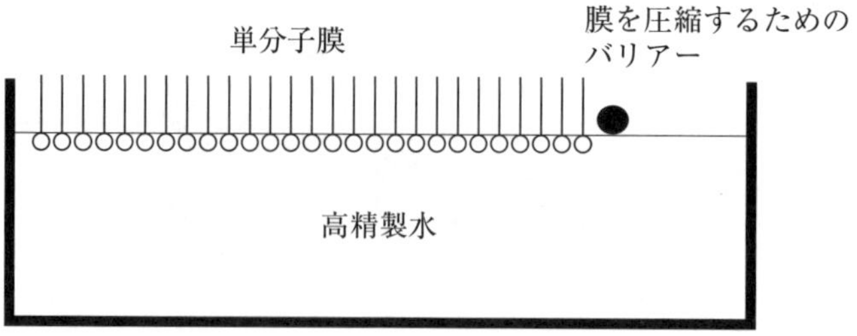

図 4.5 ラングミュアーの単分子膜

極性頭部は水槽の中にあり，非極性の炭化水素鎖は空気中に突き出している．このような構造が，両親媒性物質のベンゼン溶液を水面に展開するだけで，自然に形成されることに注意．この両親媒性物質は難水溶性であるので，水中には全く溶解していない．

1）に比べて効率が高く，動物細胞では 2）により ATP の大部分が合成される．これらの 2）と 3）には，閉じた膜構造が不可欠である．

このように細胞にとって重要な生体膜であるが，どのような構造をとっているのであろうか．この問題に関する研究は古く 20 世紀の初頭から始まっている．大きな影響を与えたのは，ラングミュアー Langmuir の単分子膜の概念である．図 4.5 は単分子膜の模式図である．トレイに高度に精製した水を入れる．この水面に，両親媒性物質，例えばステアリン酸やリン脂質のベンゼン溶液を静かに垂らす（展開するという）．ベンゼン溶液は水面を広がり，ベンゼンが蒸発してしまう．そのあとに，図 4.5 のように，親水性部位を水中におき，疎水性部位の炭化水素鎖を空気中（疎水的である）に突き出した単分子の膜ができる．水面に両親媒性分子の層ができたことは表面張力（あるいは表面圧）の測定からわかる．展開した面積を小さくしていくと，あるところで表面張力が急に小さく（したがって表面圧は急に大きく）なる．これは膜内で分子が密に詰まることによる．この時，展開した両親媒性物質のモル数から 1 分子当たりの面積を計算すると，それは 1 分子の断面積にほぼ等しい．すなわち，単分子膜を形成していると考えられる．

読者は，既に脂質二分子膜（4.3 節参照）を学習しているので，脂質二分子膜はこの単分子膜を 2 枚，疎水性部分で張り合わせたものであることが理解されると思う．後に述べる人工平面脂質二分子膜作製の方法の 1 つに張り合わせ法があるが，この方法はまさにこのことを示している．このように，生体膜が二分子膜を基本とするというアイデアは 1925 年にゴーター Gorter とグレンデル Grendel によって提出されている．彼等は赤血球から脂質を抽出して単分子膜をつくり，元の血球の表面積と単分子膜の膜面積と比較したところ，単分子膜の面積が 2 倍となったのである．現在では彼等の実験には間違いがあるということがわかっているが，生体膜が脂質二分子膜からなることを初めて提唱したことに意義がある．この脂質二分子膜モデルを更に押し進めたのが，ダニエリ Danielli とダブソン Davson のモデルである．1935 年のことである．脂質二分子膜モデルにとって都合の悪いことは表面張力の値であった．単分子膜から推定される表面張力の値よりも，生体膜の値は 1/50 以下の小さい値であった．彼等は，脂質二分子膜の表面にタンパク質が被っているので，生体膜の表面張力が小さいのであると説明した．現在ではこのモデルは間違っているが，生体膜が脂質二分子膜であることを提唱したとして，このモデルは歴史的価値をもっている．膜はあたかも二次元の液体であると考える後述の流動モザイクモデルではこの点も説明されている．

図 4.6　赤血球細胞膜の電子顕微鏡像
斜め左下が血球内部である．溶液との界面が，黒―白―黒の鉄道の線路のように見えることに注意．
（J. D. Robertson（1967）*Protoplasm* **63** : 218-245 の図 11）

生体膜が脂質二分子膜からなっていることを明確に示したのは，1940 年後半から 1950 年にかけてのロバートソン Robertson による電子顕微鏡観察である．図 4.6 に 1 つの例を示した．この図は赤血球の膜の電子顕微鏡像である．膜は，暗―明―暗の 3 層像が，鉄道のレールのように延びているのがわかる．電子顕微鏡では電子を散乱させるために，酢酸ウラニル等による重金属による染色を行う．重金属陽イオンは脂質の頭である親水性部位には吸着するが，炭化水素鎖には吸着しない．したがって，このような 3 層構造がみられる．これによって，生体膜は脂質二分子膜が基本構造であることが確立した．電子顕微鏡の結果からも，生体膜の厚さを推定できる．X 線解析でも脂質二分子膜であることが示されている．

4.6　流動モザイクモデル

1972 年にシンガー Singer とニコルソン Nicolson によって流動モザイクモデルが提案され，多くの研究者からの支持をえた．彼等は，それまでの脂質二分子膜と生体膜に関する多くの結果を考慮し，また熱力学的考察を行い，このモデルを提出した．図 4.7 に流動モザイクモデルを示した．このモデルをみると，脂質二分子膜を基本構造として，脂質二分子膜の「海」にタンパク質が突きさっていたり，浮かんでいたりしている．あるタンパク質は膜を貫通し，あるタンパク質は膜の片面に埋っているのみである．膜の内部に入っている部分は α ヘリックスになっている

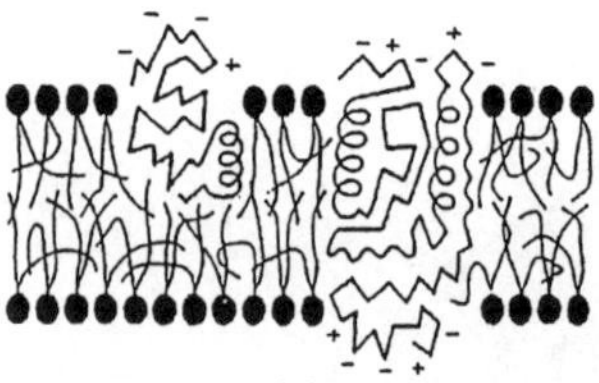

(a)

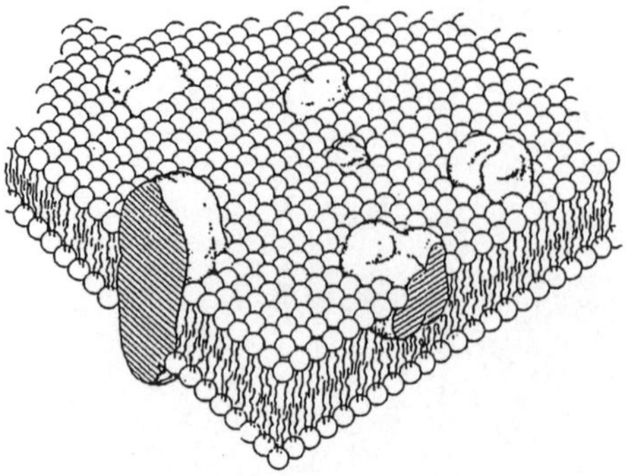

(b)

図 4.7　流動モザイクモデル

(a) は縦断面．(b) は俯かん図．ある膜タンパク質は膜を貫き，膜の両面に顔を出している．ある膜タンパク質は脂質二分子膜に埋まって，膜の1面にしか顔を出していない．膜タンパク質は膜内で α ヘリックス構造をとっていることが多い．
(S. J. Singer and G. L. Nicolson (1972) *Science* **175**: 720-731)

ことが多い．膜内では，タンパク質の C＝O と NH は脂質と水素結合をつくれないので，近くのアミノ酸残基と水素結合をつくって安定になることが多く，α ヘリックスをつくるのである．シンガーとニコルソンは，生体膜の CD（円二色性スペクトル）の測定からタンパク質が膜内で α ヘリックスとなっていることを示している．その後の研究によって，膜タンパク質の存在状態は図 4.8 のように多様であることがわかってきた．多くの膜タンパク質は膜内では α ヘリックスをつくっているが，すべてのタンパク質がそうではない．細菌の薬剤耐性で問題となるポーリンは β シートであることがわかっている．ポーリンの構造変化で，抗菌剤がポーリンを通ってバクテリアの細胞内に入れなくなると，薬剤耐性が起こる．

さてこのモデルの名称の「モザイク」は，膜タンパク質がモザイク状になっているからであろう．また，多種多様の脂質があるが，膜中でそれらが均一に混じりあっているのではなく，ある一部が他の部分と違った組成をもっていることもあることがわかってきている．また，二分子膜の細胞内側に面している部分 inner leaflet と外側に面している部分 outer leaflet では，脂質の成分が違うこともわかっている．最近，多くの研究者の注目をあびているのがラフト（raft，筏の意味）である．スフィンゴ脂質とコレステロールの複合体であり，その様子は川（海）に浮かぶ筏のようである．このラフトには情報伝達に必要なタンパク質が含まれている．また，インフルエンザウイルスはこのラフトにまず結合して感染が始まる．

もう1つのキーワードは「流動」である．これは，生体膜の成分である脂質やタンパク質が決して固定されたものではなく，動き回っていることを示している．いわば，膜は二次元の液体で

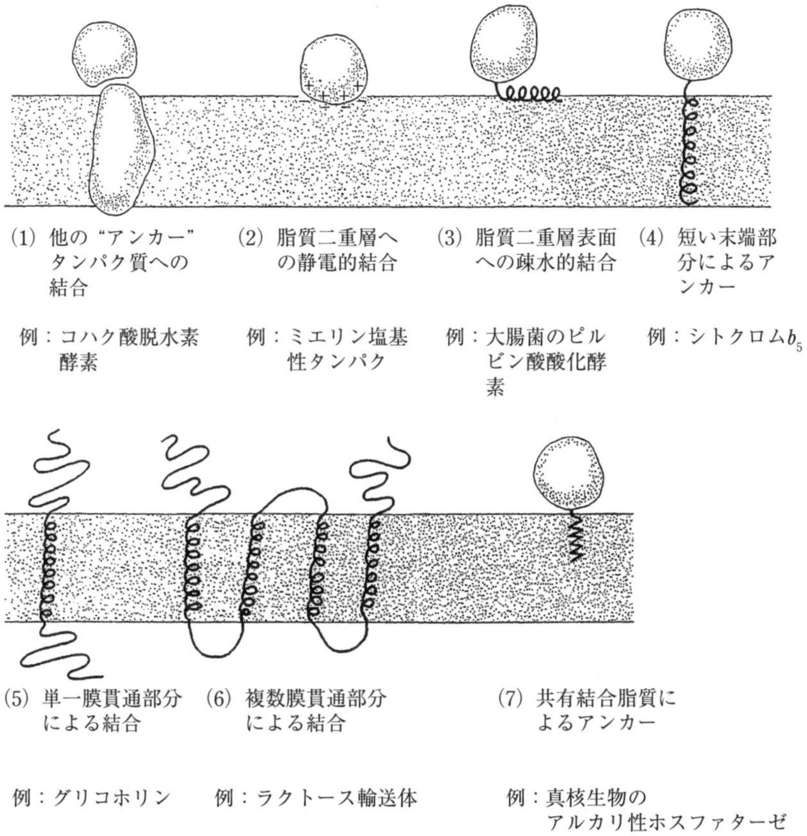

図 4.8　膜タンパク質の膜中における多様な存在様式

上と下のどちらが細胞内とも外とも決めていない．したがって，(5)と(6)において，C 端，N 端末を細胞外，内のどちらにでも出すことができる．また，(6)において膜内へリックスの本数が奇数ならば，C 端末と N 端末は互いに反対側になる．膜内を貫いて存在しているタンパク質または膜に埋まっているタンパク質を内在性タンパク質 integral protein といい，(1)のように“アンカータンパク質”と結合しているタンパク質や(2)のように膜に静電的に結合しているタンパク質を周辺タンパク質 peripheral protein とよぶことがある．
（ロバート B. ゲニス，西島他訳（1990）生体膜，図 3.1，p.80，シュプリンガー・フェアラーク東京）

ある．ただし，今日ではすべての膜タンパクが動き回っているのではないことがわかっている．例えば，赤血球のバンド 3 タンパク質（HCO_3^-と Cl^-イオンを交換する）は，赤血球の膜の内側に強度の補強のために網状に張りめぐらされた「裏打ちタンパク質」に結合しているので動かない．また，例えば腸管の細胞では，管腔側と血管側とは異なる膜タンパク質が発現していることが知られている．膜タンパクがこのように流動的であるにもかかわらず，このような細胞の裏表がどうして起こるのであろうか．それは，細胞間のタイトジャンクションのために，管腔側から血管側およびその逆にはタンパク質は移行できないからである．

膜タンパク質が膜上を移動することを示した有名な実験は 1970 年のフライ Frye とエディディン Edidin の実験である．マウス由来の細胞の膜タンパク質に抗原抗体反応を利用してフルオレセインを結合させた．一方，ヒト由来の細胞には同様の方法で蛍光色素ローダミンを結合させた．これら 2 つの細胞をセンダイウイルス hemagglutinating virus of Japan（HVJ）を用いて融合させた．蛍光顕微鏡で観察すると，融合直後の細胞は，半分はフルオレセインの緑色に光っており，もう半分はローダミンの赤色に光っていた．そののち，37℃で約 40 分経つと，均一に混じりあってしまった．これは ATP 欠乏やタンパク質合成阻害剤の影響を受けなかった．したがって，エネルギーを使って動かす装置で移動したのではなく，また新たにできたタンパク質が何らかの理由によって蛍光色素で染色されたものでもない．タンパク質自身が膜上を拡散したためと考えられる．

蛍光光退色回復法 fluorescence recovery after photobleaching（FRAP）または蛍光退色回復法 fluorescence photobleaching recovery（FPR）とよばれる方法がある．蛍光色素でラベルした膜タンパク質に非常に強いレーザー光（蛍光色素が吸収する波長）を照射すると色素が壊れて蛍光が出なくなる（ブリーチされたという）．直ちにレーザー光の強さを弱くして，ブリーチされた部分の蛍光強度をモニターしていると，蛍光が回復してくる．これは，周りから正常な色素のついたタンパク質が流入し，ブリーチされたものが出て行ったことを意味する．この回復曲線の解析からタンパク質の拡散定数が計算できる．拡散定数 D は分子の半径 a と粘度 η と次の関係式がある（正確にはタンパク質の形に依存する．この式はタンパク質を半径 a の球としている）．

$$D = \frac{k_B T}{6\pi\eta a}$$

ここで，k_B はボルツマン Boltzmann 定数である．この式を使って「膜の粘度」が推定したところ，グリセリンの粘度に近い値であった．また，タンパク質は膜面に垂直な軸のまわりで回転もできることが知られている．

膜中のタンパク質と同様に，膜の脂質も拡散することが知られている．これが発見された実験の詳細は省略するが，結果を述べると，脂質は脂質二分子膜上を拡散し，その拡散定数は $D = 2 \times 10^{-12} m^2 s$ 程度となる．物理化学で学習する酔歩運動の理論を用いると，この拡散定数の値は，脂質はバクテリア（直径 1 μm 程度とする）の細胞膜を一周するのに数秒しかかからないことを意味する．また，この場合，拡散は隣接する分子がその位置を互いに交換することである．隣接

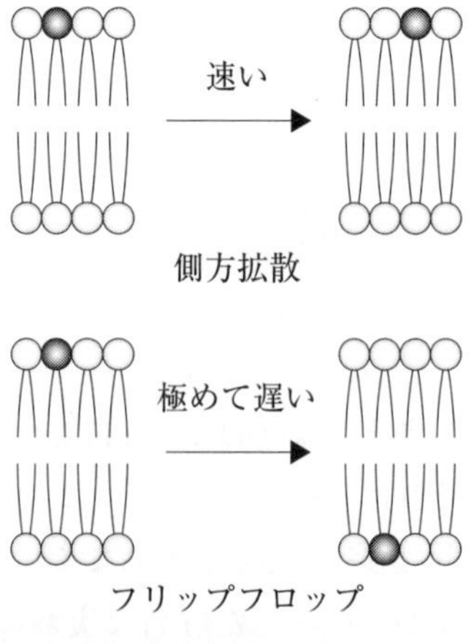

図 4.9　膜脂質の側方拡散とフリップフロップ

側方拡散 lateral diffusion は隣接したリン脂質分子同士が互いにその位置を交換しあう，極めて速い運動である．1 つの脂質分子に着目すると，横に（lateral に）移動している．一方，フリップフロップ flip flop は縦に移動するが，極めて遅い運動である．

する脂質分子間の距離を 0.53 nm として，この D の値から隣接する脂質分子の交換速度を計算すると，1 秒当たり 10^7 回にもなるという．このように脂質分子は激しく位置を取り替えているにもかかわらず，膜の構造は保たれている．このように膜面に沿って横に移動する拡散を側方拡散という．

脂質は，二分子膜の縦方向の移動，すなわち脂質二分子膜の外側の層 outer leaflet に存在していた脂質が内側 inner leaflet に移動する，またはその逆の移動も報告されており，これをフリップフロップ flip flop とよんでいる．これは極めて遅い運動である．なぜならば，親水性の頭部が疎水性領域に入らなければならないが，これは膜の構成原理である疎水性相互作用に反するからである．前に述べたように生体膜では裏表で脂質の組成が異なる（4.6 節参照）．これは脂質を縦方向に輸送する膜タンパク質が存在するためである．

いままでは，脂質やタンパク質がその位置をかえる（拡散する）ということを述べてきた．次に，脂質分子の炭化水素鎖（アルキル鎖）の運動性を考えよう．容易に想像のつくように，低温では（具体的な温度は脂質のアルキル鎖の長さ，二重結合の数や頭部の化学構造に依存する）アルキル鎖はトランスの配置をとり，「結晶のように」整然と並んでいる．今ここで，アルキル鎖の任意の 4 つの炭素原子を考えてみよう．この 4 つの炭素を読者の身体に垂直になるように並べて，中央の 2 つの炭素原子の結合に目線を合わすと，一番遠い炭素と手前の炭素が 180°の方向になっているのをトランスという．これから温度を上げていくと，分子運動が盛んになりゴーシュの形（180°ではなく 120°）が増える．そして，ある温度（相転移温度という）よりも高温になると，すべての分子が「液体のように」盛んな分子運動の状態となる．これを脂質の固相から液晶相への相転移とよんでいる．これは吸熱反応である．この相転移現象は X 線解析，示差走査熱量測定（DSC），NMR，ESR（electron spin resonance）や蛍光分光法などで調べられている．側方拡散は液晶状態のときのみ可能である．

生きている状態では膜は必ず液晶相となっている．例えば，大腸菌を 37℃で培養しておき急に 17℃に培養温度を下げると，しばらくは成長が起こらないが，やがて成長が始まる．このような大腸菌をとり，膜脂質の組成を調べてみると，圧倒的に不飽和脂肪酸の脂質が多い．アルキル鎖に不飽和があると相転移温度が下がるからである．低い生育温度でも膜を液晶相にするために，相転移温度の低い脂質を大腸菌は合成するのである．らくだの足の脂質組成は，先端の暑い地面に近い部分と体に近い部分では違うのかもしれない．寒流にいる魚と暖流にいる魚の脂質組成も違うのかもしれない．

4.7　ハイドロパシープロット

脂質二分子膜の内部は疎水的である．したがって膜タンパクの膜に埋め込まれている部分は疎水的アミノ酸が多い．漠然とアミノ酸残基に解離基のないものを疎水性アミノ酸と考えられるが，これを数値化したものがカイト Kyte とドーリトル Doolittle（1982）のハイドロパシーインデックス（指標）である．現在では色々な数値が色々な方法で提案されているが，彼等の方法は有機

表 4.2 各アミノ酸のハイドロパシーインデックス（指標）

アミノ酸	指　標	アミノ酸	指　標	アミノ酸	指　標
Ile	4.5	Gly	− 0.4	Glu	− 3.5
Val	4.2	Thr	− 0.7	Gln	− 3.5
Leu	3.8	Trp	− 0.9	Asp	− 3.5
Phe	2.8	Ser	− 0.8	Asn	− 3.5
Cys	2.5	Tyr	− 1.3	Lys	− 3.9
Met	1.9	Pro	− 1.6	Arg	− 4.5
Ala	1.8	His	− 3.2		

（J. Kyte and R. F. Doolittle（1982）*J. Mol. Biol.* **157**:105-132）

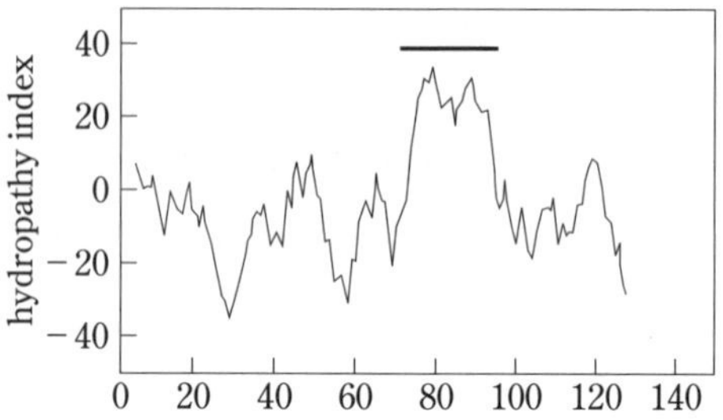

(a)

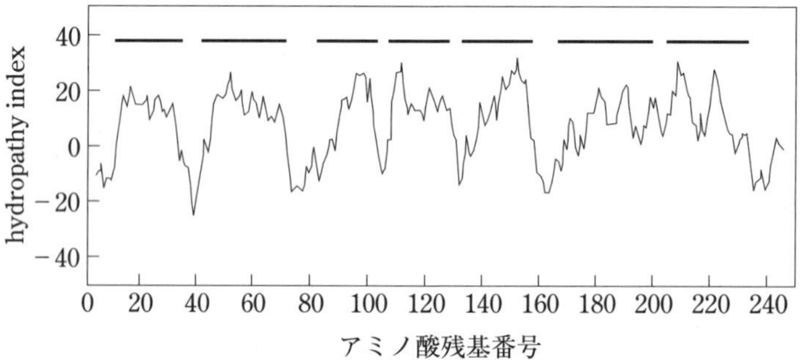

(b)

図 4.10 グリコホリン(a) およびバクテリオロドプシン (b) のハイドロパシープロット

数値が正で大きな部分（横線が引いてある）が膜内に存在するペプチド鎖の部分である．グリコホリンについては，図 4.8(5) と比べること．このように，膜タンパクのアミノ酸配列（シークエンス）が決まると，どの部分が膜内に存在するのかが推定できる．
（J. Kyte and R. F. Doolittle（1982）*J. Mol. Biol.* **157** : 105-132，Fig. 5 & 6 一部改変）

溶媒に対する各アミノ酸の溶解度をもとにして指標を与えた（4.4 節参照）．表 4.2 に各アミノ酸のハイドロパシー指標を示す．疎水性のものほど正の大きな値である．

この指標を用いれば，膜タンパク質のどの部分が膜に埋もれているかを推定できると彼等は提案した．図 4.10 は彼等が提案したハイドロパシープロットの例である．横軸はアミノ酸の残基番号である．この残基と前後 3 つの残基の合計 7 残基のハイドロパシー指標の平均値を縦軸にプロットしている．このようにある幅をもたせて平均値をとる理由は，膜内には疎水性アミノ酸が多いが，親水性のアミノ酸も存在し，それらが機能の発現に重要である場合が多いからである．

例えば，ある膜タンパク質が Na^+ イオンとの共輸送でグルコースを細胞内に取り込む輸送体であったとしよう．糖や Na^+ イオンは親水性アミノ酸残基と相互作用をして輸送されるはずであるから，膜内へリックスには親水性アミノ酸残基も存在するはずである．したがって，この幅をもたせないとグラフはガタガタになる場合がある．正の部分が膜に埋もれている部分であると推定される．図 4.10(a) はグリコホリン A の場合である．ポリペプチド鎖の一部の疎水性アミノ酸の多い箇所で膜を貫いていることがわかる（図 4.8(5) を参照）．図 4.10(b) は光エネルギーを使ってプロトンを輸送するバクテリオロドプシンの結果である．膜内へリックスの位置は X 線の結晶構造解析とよく一致している．

4.8　人工脂質二分子膜：リポソームと平面脂質二分子膜

いままで，生体膜の基本構造であるリン脂質二分子膜は，疎水性相互作用に基づいて「自己組織的に」できる構造体であると述べてきた．それならば，人工的に脂質二分子膜ができるであろうか．実際にできるのであって，リポソームと平面脂質二分子膜が知られている．

リポソームは水溶液に懸濁された脂質二分子膜からなる小さな球である．リポソームには 2 種類がある（図 4.11 を参照）．1 つはマルチラメラ型 multi-lamellar vesicle（MLV と略記）であり，もう 1 つは小さい 1 枚の脂質二分子膜のベジクル（vesicle，小胞）であり，small uni-lamellar vesicle（SLV と略記）といわれている．他に，1 枚の脂質二分子膜からできているが，サイズが大きい large uni-lamellar vesicle（LUV と略記）もある．ベジクルという言葉は，一般的に「閉じた小胞で内部に水溶液を含むもの」を意味することが多い．リポソームは lipo + some で，lipo は脂質 lipid に由来する，-some は「体」を意味する言葉で，リソソーム，クロモソームやファーゴソームからわかるように生体内の小胞状のものを意味する．したがって，リポソームという名称は正しいのかどうか疑問が残るが，この小胞体がつくられて間もなく，リポソームと命名されて今日まで使用されている．MLV のみをリポソームという研究者もいる．

MLV の作成法は次の通りである．脂質のクロロホルム溶液をロータリーエバポレータで溶媒

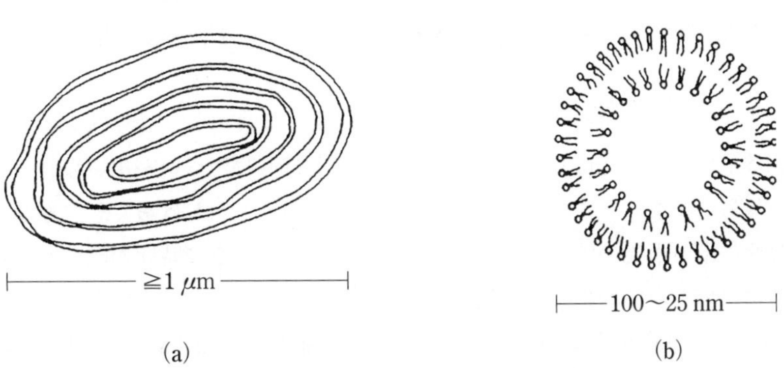

図 4.11　MLV (a) と SLV (b) の模式図
MLV でも 1 枚の膜は脂質二分子膜からなる．

を除去すると，フラスコの壁面に脂質のフィルムができる．これに緩衝溶液をいれ，激しく振とうする．場合によってはガラスビーズを入れて機械的に脂質をフラスコ壁面からはぎ取る．そうすると，液は白濁し，MLV ができる．白濁するのは直径 1 μm 程度の粒子が懸濁されているからである．フラスコ壁面に脂質フィルムをつくるのは面積を大きくするためである．この MLV に超音波をかけ，激しい機械的振動を与えると，液がやや青みを帯びた透明に近いものとなる．図 4.11 に示したように，直径 100〜25 nm 程度の SLV ができたためである．青く見えるのは，空が青いのと同じく，波長の短い光がより散乱されるからである．MLV 懸濁液を穴の直径の整ったメンブレンフィルターを通すことによって，リポソームの直径が例えば 100 nm にそろった LUV をつくることもできる．その他に，脂質を有機溶媒に溶かしておき，撹拌された高温の緩衝液にゆっくりと滴下すると，リポソームができるという報告もある．これらの作製法において，重要な点は閉じた脂質二分子膜からなる小胞が，自己組織的に作成されるということである．

膜タンパク質の機能，特に輸送タンパク質の研究をするには，膜タンパク質を閉じた脂質二分子膜に入れる必要がある（しばしば再構成するとよばれる）．このためには，界面活性剤で抽出した膜タンパク質と SLV 水溶液（または MLV）を混合し，何らかの方法（例えば，透析や界面活性剤を吸着するある種のポリマー粒子を添加）で界面活性剤を除去すると，膜タンパク質が再構成されたリポソームができる．これは膜タンパク質の機能の研究に用いられている．

薬物と脂質との相互作用の研究にも用いられる．そのためには，リポソームの内部に親水性の化合物（よく用いられるのが水溶性蛍光試薬）を取り込ませねばならない．取り込ませるためには，リポソーム作成時の緩衝溶液の中にその試薬を入れておく．リポソームをつくった後，透析やカラムでリポソームの外側に残存している試薬を除く．リポソーム内側に取り込まれたこの水溶性試薬は，通常の条件では漏出しない．しかし，ある薬物が膜に作用すると（吸着すると）膜の二分子層がゆらいで，リポソーム内の試薬が漏出する．この漏出の薬物濃度依存性から，問題の薬物と膜脂質との相互作用の強さが推定できる．

内部に薬物を含有したリポソームがつくられ，drug-carrier として使用する研究も盛んに行われている．リポソームの外側にがん細胞に特異的に吸着するタンパク質をつけておき，内部には抗がん剤を封入しておく．このリポソームを投与するとリポソームはがん細胞に吸着し，リポソームが何らかの方法で（多くの場合サイトーシスによる）細胞内へ取り込まれると，抗がん剤が，がん細胞内部のみに送り込まれる．このようにすると，抗がん剤が正常細胞に作用して引き起こされる副作用が起こらない．また，DNA を，リポソームを使って細胞に取り込ませる研究も行われている．

もう 1 つの人工二分子膜は，平面脂質二分子膜である．テフロンのポットに直径 1 mm 程度の孔をあけ，水溶液中でこの孔にリン脂質の有機溶液（しばしばデカンが用いられる）を筆やシリンジで与えて放置しておく．この孔を顕微鏡で観察していると，しばらくして虹が見えるようになる．これは膜の厚さが光の波長程度になったためである．さらに時間が経つと，孔は黒くなり，あたかもそこには何もないかのように見える．しかし，電気抵抗は非常に大きく，絶縁体が存在することがわかる．黒く見えるので黒膜 black lipid membrane（BLM と略記）とよばれる．電気容量 C を測定し，次の式で膜の厚さを推定すると，6〜7.5 nm となる．

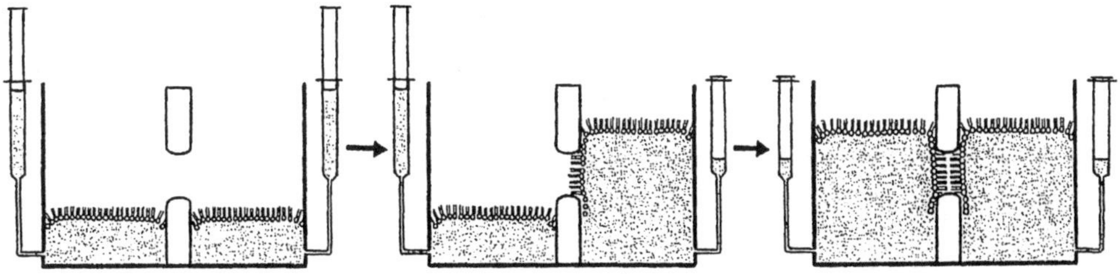

図 4.12　張り合わせ法による脂質二分子膜の作成法の模式図
両水面に単分子膜を作成しておき，液面を上昇させるとあらかじめ開けてあった孔（0.1～0.2 mm 程度）に平面脂質二分子膜が形成される．このような平面脂質二分子膜は電気的な測定をするのに適している．一方，リポソームは輸送タンパク質の研究に用いられる．これは，リポソームが多量にあるため輸送基質の濃度変化を測定することができるからである．

$$C = \varepsilon \frac{S}{d}$$

ここで，S は膜面積，d は膜厚で，ε は誘電率で脂肪鎖の値を使っている．すなわち，脂質二分子膜が人工的にできたのである．BLM のつくり方は他にも報告されている．リン脂質のデカン溶液を細いピペットから水溶液中に，シャボン玉をつくるように押し出すことによって BLM をつくることもされている．

図 4.12 に示すような「張り合わせ法」も提案されており，最近ではこの方法を用いるものが多い．平面膜が形成される孔（0.1～0.2 mm 程度）をテフロン薄膜にあけ，これを実験容器の 2 つの水容液の仕切りのプラスチックの板に付けておく．水面に脂質単分子膜を張っておき，水面をゆっくりとあげていくと，孔のところで，2 枚の脂質単分子膜が張り合わされて，脂質二分子膜になるのである．

このような平面脂質二分子膜は電気的な測定をするのに適している．リポソームでは電気的な測定はできない．例えば，イオンチャネルの研究では電気的測定をする必要があるので，この平面脂質二分子膜にチャネル膜タンパクを組み込んで研究がなされる．

章末問題

問 4.1　グリセロリン脂質の代表例であるホスファチジルコリンの構造式を調べて，親水性部位と疎水性部位を指摘し，これが両親媒性であることを確かめよ．

ヒント：グリセロールには OH 基が 3 つある．隣り合った 2 つの OH 基は，長い炭素鎖をもった脂肪酸とエステル結合をつくる．残った端の OH 基はリン酸と結合する．リン酸は 3 塩基酸であり，あと 2 つの「酸」が残っているが，その内の 1 つに OH を持ったものが結合する．OH をもっているという意味で「アルコール」である．この「アルコール」の種類によって，脂質の名称が与えられている．問題の場合は，この「アルコール」はコリンである．

問 4.2　疎水性相互作用を，疎水性物質のまわりの水の構造形成の点から説明せよ．

ヒント：図 4.3 を参照．疎水性分子のまわりの水は，疎水性分子とは水素結合をつくることができないので，水分子間で水素結合をつくり，疎水性分子を取り囲む．このため，規則的な構造となりエントロピーが減少し，ギブズエネルギーが減少する．表 4.1 を参照．疎水性分子は，できるだけ水と接しないようにしようとする．

問 4.3 代表的リン脂質であるホスファチジルコリンは水中ではラメラ構造をとる．このラメラ構造を図示せよ．

ヒント：図 4.1(b) を参照．

問 4.4 水分子の構造を書け．また，水素原子の電荷は $\delta+$ と表され，酸素原子の電荷は $2\delta-$ と書かれる理由を説明せよ．

ヒント：図 4.2 を参照．2 つの H－O の化学結合の間の角度は 104.52°．水素のほうが酸素より電気陰性度が小さいため，少し正の電荷 $\delta+$ をもつ．分子全体では電荷 = 0 だから，酸素は $2\delta-$ の電荷を帯びている．これを分極しているという．

問 4.5 生体膜の機能を 4 つ述べよ．

ヒント：4.5 節を参照．

問 4.6 生体膜の厚さはどの程度かを述べよ．また，どのようにしてその厚さが推定できたかを述べよ．

ヒント：5～7 nm である．電子顕微鏡の暗―明―暗の暗間の距離を測定する．脂質二分子膜の X 線回折．平面脂質二分子膜の電気容量の測定．

問 4.7 流動モザイク膜モデルを，流動とモザイクの語に注意を払いながら説明せよ．

ヒント：図 4.7 および 4.6 節の本文を参照．

問 4.8 膜タンパク質が側方拡散することを示す実験を 2 つあげ，それぞれを説明せよ．

ヒント：フライとエディディンの実験．蛍光光退色回復法．本文の 4.1 節を参照．

問 4.9 ハイドロパシープロットについて述べよ．

ヒント：膜タンパク質の膜に埋もれている部分を，そのアミノ酸配列から予測する方法．各アミノ酸に疎水性の指標を与えておく．図 4.10 を参照．

問 4.10 リポソームの作成法を述べよ．

ヒント：4.7 節を参照．

5 生体内への物質移動

5.1 この章のねらい

すでに第 4 章で学んだように，生体膜（細胞膜）は細胞の内と外を仕切る障壁である．この障壁によって，生命体を外界の変化から保護している．一方で，生体は，生きるために必要な栄養分や水分を細胞内に取り込み，不要な代謝物を細胞外に排出している．細胞内のイオン濃度を常に一定に保ち，しかも，細胞間の情報伝達を行うために，イオンの出入りを制御している．このような物質の移動は，すべて細胞膜を通して行われている．また，私たちがくすりを服用すると，その多くは血液中から細胞膜に取り込まれ，膜中を拡散によって移動した後，標的とするタンパク質などに結合する．このように，生体膜（細胞膜）は，障壁としての機能のみならず，細胞内への物質の輸送においても重要な役割を果たしている．この章では，生体膜を介した物質の移動がどのような物理化学的法則に基づき，どのようなメカニズムによって起こるかを学習する．

5.2 油/水分配

5.2.1 油/水分配とは

私たちが服用するくすりの多くは，血液中から細胞膜を通過して細胞のなかに入る．服用したくすりのうち，どのくらいの量が，血液中から細胞内に取り込まれるのであろうか．これをあらかじめ予測することはできるのだろうか．

第 4 章で学んだように，細胞膜の基本単位は脂質二分子膜である．脂質は水よりも油と混じりやすい（溶けやすい）性質がある（脂溶性 lipophilic あるいは疎水性 hydrophobic）．このため，細胞膜は油に似た環境であるということができる．これに対して，血液は水分を多く含むために，

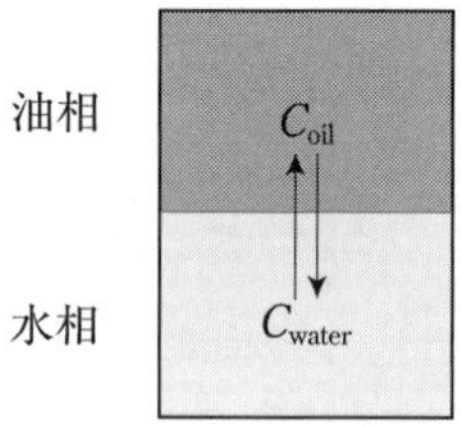

図 5.1　油/水分配の模式図

水のような環境である（親水性 hydrophilic）．そこで，細胞膜を油に，血液を水に見立てて，水の相から油の相に，物質がどれくらい移動するかを調べることで，くすりが細胞にどの程度入りやすいかを近似的に見積もることができる．このように，水に物質が溶けていて，それに水とは互いに溶け合わない油を加えて振り混ぜたとき，この物質（溶質）が水の相から油の相に移動することを，**油/水分配**という．

図 5.1 に油/水分配の様子を模式的に示す．水の相と油の相にどのような割合で溶けるか，2 つの相の間の分配を比率で示したものを，油/水分配係数という（一般に分配係数 partition coefficient とは 2 つの相の間の分配を濃度の比率で示したものである）．すなわち，油/水分配係数 K [*1]は，

$$K = [\text{油相中の物質の濃度 } C_{oil}]/[\text{水相中の物質の濃度 } C_{water}] \tag{5.1}$$

で定義される．(5.1) 式からわかるように，**分配係数 K は，水相中と油相中の物質の濃度比**である．脂溶性（疎水性）の物質ほど油/水分配係数 K の値は大きくなり，親水性の物質ほど K の値は小さくなる．このように，油/水分配係数は，物質の脂溶性（疎水性）の大きさを表す指標としても用いられる．

5.2.2　オクタノール / 水分配係数

先に述べた「くすりが細胞のなかに入りやすいか」は，実際に医薬品を開発する上で重要である．コランダー Collander は，さまざまな物質について，細胞膜の通りやすさと分配係数との関係を調べた．その結果，1954 年に，オリーブ油と水の間の各物質の分配係数と，緑藻 *Nitella mucronata* の細胞内への入りやすさとの間に，相関があることを見出した（図 5.2）．このように，細胞膜は油に似た環境であるといえるが，なかでもオリーブ油やオクタノール *n*-octanol と比較的似た性質をもつ．医薬品を開発する際には，細胞膜の環境に似た溶媒のうちもっとも単純な溶媒として，オクタノールを用いることが多い．このときの分配係数 K を，**オクタノール/水分配係数**とよぶ．実際には，水 V_{water} 中にくすりを初濃度 C_0 で溶かし，そこにオクタノール $V_{octanol}$ を加えて振り混ぜた後に水中に残ったくすりの濃度 C^*_{water}（＝平衡濃度）を定量して，オクタノール/水分配係数 K を (5.2) 式により求める．

$$K = C_{octanol}/C_{water} = \frac{C_0 - C^*_{water}}{V_{octanol}} \Big/ \frac{C^*_{water}}{V_{water}} \tag{5.2}$$

[*1] 一般に，分配係数は略号 P で表されることが多い．本書では，5.3 節で学習する透過係数 P と区別するために，分配係数を略号 K で表す．

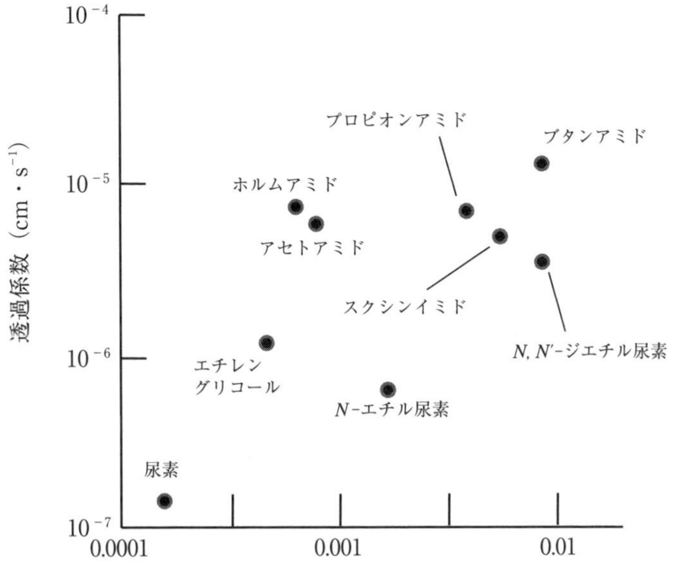

図 5.2　物質のオリーブ油/水分配係数と，緑藻細胞内への入りやすさとの関係

透過係数は細胞内への入りやすさを示す.
（R. Collander, *Physiol. Plant.*, **7**, 433-434（1954）より）

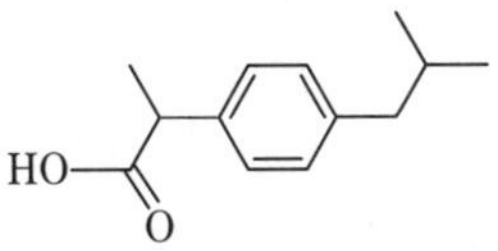

図 5.3　インドールの構造式

通常は，分配係数の常用対数 $\log_{10}K$ がよく用いられる．例えば，インドール indole（図 5.3）のオクタノール/水分配係数は，対数で表示すると $\log_{10}K = 2.33$ となる．この値は，インドールの水溶液中から脂質二分子膜への分配係数の対数 $\log_{10}K = 2.26$ に非常に近い[*2]. この結果は，オクタノール/水分配係数が，細胞内へのくすりの入りやすさの目安になることを示している．また，$\log_{10}K$ は，油に溶けやすい医薬品ほど値が大きくなるため，医薬品を開発する際に，医薬品の疎水性や膜透過性の大きさを判定する指標となる．

[*2] Holly C. Gaede, Wai-Ming Yau, and Klaus Gawrisch, *J. Phys. Chem. B*, **109**, 13014-13023（2005）.

5.3　拡散と膜透過

私たちが服用するくすりは，5.2 節で学習した分配の法則に従って，血液中から細胞膜に移行する．細胞膜の表面に作用するくすりもあるが，それ以外は，血液中から細胞膜に入った後，膜のなかを通って内側（細胞質側）へ移動する．この様子をさらに詳しくみると，細胞膜に入った物質は，膜のなかに濃度の差があると，濃度の高いところから低いところへ，徐々に膜のなかを移動していく．この現象を**拡散** diffusion という．さらに，時間が経過すると，物質は細胞膜を通り抜けて，最終的に反対側（細胞質側）に出て行くことになる．このように，物質が膜のなかを通り過ぎるプロセスを，**膜透過**とよぶ．生体膜を介した物質の透過には，いろいろな機構が関与しており，拡散もそのうちの 1 つである．ここでは，物質が生体膜のなかでどのように移動していくのか，生体膜を介した物質の透過がどのような機構に基づいて制御されているかを学習する．

5.3.1　拡　散

先に述べたように，拡散とは，物質が濃度の差すなわち濃度勾配 concentration gradient に対応して，濃度の高いところから低いところへ移動し，最終的に濃度差を解消する過程である．熱力学の言葉にいいかえれば，拡散とは濃度差による物質の化学ポテンシャル chemical potential の差（化学ポテンシャル勾配）を解消しようとして引き起こされる物質の移動過程である．物質の移動が濃度勾配のみに支配され，外部からエネルギーを加えなくとも自発的に起こる spontaneous 過程であることから，**受動輸送** passive transport とよばれる．生体膜のなかで起こる拡散には，**単純拡散** simple diffusion と**促進拡散** facilitated diffusion がある．いずれも，膜のなかの濃度勾配に従って，濃度の高いほうから低いほうへ物質が移動する過程である．このうち，単純拡散は物質が脂質二分子膜のなかを濃度勾配のみに従って移動する過程をいい，膜のなかでタンパク質などの担体が関与しない点で促進拡散とは異なる．

(1)　単純拡散

拡散現象は古くドイツの生理学者フィック Fick によって研究された．Fick は 1855 年に，単位時間に単位面積を通過する物質の量，すなわち流束 J [*3] が物質の濃度勾配に比例することを見出した．数式で表すと，図 5.4(a) に示すように x 軸に沿って物質の濃度勾配 dC/dx があるとき，流束 J は，

$$J = -D\frac{\mathrm{d}C}{\mathrm{d}x} \tag{5.3}$$

[*3] J の単位は SI 単位を用いると $\mathrm{mol\ m^{-2}\ s^{-1}}$ である．

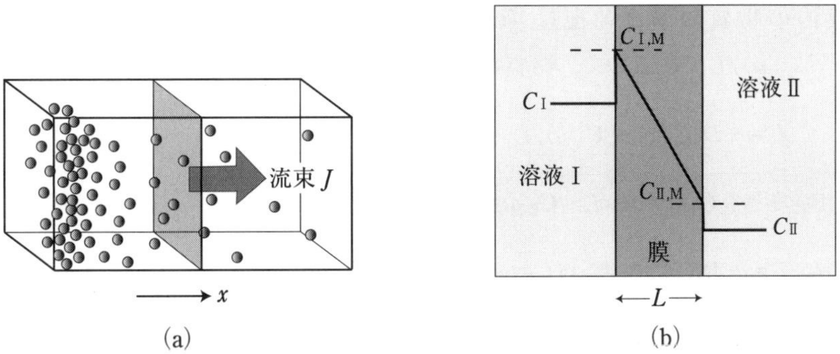

図 5.4
(a) 濃度勾配に基づく分子の拡散
(b) 厚さ L の膜のなかの物質の移動（膜透過）

表 5.1　水溶液中における生体関連分子の拡散係数（25℃）

	$D/(10^{-9}\,\mathrm{m^2\,s^{-1}})$	分子量
水（自己拡散係数*）	2.5	18
エタノール	1.25	46
尿素	1.38	60.1
グリシン	1.06	75.1
スクロース	0.5	342
インスリン	0.15	5,100
リボヌクレアーゼ	0.107	13,700
ヘモグロビン（ヒト）	0.068	64,500

* 濃度勾配のない状態における拡散係数
（Philip L. Yeagle 編，Shinpei Ohki and Robert A. Spangler（2005）The Structure of Biological Membranes，337 頁，表 10-1，CRC Press より）

となる．この関係を Fick の第一法則という．拡散は物質濃度が減少する向き（x 軸の正の向き）に起こるので，(5.3) 式の濃度勾配 $\mathrm{d}C/\mathrm{d}x$ の符号とは逆向きの方向に起こることになる．そこで，右辺に「－（マイナスの符号）」をつけて，流束 J を正の値として表す．(5.3) 式の比例定数 D は，**拡散係数** diffusion coefficient とよばれる．拡散係数の単位は，SI 単位を用いると $\mathrm{m^2\,s^{-1}}$ である．表 5.1 に，代表的な生体関連分子の水溶液中における拡散係数をまとめる．拡散係数は，物質の種類，温度，媒質の粘性などに依存する．

次に，図 5.4(b) で示すように，厚さ L の膜が存在する場合を考える．膜の両側で物質の濃度が異なると，濃度の差をなくす向きに，膜のなかを物質が移動（透過）する．このように，膜透過は，膜という不連続体が存在するところでの物質の拡散現象ととらえることができる．いま，膜外の溶液ⅠとⅡにおける物質の濃度を C_{I}，C_{II} とする．膜を透過するためには，物質が膜のなかに溶ける（分配する）ことが必要である．溶液Ⅰと接する膜の左端における膜内の物質濃度を $C_{\mathrm{I,M}}$，溶液Ⅱと接する膜の右端における膜内の物質濃度を $C_{\mathrm{II,M}}$ とすると，それらは C_{I}，C_{II} とは一般的には等しくない．これは，物質の溶解度（あるいは親和性）が，溶媒（通常は水）と膜中とで異なるからである．分配係数 K を用いると，

$$\frac{C_{\mathrm{I,M}}}{C_{\mathrm{I}}} = \frac{C_{\mathrm{II,M}}}{C_{\mathrm{II}}} = K \tag{5.4}$$

となる．膜内の物質の濃度勾配は $(C_{\mathrm{II,M}} - C_{\mathrm{I,M}})/L$ である．Fick の第一法則（5.3）式で $\dfrac{\mathrm{d}C}{\mathrm{d}x} = (C_{\mathrm{II,M}} - C_{\mathrm{I,M}})/L$ であるので，物質の流束 J は，

$$J = -D(C_{\mathrm{II,M}} - C_{\mathrm{I,M}})/L \tag{5.5}$$

（5.4）式を用いると，$C_{\mathrm{I,M}} = C_{\mathrm{I}}K$，$C_{\mathrm{II,M}} = C_{\mathrm{II}}K$ であるので，

$$J = -DK(C_{\mathrm{II}} - C_{\mathrm{I}})/L = -P(C_{\mathrm{II}} - C_{\mathrm{I}}) \tag{5.6}$$

ここで $P = DK/L$ は，膜の**透過係数** permeability coefficient とよばれる．

生体においても，実際に多くの分子が単純拡散によって膜中を移動する．生体膜（脂質二分子膜）中の拡散速度は，拡散する分子の大きさや，分子が膜中に溶けやすい（脂溶性）かどうかに関係する．一般に，小さい分子ほど，また，脂溶性の強い分子ほど，膜中を速く拡散する．例えば，図 5.5 に示すように，無極性の低分子である酸素 O_2 や二酸化炭素 CO_2 は，二分子膜に容易に溶けて膜のなかをすばやく拡散する．これに対して，極性の水分子 H_2O や尿素分子 NH_2CONH_2 は膜を透過するが，無極性の O_2 や CO_2 に比べると拡散は遅い．一方，電荷をもつイオンや極性分子の多くは，低分子であっても二分子膜のなかをほとんど通らない．電荷をもつことと水に対する親和性が強いことで，疎水性の膜への取込みが抑えられるためである．図 5.6 に示すように，ナトリウムイオン Na^+ やカリウムイオン K^+ は二分子膜を透過する速度が水分子の $1/10^9$ と著しく遅い．

単純拡散において，分子はどのような機構で移動するのだろうか．すでに第 4 章で「膜の流動モザイクモデル」を学習した．このモデルによれば，膜のなかで，分子は絶えず動いている．そのために，瞬間的に小さなすきま（空孔）が絶えず生じては消えている．単純拡散では，分子が

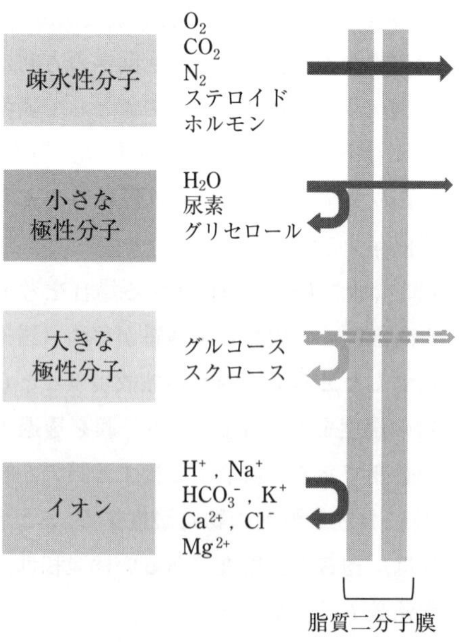

図 5.5　生体内のさまざまな分子の膜透過
（Molecular Biology of the Cell, 5th ed.（2007），652 頁，図 11-1，Garland Science より）

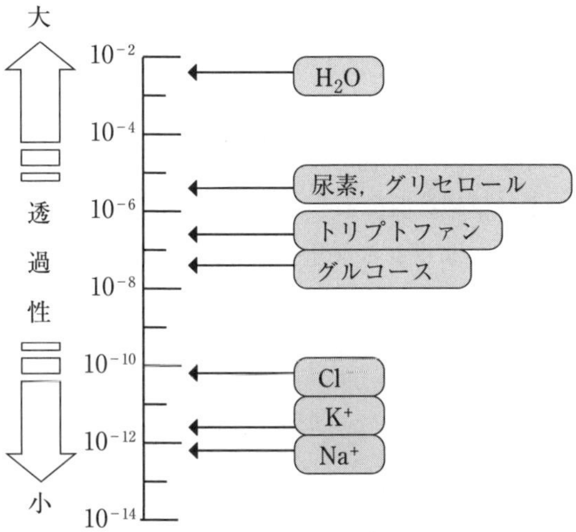

図 5.6　生体内における物質の膜透過の速さ
イオンや分子が一定距離を移動するのに必要な時間を模式的に表している．H_2O は速く，Na^+ は遅く移動する．
（Molecular Biology of the Cell, 5th ed.（2007），653 頁，図 11-2，Garlnd Science より）

そのような膜のなかのすきまを通って移動すると考えられている．

（2）促進拡散

水分子や無極性の分子のみならず，イオンや糖，アミノ酸，核酸塩基，細胞からの代謝物など，さまざまな極性分子も細胞膜を透過する．これらの分子は，それ自身では疎水性の膜のなかを通りにくいため，細胞膜に存在するタンパク質（膜輸送タンパク質 membrane transport protein とよばれる）が輸送を仲介している．このように，膜輸送タンパク質などの助けを借りて，物質が膜のなかの濃度勾配に従って移動する過程を，**促進拡散**という．促進拡散は，物質が移動する際にタンパク質などの担体が関与する点で，単純拡散とは異なる．タンパク質を介した膜輸送では，イオンや糖，アミノ酸などそれぞれ特定の物質のみが選択的に輸送されるといわれている．

膜輸送タンパク質は，図 5.7 に示すように，**トランスポーター**transporter（キャリア carrier

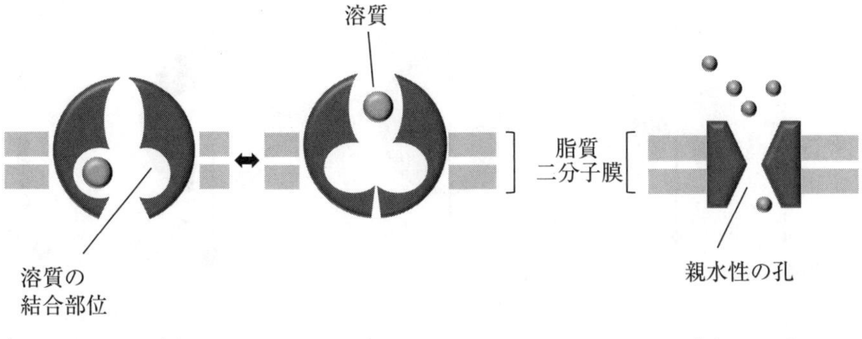

図 5.7　膜輸送タンパク質（トランスポーターとチャネル）
（Molecular Biology of the Cell, 5th ed.（2007），653 頁，図 11-3，Garland Science より）

ともよばれる）と**チャネル** channel に分類される．トランスポーターは，ある特定の物質と結合した後，自身のコンフォメーション変化により結合した物質を放出して膜の反対側に輸送する（図 5.7(a)）．一方，チャネルは二分子膜を貫通した構造をとっており，その中心には親水性の孔があいた部分がある．この孔が開いたり閉じたりして，孔のサイズに合った大きさのイオンを輸送する（図 5.7(b)）．水分子は単純拡散によって膜を透過することはすでに述べたが，細胞膜中には，アクアポリン aquaporin とよばれる水分子を選択的に輸送するチャネルがあり，水分子はそのなかを通って膜を透過する．このようなチャネルを介した輸送のために，水分子の膜透過性は著しく増加する．

5.3.2　能動輸送

5.3.1 項で述べた膜のなかの拡散（受動輸送）は，膜輸送タンパク質が仲介する促進拡散であれ，タンパク質が仲介しない単純拡散であれ，物質の濃度勾配によって輸送の速さと方向が決定され，熱力学的にみて自発的に起こる物質移動であった（図 5.8(a)）．このような機構で移動する物質のほとんどは電荷 charge をもたない中性分子である．では，電荷をもつ分子は膜のなかをどのようにして移動するのだろうか．電荷をもつ物質の移動は，濃度勾配のみならず，膜の内外の電位差すなわち膜電位 membrane potential によって影響を受ける．膜電位については，5.5 節で学習する．生物の細胞膜のほとんどは，膜の内側（細胞質側）が外側に比べて負に帯電している．そのために正電荷をもつイオンは膜を通りやすいが，負電荷をもつイオンは通りにくい（図 5.9）．

このような状況のなかで，イオンなどの電荷をもつ物質や親水性の栄養物を選択的に透過するために，細胞膜中では，トランスポーターを介して**濃度勾配に逆らった**イオンや栄養物の輸送を行っている．この機構を，**能動輸送** active transport という（図 5.8(b)）．イオンの能動輸送に関

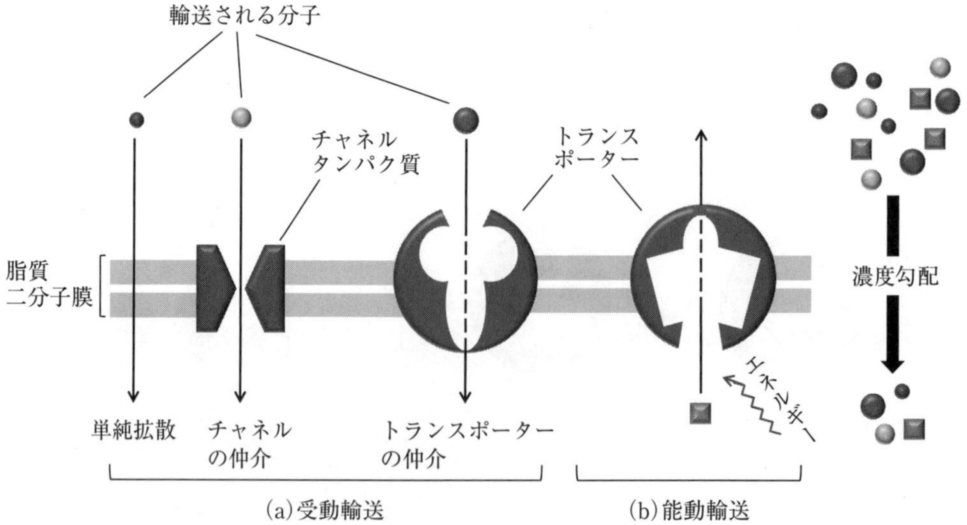

図 5.8　受動輸送と能動輸送
（Molecular Biology of the Cell, 5th ed.（2007），654 頁，図 11-4A，Garland Science より）

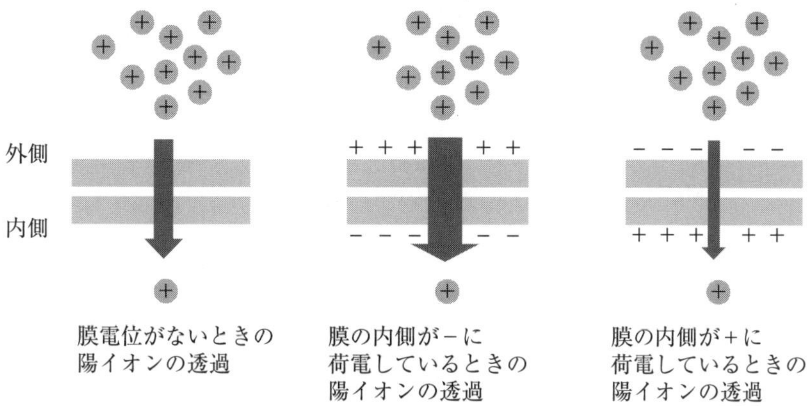

図 5.9　イオンの電荷と膜透過の様子

（Molecular Biology of the Cell, 5th ed.（2007），654 頁，図 11-4B，Garland Science より）

与するトランスポーター[*4]は，**ポンプ** pump とよばれている．能動輸送を行うためには，エネルギーを供給する必要がある．細胞の中では，ATP（アデノシン三リン酸）加水分解酵素（ATP アーゼ ATPase）と共役して，ATP を加水分解して輸送に必要なエネルギーを獲得している．このように，能動輸送は，熱力学的にみて自発的には起こらない点で，受動輸送とは異なる．

細胞膜中でもっとも代表的なポンプは，ナトリウム-カリウムポンプ（Na^+-K^+ ポンプ）sodium/potassium pump である．Na^+-K^+ポンプは，ほとんどすべての高等生物の細胞に存在する膜輸送タンパク質である．一般に，細胞の内側と外側のイオンの濃度は等しくなく，表 5.2 に示すように，イオンによってそれぞれ濃度に差がある．例えば，ナトリウムイオン Na^+は細胞の外側に多いが，カリウムイオン K^+は外側より内側のほうが 10〜30 倍も多い．Na^+-K^+ポンプは，ナトリウムイオンを細胞内から外に排出し，カリウムイオンを細胞内に取り込み，このような濃度勾配を作り出している．すなわち，このポンプは濃度勾配に逆らってイオンを移動させている（図 5.10）．したがって，ポンプを駆動させるためにエネルギーが必要である．細胞のなかでは，次の（5.7）式に示す反応に従って ATP が加水分解されて ADP（アデノシン二リン酸）と

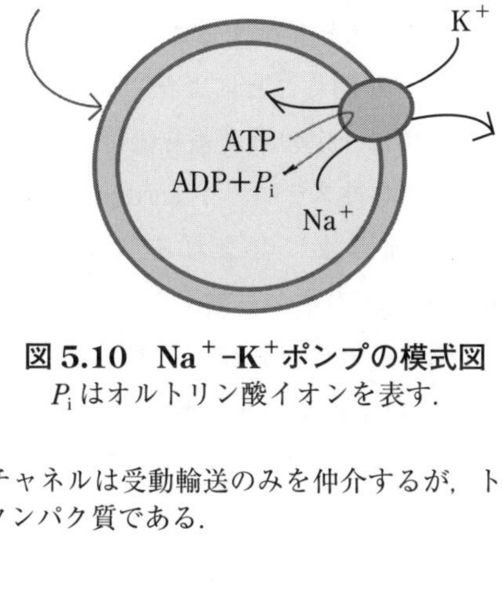

図 5.10　Na^+-K^+ポンプの模式図

P_i はオルトリン酸イオンを表す．

[*4] 膜輸送タンパク質のうち，チャネルは受動輸送のみを仲介するが，トランスポーターは，受動輸送・能動輸送の両方に関係するタンパク質である．

表 5.2　哺乳類細胞の内外の各種イオン濃度

イオンの種類	細胞内濃度（mM）	細胞外濃度（mM）
カチオン		
Na^+	5〜15	145
K^+	140	5
Mg^{2+}	0.5	1〜2
Ca^{2+}	10^{-4}	1〜2
H^+	7×10^{-5}（pH7.2）	4×10^{-5}（pH7.4）
アニオン		
Cl^-	5〜15	110

（Molecular Biology of the Cell, 5th ed.（2007），652 頁，表 11-1, Garland Science より）

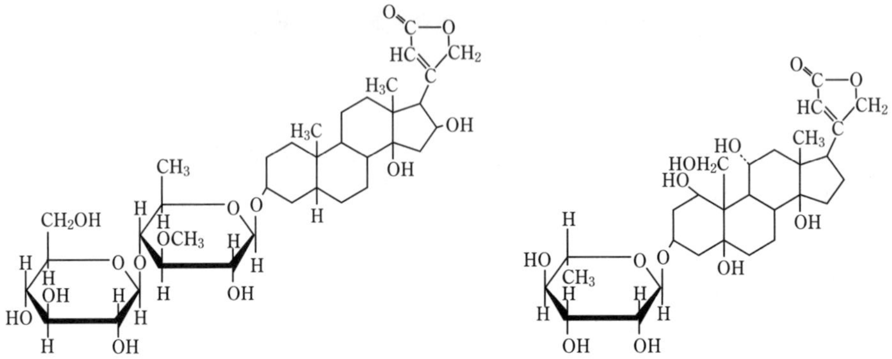

ジギタリン　　　　ウアバイン

図 5.11　ジギタリンとウアバインの構造式

無機リン酸が生じ，このときに放出されるエネルギーを利用してポンプを駆動させる．1 モルの ATP の加水分解によって約 30kJ/mol のエネルギーが放出される．このことは（5.7）式の反応が，標準ギブズ自由エネルギーを 30 kJ mol^{-1} と著しく減少させる自発的な過程であることを示している．

$$ATP^{4-} + H_2O \longrightarrow ADP^{3-} + HPO_4^{2-} + H^+$$
$$\Delta G^\circ \approx -30 \text{kJ mol}^{-1} \qquad (5.7)$$

このようにして，ATP の加水分解反応と共役することで必要なエネルギーを確保し，イオンの濃度勾配に逆らって Na^+-K^+ポンプが働くことにより，細胞内のナトリウムイオンとカリウムイオンの濃度は，表 5.2 のように，常に一定の濃度差を維持した状態に保たれている．

Na^+-K^+ポンプの阻害剤として，強心性ステロイド cardiotonic steroid[*5]が天然に存在する．ジギタリス *Digitalis purpurea* の葉の抽出液に含まれるジギトキシン digitoxin やジギタリン digitalin，ウワビオ *Acocanthera ouabaia* の木から抽出されるウアバイン ouabain[*6]が，その例である（図 5.11）．ウアバインは，細胞の外液に存在するときだけ Na^+-K^+ポンプと特異的に結合して，ポンプの働きを抑制する．この意味で，Na^+-K^+ポンプは，ウアバインという薬物の受容体であるという．受容体については，5.4 節で詳しく学習する．

[*5] 強心性ステロイドには，心筋の収縮強度を強める作用がある．
[*6] ジギトキシンやジギタリン，ウアバインは，いずれも強心配糖体の一種である．

5.3.3　イオノフォア

イオンの膜透過は，生物にとって生命を維持するために重要な機構である．一方で，天然には，生体膜に作用してイオンの膜透過に影響を及ぼす薬物が多く存在する．ここでは，その例をいくつか紹介する．

細菌が産生する抗生物質のなかには，イオンの膜透過に影響を与えるものがある．バリノマイシン valinomycin，モネンシン monensin，グラミシジンA gramicidin A などである．バリノマイシン（図 5.12(a)）はアミノ酸 12 個からなる環状のペプチドで，カリウムイオンの選択的なキャ

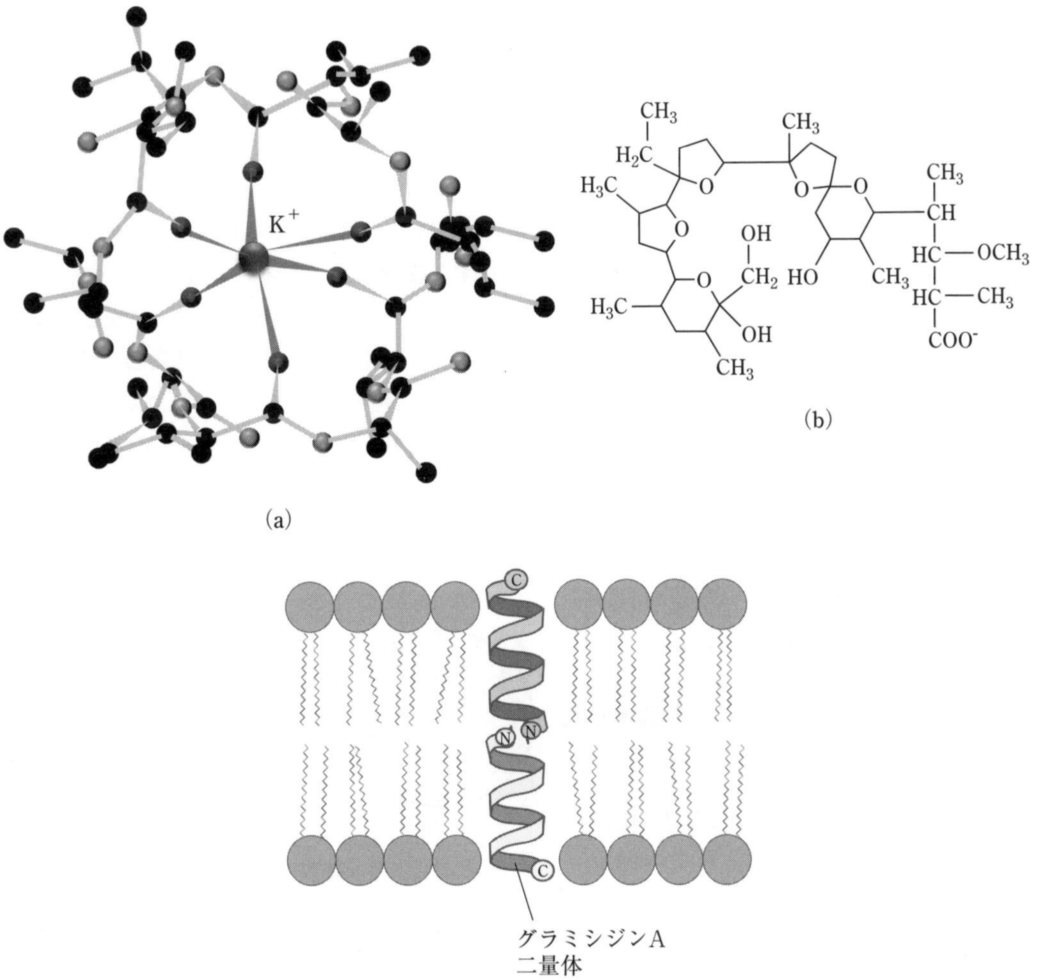

図 5.12　イオンの膜透過に影響を与える抗生物質

(a) バリノマイシン -K^+複合体の X 線構造．O 原子が八面体状に K イオンと配位する．水素原子は示さない．［K. Neupert-Laves, M. Dobler, *Helv. Chim. Acta*, **58**, 439（1975）による］

(b) モネンシンの構造．エーテル O 原子が Na イオンに配位する．

(c) 脂質二分子膜中のグラミシジン A の二量体構造．

リアである．モネンシン（図 5.12(b)）は，ポリエーテルカルボン酸の構造をとり，ナトリウムイオンと選択的に結合するキャリアである．一方，グラミシジン A はアミノ酸 15 個からなる鎖状のペプチドで，図 5.12(c) のように，膜中で 2 分子が会合して膜貫通型のイオンチャネルを形成する．プロトンとアルカリ金属イオンを選択的に通す．このように，特定のイオンの膜透過を促進する分子のことを，**イオノフォア** ionophore とよぶ．イオノフォアは，特定のイオンの受動輸送を仲介して，膜透過性を高める．

5.4　薬物受容体

5.4.1　受容体とは

受容体とは，細胞に存在するタンパク質で，からだのなかのさまざまな生理活性物質を特異的に認識して結合することにより，その作用を細胞内に伝達して発現させる物質のことである．**レセプタ** receptor ともよばれる．細胞膜の表面に存在する**細胞表面受容体** cell-surface receptor は，図 5.13 に示すように，細胞膜を自由に通ることができないホルモンや神経伝達物質などと結合して，その作用をシグナルに変換して細胞内に伝える働きがある．レセプタに特異的に結合する物質を**リガンド** ligand とよぶ．細胞表面受容体は，1）レセプター-イオンチャネル連結型，2）GTP 結合制御タンパク質（G タンパク質）共役型，3）レセプター-チロシンキナーゼ型に大別される．

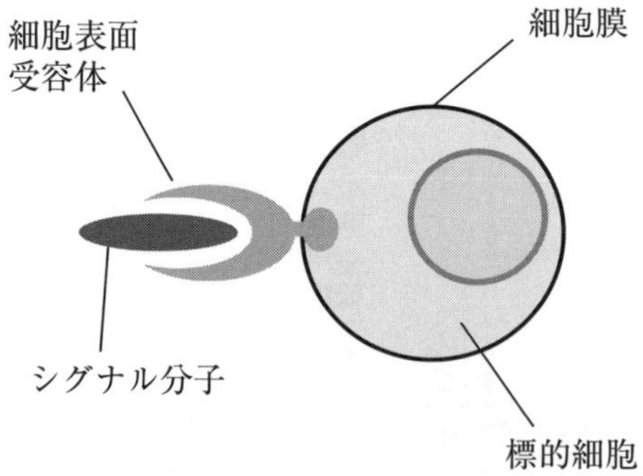

図 5.13　細胞表面受容体の模式図

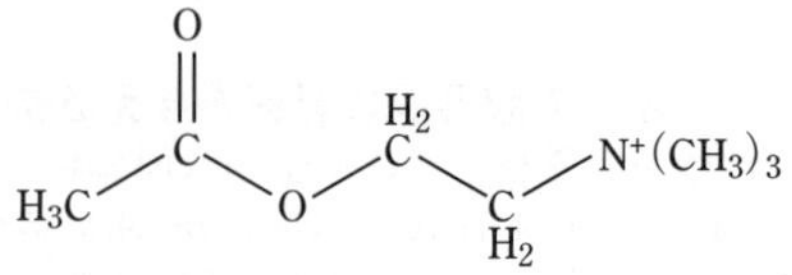

図 5.14　アセチルコリンの構造

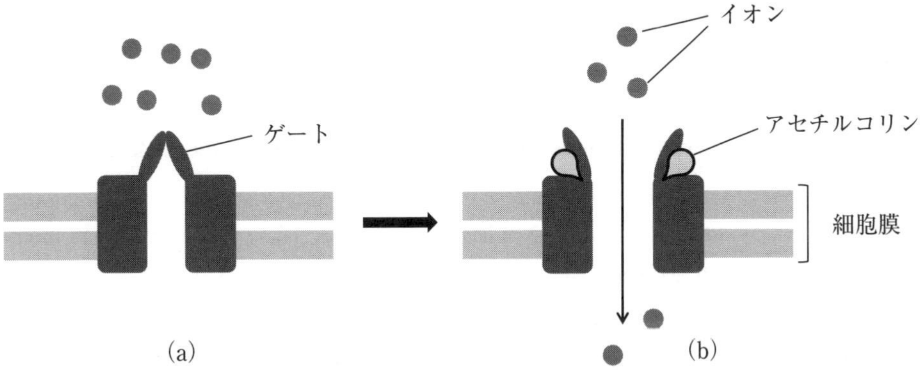

図 5.15　アセチルコリンレセプタの構造と機能のモデル
(a) アセチルコリンと結合していないとき，(b) アセチルコリンが結合したとき
(Molecular Biology of the Cell, 5th ed.（2007），893 頁，図 15-16A，Garland Science より改変)

ニコチン性アセチルコリンレセプタ（nAChレセプタ）は，代表的なイオンチャネル連結型の受容体である．神経終末から放出される伝達物質アセチルコリン acetylcholine（図 5.14）と特異的に結合する膜貫通型の構造をもつ（図 5.15(a)）．中心部にはイオンの通り道となる親水性の穴があいている．nAChレセプタにリガンドであるアセチルコリンが結合すると，図 5.15(b) に示すように，レセプタの構造が変化してチャネルの入り口（ゲート gate）が開き，イオンが通過する（リガンド感受性チャネル ligand-gated channel）．このような機構で，ナトリウムイオンが細胞膜を透過して神経細胞内へ流入して神経の興奮を引き起こす．イオンの流入には，膜の内と外における濃度勾配と，膜の両側における電位勾配が関係している．

5.4.2　受容体と薬物

受容体の結合部位とリガンドの関係は，いわば鍵穴と鍵のようなものである．したがって，リガンドと類似の構造をもつ薬物を投与した場合には，薬物がリガンドの替わりに受容体に結合して，その結果生理機能に変化が起こる．

例えば，5.4.1 項で述べた nAChレセプタには，リガンドであるアセチルコリンだけでなく，ニコチン nicotine やクラーレ curare[*7]，α-ブンガロトキシン α-bungarotoxin なども結合する．このうち，ニコチンは，nAChレセプタに対してアセチルコリンと同様の親和性と薬理作用をもち，アゴニスト agonist とよばれる．一方，クラーレや α-ブンガロトキシンは，nAChレセプタに結合するが，アセチルコリンによって引き起こされる作用を遮断する働きがあり，アンタゴニスト antagonist とよばれる．アゴニストとアンタゴニストの作用の違いに注目しよう．

[*7] クラーレは，ツボクラリン塩化物 *d*-tubocurarine chloride など，*Chondodendron* 属の植物から抽出されるアルカロイドの混合物である．筋肉弛緩作用があるため，南米原住民が矢毒として用いていた．

5.5 膜電位

膜の両側にイオンの濃度差があるとき電位差が発生する．この電位差を**膜電位** membrane potential という．イオンの膜透過によって生じる．神経細胞の興奮や筋肉の収縮は膜電位が変化するために起こるものであり，膜電位が変化するのはチャネルタンパク質（特定のイオンを膜を横断して通す通路となるタンパク質）があって，それが外的刺激（神経伝達物質や電位の変化）によって特定のイオンを通したり通さなかったりするからである．

膜電位は，膜に固定電荷があるとき膜表面に発生する**界面電位**（ドナン Donnan 電位）と，膜のなかでカチオンとアニオンの移動度が異なる場合に生じる**拡散電位** diffusion potential の和である（図 5.16）．拡散電位について考えてみよう．図 5.17 のように，濃度の異なる電解質水溶液が膜で隔てられているとする．いま，膜が例えばカチオンだけを透過する場合を考える．膜の両側の電解質溶液の濃度を C_{I}，C_{II} とし，さらに $C_{\mathrm{I}} > C_{\mathrm{II}}$ であるとする．このとき，濃度の高い方から低い方に向かって，カチオンだけが図の矢印のように左から右へ拡散して膜を透過する．その結果，膜の右側が正に左側が負に荷電する．この電位が，左から右へのカチオンの拡散を止めるように働く．この電位はイオンの拡散に伴って生じる電位であるので，拡散電位とよばれている．拡散電位と正のイオンの流れとは相反する向きであり，この 2 つが釣り合うことで平衡になる．

このことを定量的に考察してみよう．イオンが膜を透過するとき，電気化学ポテンシャル $\bar{\mu}_i$ は，

$$\bar{\mu}_i = \mu^{\ominus} + RT\ln C_i + zF\psi_i \qquad (5.8)$$

と表される．ここで，i（= I，II）はイオンが膜のどちら側に存在するかを示す．$\mu^{\ominus}$ は標準化学ポテンシャル，右辺第 2 項は化学ポテンシャルの濃度依存性を，第 3 項は静電ポテンシャルエネルギーを表している．また，z は符号を含むイオンの荷電数，F はファラデー Faraday 定数（=

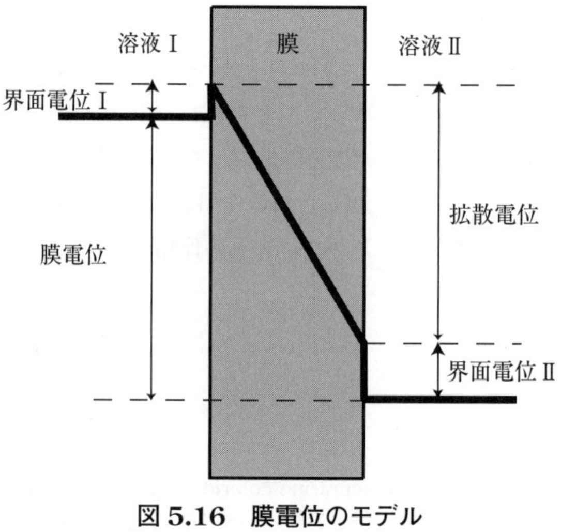

図 5.16 膜電位のモデル

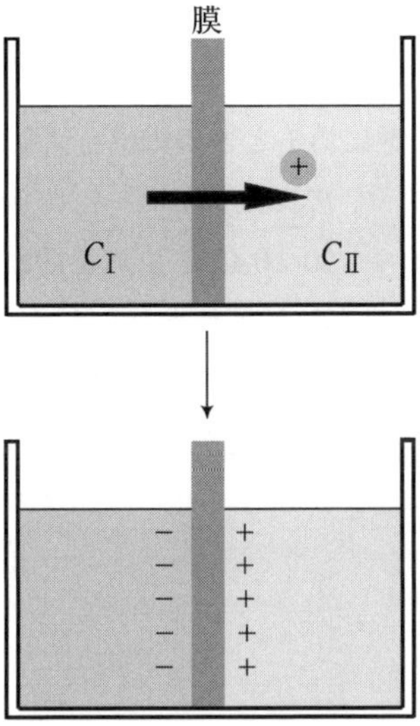

図 5.17　拡散電位

電子 1 mol 当たりの電荷の大きさ eN_{A}）である．ψ_i は荷電の結果生まれる静電場の位置エネルギーであり，**静電ポテンシャル**とよばれる．

平衡状態では膜の右側と左側の電気化学ポテンシャルが等しいから，

$$\bar{\mu}_{\mathrm{I}} = \bar{\mu}_{\mathrm{II}} \tag{5.9}$$

したがって，溶液 I と溶液 II の標準化学ポテンシャル $\mu^{\ominus}$ は等しいことを考慮に入れると次のようになる．

$$\Delta\psi = \psi_{\mathrm{II}} - \psi_{\mathrm{I}} = -\frac{RT}{zF}\ln\frac{C_{\mathrm{II}}}{C_{\mathrm{I}}} = -2.3\frac{RT}{zF}\log\frac{C_{\mathrm{II}}}{C_{\mathrm{I}}} \tag{5.10}$$

（5.10）式は**ネルンスト Nernst の式**として知られている．1 価のイオンに対して，$2.3\dfrac{RT}{F}$ は 25℃で 59 mV（37℃で 60 mV）となり，この値はいろいろなところに現れる．実験室でよく使用される pH を測定するガラス電極は，薄いガラスの膜が水素イオンのみを通すので，ガラス電極内の溶液と試験液の pH 差（水素イオン濃度の対数の差）が電位として測定できる．

生体内には Na^+，K^+，Cl^- などのイオンがあり，細胞膜を透過する．その場合の膜電位の近似式として，次のゴールドマン・ホジキン・カッツ Goldman-Hodgkin-Katz の近似式が知られている．

$$\Delta\psi = \frac{RT}{F}\ln\frac{P_{\mathrm{K}}[\mathrm{K}^+]_o + P_{\mathrm{Na}}[\mathrm{Na}^+]_o + P_{\mathrm{Cl}}[\mathrm{Cl}^-]_i}{P_{\mathrm{K}}[\mathrm{K}^+]_i + P_{\mathrm{Na}}[\mathrm{Na}^+]_i + P_{\mathrm{Cl}}[\mathrm{Cl}^-]_o} \tag{5.11}$$

ここで，添字の i と o は細胞内および外を表す．P は透過係数であり，膜がイオンをどれだけ通しやすいかを示す．膜電位は細胞の外液を基準（0 V）にしている．細胞外の Na^+ または K^+ の濃度が増加すれば，（5.11）式の分子の値が増加するから膜電位は大きくなる．プラスの電荷が細胞内に入ろうとするからである（すなわち，ここでは細胞外を基準にしている）．細胞外のアニオンが細胞内に入ろうとすると，カチオンとは逆に電位は減少するはずである．このことは，Cl^- の細胞内外の濃度が（5.11）式では，カチオンと分母分子で逆になっていることに対応している．

膜電位発生のメカニズムは，神経細胞の興奮や筋肉の収縮と密接に関係がある．イカの巨大神経は大きな直径（0.1 mm 程度）をもっているため，神経生理学の実験によく用いられる．神経内に電極を挿入して膜電位を測定する．神経が興奮していないとき（静止状態という）の電位を静止電位，刺激により神経が興奮状態にあるときの電位を活動電位とよぶ．いま実測値と（5.11）式を比較してみる．（5.11）式において $P_K : P_{Na} : P_{Cl} = 1 : 0.04 : 0.45$ とすると膜電位は静止電位の実測値に一致し，$P_K : P_{Na} : P_{Cl} = 1 : 20 : 0.45$ とすると活動電位と一致する．このことから，静止電位にはカリウムイオンの，活動電位にはナトリウムイオンの膜透過が大きな寄与をしていることがわかる．それぞれのイオンの透過には細胞膜のカリウムイオンチャネルおよびナトリウムイオンチャネルが関与している．また，筋肉が収縮すると電流が流れることは心電図でお馴染みである．

5.6　まとめ

生体膜（細胞膜）は，細胞の内と外を仕切る障壁としての機能のみならず，細胞内への物質の輸送においても重要な役割を果たしている．物質の多くは血液中から細胞膜に**分配**した後，膜を透過して細胞質側に移動する．

膜のなかの物質輸送は，物質の濃度勾配にしたがって自発的に起こる**受動輸送**と濃度勾配に逆らって起こる**能動輸送**に分けられる．受動輸送は，単純拡散や促進拡散など物質の**拡散**で説明される．無極性の低分子や水分子は，濃度勾配にしたがって膜のなかを拡散する（単純拡散）．極性分子は疎水性の膜を通りにくいため，**膜輸送タンパク質**（**トランスポーター**や**チャネル**）の助けを借りて膜中を移動する（促進拡散）．生体膜は，イオンなどの電荷をもつ物質や親水性の栄養物を濃度差に逆らって選択的に透過させるために，能動輸送を行っている．能動輸送はポンプとよばれる輸送タンパク質を介した物質輸送で，ATP の加水分解で獲得したエネルギーを利用している．この機構は，細胞内外のナトリウムイオンとカリウムイオンの濃度差を維持するために必要である．

膜を透過できないホルモンや神経伝達物質に対して，細胞は膜表面の**受容体**を介して情報を伝達している．ニコチン性アセチルコリン受容体は神経伝達物質アセチルコリンと結合すると構造が変化してナトリウムイオンの膜透過を促進させる．この機構は神経の興奮に関係している．イオンの膜透過により**膜電位**が生じる．膜電位発生のメカニズムもまた，神経細胞の興奮や筋肉の収縮と密接な関係がある．

章末問題

問 5.1　分配に関する以下の問に答えよ．

(1) 油/水分配係数とは何か．

(2) 医薬品の開発の際に，オクタノール/水分配係数がよく用いられる理由を説明せよ．

問 5.2　次の事項を説明せよ．

(1) フィック Fick の第一法則
(2) 拡散係数
(3) 単純拡散
(4) 促進拡散
(5) 受動輸送と能動輸送

問 5.3 膜輸送に関する次の(1)～(7)の記述について正誤を答えよ.
(1) トランスポーターを介した物質の膜輸送には, 受動輸送と能動輸送がある.
(2) チャネルを介した物質の膜輸送は, 能動輸送である.
(3) 膜のなかの単純拡散は, 物質が濃度勾配に従って膜のなかを移動する受動輸送であるが, 促進拡散は, 膜輸送タンパク質が仲介する能動輸送である.
(4) イオンや糖, アミノ酸などの極性分子は, 膜輸送タンパク質の助けを借りて疎水性の脂質二分子膜を透過する.
(5) 膜透過する分子の数が多いとき, トランスポーターの結合サイトやチャネルの内部は飽和してしまう.
(6) ポンプは, 熱力学的にみて自発的には起こらない「能動輸送」を仲介するタンパク質である.
(7) 能動輸送を行うためにはエネルギーを供給する必要がある. 細胞のなかでは ATP を加水分解して獲得したエネルギーを利用して能動輸送を行っている.

問 5.4 イオノフォアとは何か, 例をあげて説明せよ.

問 5.5 受容体について, 例をあげて説明せよ.

問 5.6 膜電位に関する次の(1)～(3)の記述について正誤を答えよ.
(1) 膜電位は, 膜の両側にイオンの濃度差があるときに発生する電位差である.
(2) 膜電位は, 膜に固定電荷があるとき膜表面に発生する界面電位（ドナン電位）と, 膜のなかでカチオンとアニオンの移動度が異なる場合に生じる拡散電位の和である.
(3) 神経細胞の興奮は膜電位が変化するために起こるが, 筋肉の収縮は膜電位の変化とは無関係である.

問 5.7 次の物質について, 拡散によって膜を透過しやすい順に並べよ.
Ca^{2+}, O_2, H_2O, 尿素, グルコース, RNA

問 5.8 細胞膜を構成するリン脂質は, (a) 1 s, (b) 1 ms, (c) 1 μs の間に, 拡散によってそれぞれどれだけの距離を移動するか. 拡散係数を 10^{-12} m^{2}s^{-1} として求めよ. ただし, 分子が時間 t の間に膜のなかを移動する距離の 2 乗平均 $\langle x^2 \rangle$ は, 拡散係数 D を用いて $\langle x^2 \rangle = 4Dt$ で表されるものとする（2 乗平均とは x^2 の平均値のことである. x の平均値の 2 乗ではないことに注意しよう).

問 5.9 球状の分子の拡散係数 D は,

$$D = k_B T/6\pi\eta r$$

で表される. η は溶媒の粘度, r は球の半径, k_B はボルツマン定数 (1.38×10^{-23} J K^{-1}), T は絶対温度である. これをストークス・アインシュタイン Stokes–Einstein の式という.

いま，100 kDa（Da はダルトン）の球状タンパク質が粘度 1poise（$= 0.1\,\mathrm{N\,s\,m^{-2}}$）の膜のなかにあるとき，このタンパク質の 37℃（310 K）における拡散係数を求めよ．ただし，タンパク質の密度は $1.35 \times 10^3\,\mathrm{kg\,m^{-3}}$ であり，水和は無視できるものとする．

問 5.10 イカの神経軸索に電極を挿入して膜電位を測定すると $-70\,\mathrm{mV}$ である（静止電位）．軸索を海水につけて刺激を与えると，電位は急激に $+40\,\mathrm{mV}$ まで変化する（活動電位）．海水中と細胞質中のイオンの組成は表のとおりである．

表 イカの神経細胞と海水のイオン組成

イオン	細胞質	海水
Na^+	65 mM	430 mM
K^+	344 mM	9 mM

いま，静止電位と活動電位がいずれのイオンの膜透過によるかを考える．20℃（293 K）における Nernst の式（5.9）式が

$$\Delta\psi = -58(\mathrm{mV}) \times \log\frac{C_2}{C_1} \quad （ただし\ C_1,\ C_2\ は海水中，細胞質中のイオン濃度）$$

で表されるとして，以下の問いに答えよ．

(1) K^+ の膜透過のみによって生じる電位差を求めよ．

(2) Na^+ の膜透過のみによって生じる電位差を求めよ．

(3) (1)と(2)の結果から，静止電位と活動電位が，主にどのイオンの膜透過によるかを考察せよ．

問題の解説

問 5.1 (1) [油相中の物質の濃度]/[水相中の物質の濃度]（5.2.1 項参照）
(2) 5.2.2 項参照

問 5.2 (1) 5.3.1 項(1)参照
(2) 5.3.1 項(1)参照
(3) 濃度勾配に基づく物質の拡散（5.3.1 項(1)参照）
(4) 5.3.1 項(2)参照
(5) 5.3.2 項参照

問 5.3 (1) 正 (2) 誤 (3) 誤 (4) 正 (5) 誤 (6) 正 (7) 正

問 5.4 5.3.3 項参照

問 5.5 5.4.1 項参照

問 5.6 (1) 正 (2) 正 (3) 誤

問 5.7 O_2 ＞ H_2O ＞尿素＞グルコース＞ RNA ＞ Ca^{2+}

問 5.8 (a) $2 \times 10^{-6}\,\mathrm{m}$ (b) $2 \times 10^{-8}\,\mathrm{m}$ (c) $2 \times 10^{-9}\,\mathrm{m}$

問 5.9 球状タンパク質の半径 $r = 3.1 \times 10^{-9}\,\mathrm{m}$ であるから，拡散係数 $D = 7.4 \times 10^{-13}\,\mathrm{m^2\,s^{-1}}$

問 5.10 (1) $-91.8\,\mathrm{mV}$ (2) $47.6\,\mathrm{mV}$ (3) 静止電位：K^+，活動電位：Na^+

6 タンパク質と種々の物質との相互作用

6.1 この章のねらい

われわれの身体の中では，生きていくための生理学的な化学反応が時々刻々と起こっている．ところが，その反応の大半は反応物質のみを加えた試験管中では通常は決して起こらない．この反応を可能にしているのが生物触媒の酵素である．これなくしては，われわれは一瞬も生きてはいけない．また，「疾患」というものは，酵素タンパク質の異常によるものと考えられ，「医薬」は，この異常な酵素タンパク質を何とかコントロールして，正常なものに戻そうとして働いている．これら酵素には一部の例外があるものの（RNA 酵素），ほとんどがタンパク質でできている．そのタンパク質も 20 種類のアミノ酸が数百分子つながってできている．このように粒が不揃いの１本の長い真珠のネックレスともみなせる１次構造をタンパク質はとっているので，多様な立体構造をとってもよさそうなものである．それにもかかわらず，アミノ酸配列が同じものはなぜ同じ立体構造になるのかの理由を考えてみよう．

次に，タンパク質の働きについて考えてみよう．タンパク質は１分子で働くのではなく，さまざまな分子（低分子，タンパク質，薬物など）と相互作用することで化学的な反応を起こす．その様子について検討しよう．反応が起こるとき，お互いの分子がまるでブロックのように硬直した状態で相互作用する場合もあるが，非常に微妙なやわらかい状態で相互作用する場合もある．この相互作用の様式により，生体内化学反応がどのように調整されているかがわかる．

最後に，タンパク質が核酸とどのように相互作用するかを見てみよう．DNA 上の遺伝情報を発現させるときにどのようにして必要な情報だけを取り出せるのか，その分子メカニズムを原子レベルで見よう．

6.2　タンパク質の立体構造

6.2.1　タンパク質の立体構造形成の要因

アミノ酸は，mRNA の指示どおりにアミノ末端から順番にリボソーム上で脱水縮合反応により各々結合し紡ぎだされてくる．図 6.1 の板のようになっている部分はアミド平面とよばれ，ペプチド結合により構成されている．ペプチド結合は，$\mathrm{O{=}\overset{R1}{C}{-}\underset{R2}{NH}}$ と $\mathrm{O^{-}{-}\overset{R1}{C}{=}\underset{R2}{N^{+}H}}$ との共鳴構造と考えられ，その二重結合性から，O — C — N の原子は平面上にあるので，あたかも一枚の板のように扱うことができる．そのため，図の中の二面体角 ϕ と ψ をそれぞれのアミノ酸について全部決めることができれば，どんなに長いものでも，同一の立体構造を呈することになる．実際のタンパク質の結晶構造中では，アミド平面のほとんど全部のアミノ基，カルボキシ基が近隣の原子あるいは基によって動きを拘束されるため身動きが取れなくなり，一定の立体構造に縛り

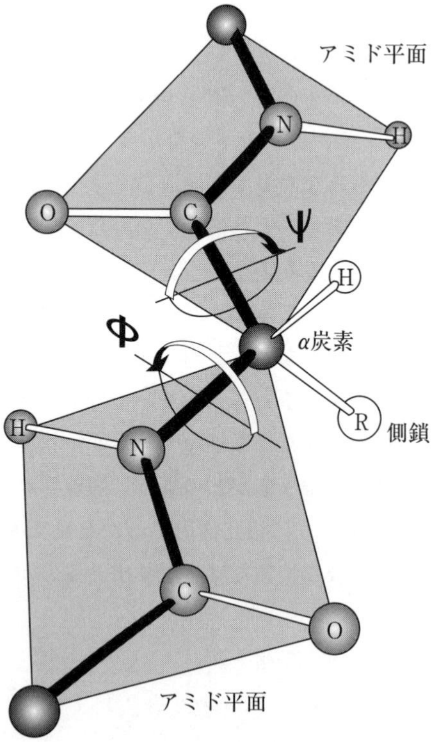

図 6.1　2 つのアミド平面と回転可能な二面体角
(Dickerson and Geis (1969) The structure and action of PROTEINS, p.25, Harper & Row, Publishers)

付けられている．

しかしながら，一部のタンパク質は，自分自身で一定の立体構造をつくりあげることができない．このように折りたたみが未完全なときには，シャペロンとよばれる別のタンパク質が近づき，一定の立体構造をとるように手助けすることが知られている．

（1）水素結合

1つのアミノ酸は，中心炭素（Cα）の周りに1つずつアミノ基とカルボニル基をもっている．電気陰性度の違いにより，ペプチド結合のNH–COにおいて，Hは若干プラスに帯電し，COのOは若干マイナスに帯電している．自分自身のNHとCOの間では相互作用できないが，ある距離（3〜4オングストローム）にある他のNH–COと相互作用が生じる．このような相互作用を水素結合とよぶ．このとき，あとで述べる静電相互作用と異なるのは，なるべくNH–COが一直線になるように相互作用することである．実際のタンパク質の立体構造を調べると，ほぼ全部のNHとCOが相互作用している．これにより，先ほど述べた二面体角ϕ，ψがフラフラしていたものがどんどん縛り上げられ，動かなくなってくる．

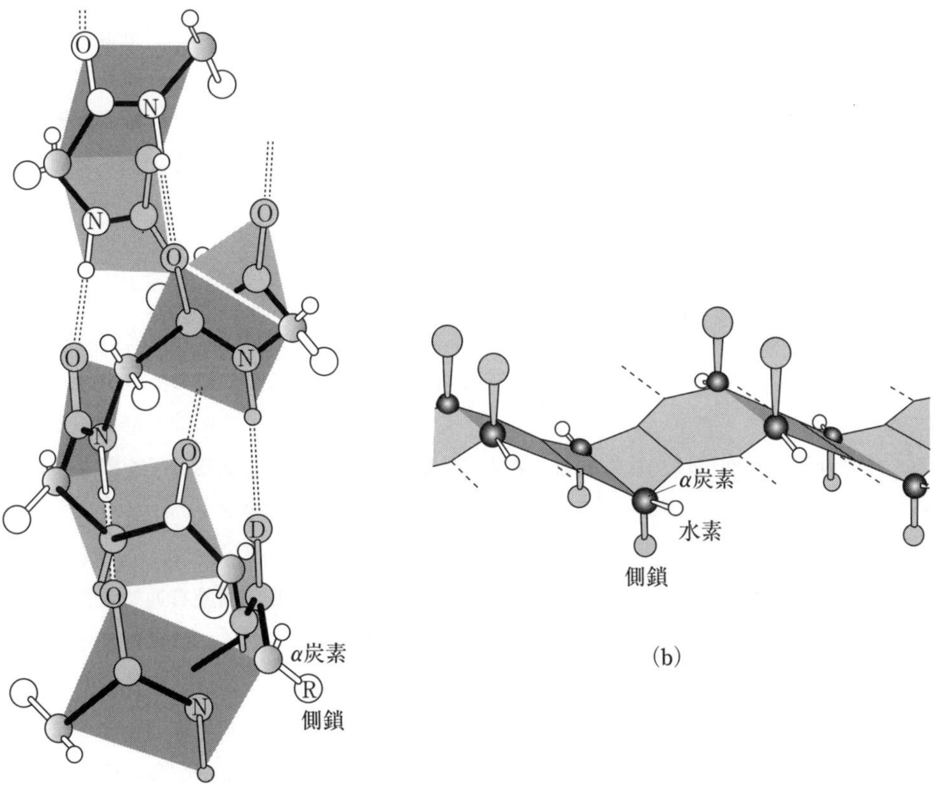

図 6.2　タンパク質の二次構造

(a) αヘリックス，(b) βシート

(Dickerson and Geis (1969) The structure and action of PROTEINS, p.29, 35, Harper & Row, Publishers)

このようにして図 6.2 に示すように $-NH \cdots CO^-$ の直線的な水素結合の数が増してくる．そのため，一見ひものようにグニャグニャしているように思えるタンパク質も，形が決まってしまう．そのため一定の立体構造をとることになる．ただしこの結合は非常に弱いので，ちょっとしたこと，例えば別のタンパク質が結合したり，「薬」のような低分子が結合したりすると拘束が簡単に外れてしまう．そうすると，本来もっている自由度が復活し，また，フラフラする構造に戻ってしまう．

この水素結合が連続的に起こったときに，局所的に硬い構造ができあがる．その1つは α ヘリックスであり，もう1つは β シートである（図 6.2）．タンパク質はこれら二次構造とよばれる硬い構造が適切に集合して精密な三次構造をつくりあげている．

(2) 疎水性相互作用

生体内のタンパク質を構成するアミノ酸は，その側鎖の化学構造の違いにより 20 種類が存在する．その中でグリシン，アラニン，バリン，ロイシン，イソロイシン，メチオニン，プロリン，フェニルアラニン，トリプトファンは，疎水性アミノ酸に分類できる．これらは，水分子と相性が悪いので，なるべく水分子に触れないように水分子から遠ざかる．つまり，水を避けて疎水性アミノ酸同士が集まる．この相互作用を疎水性相互作用とよぶ．そのため，水溶液中においても，水を多量に含んでいる生体内においても，一般のタンパク質の場合，これら疎水性アミノ酸が真ん中にコアをつくる．タンパク質の外周には，水との相性のよい親水性アミノ酸が配置される．このようにしてタンパク質分子内でのそれぞれのアミノ酸の位置が定まると，さらに束縛条件が強くなるので，タンパク質の立体構造は精密化してくる．

(3) 静電相互作用

アミノ酸の側鎖で，中性条件下でプラスチャージをもっているのは，リシンとアルギニンであり，pH に依存するがヒスチジンもその仲間に入れておこう．これらに対して，アスパラギン酸，グルタミン酸はマイナスチャージをもっている．このプラスとマイナスの間で静電相互作用が発生する．この静電相互作用は，比較的長い距離でも働くので，遠くにある分子を引きつけるのに役立っている．もちろん，これらのアミノ酸は親水性なので，通常のタンパク質では分子表面に配置される．

薬剤分子開発のもっとも大きなターゲットは，細胞膜に存在する7回膜貫通型受容体であり，ほとんどの疾病はこの受容体タンパク質の異常によると考えられている．これは，先に述べた生体膜を貫通している7本の α ヘリックスが基本構造となっている．5番目と6番目のヘリックス間に細胞内第3ループとよばれる部分がある．ここは，今まで一定の立体構造をとっていないと考えられてきたが，最近ヘリックス（らせん）構造を形成していることが明らかになった．ここでは，プラスチャージをもつアミノ酸が片側に集まり，反対側には疎水性アミノ酸が集まって両親媒性を呈する．そのため，受容体の細胞側が強い正電荷をもっていることがわかってきた（例えばアドレナリン受容体）．

受容体タンパク質と相互作用するＧタンパク質の表面は強いマイナスチャージを帯びていることから，両者の間には強い静電相互作用が発生し，激しい衝突が起こると考えられる．この相互作用を分子レベルで明らかにできると，薬物受容体の情報伝達メカニズム解明への手がかりとなり，新しい薬物開発に大きく寄与すると期待されている．

6.2.2　WEB 情報（PDB，Rasmol など）

今まで述べてきたタンパク質の立体構造の情報に関しては，PDB（Protein Data Bank）にそれぞれの原子座標の XYZ が登録されている．核酸については Nucleic Acid Databank に登録されている．これらの立体構造を観察する際に以前は分子モデルを用いていたが，最近はパソコン上で手軽に見ることができるようになった．その中でもっともお勧めなのは，Rasmol という名前のグラフィックソフトである．これは Roger Sayle によって開発されたフリーウェアであり，主なパソコンで操作することができるので，ぜひダウンロードしてタンパク質の立体構造を詳細に眺めてほしい．

表 6.1　構造情報に関する代表的なサイト

立体構造データベース
Protein Data Bank（PDB）
http://www.rcsb.org/pdb/
Nucleic Acid Databank
http://ndbserver.rutgers.edu/NDB/ndb.html
立体構造グラフィックスソフト
Rasmol
http://www.umass.edu/microbio/rasmol/

6.3　タンパク質の相互作用（高分子電解質として）

先に述べたように，タンパク質はアミノ酸からできている．そのアミノ酸にはプラスチャージをもつものやマイナスチャージをもつものが多種ある．そのため，タンパク質は，分子全体として高分子電解質と考えることができる．しかもこれら側鎖の官能基は pH によって電荷が発生したり消滅したりするので，タンパク質の表面電荷の分布は溶液の pH に強く依存する．したがってタンパク質の相互作用も pH の影響を強く受ける．

6.3.1　タンパク質と低分子（リガンド結合）

酵素タンパク質は，周囲にあるたくさんの分子の中で特定の低分子基質（リガンド）だけを選び出し，その活性部位に結合させ，必要な化学反応を起こした後，反応産物を放出する．このときあたかも酵素がリガンドを引き寄せようとしているようにみえるが，そうではない．実際のところは，周りの水分子の激しいランダムな運動によりリガンドが弾き飛ばされ，短時間のうちにありとあらゆる場所に運ばれる．結果としてリガンドは，たまたま酵素の結合部位の近傍に至る．このとき，相互作用が十分に強く，周辺からの溶媒分子が次々と衝突してもその複合構造が壊れなかった場合にリガンドの結合が生じる．そうでない場合はリガントは直ちに弾き飛ばされてしまう．すなわち，酵素を結合しようとする「力」と，溶媒の水に跳ねとばされる「力」とが競争し，前者が後者を上回るときにリガンドの結合が生じる．結合後，酵素反応が起こると今まで活性部位との結合に関与していた官能基が変化する．これによりリガンドと酵素と結び付けている結合様式も変わってしまい，周囲の溶媒分子との衝突によって活性部位から酵素反応の生成物が離れていく．このようにして，酵素タンパク質はどのような機械よりもすばやく周囲のリガンド分子に酵素反応を起こさせている．

6.3.2　タンパク質とタンパク質の相互作用（トリプシン BPTI 複合体，超分子複合体，ウイルス）

タンパク質とタンパク質の間も同様な方法で相互作用する．タンパク質は低分子のリガンド分子よりは数段大きいので，すばやく拡散するわけにはいかない．しかし多数の溶媒分子が四方八方からタンパク質に衝突することにより，いわゆるブラウン運動が発生して溶媒中を移動する．互いに立体幾何学的，静電的，疎水性親水性などの相補性が満たされる場合には，タンパク質分子間で結合が起こる．

その中でもっとも多い例として，先に示した β シートをもう一度よく見てみよう．これはペプチド鎖間の連続した水素結合により形成しているが，このペプチド鎖がつながっている場合は，このことがタンパク質の折りたたみの基本構造となっている．しかしそのペプチド鎖が別々のタンパク質に属している場合は，それらタンパク質間の複合体が形成される．このようにしてできるタンパク質複合体の例として，消化酵素トリプシンの活性部位とそのタンパク性阻害物質 BPTI（bovine pancreatic trypsin inhibitor）が分子間の β シート構造を形成することがあげられる．

2つのタンパク質でできた複合体をダイマーといい，3つの場合はトリマー，4つの場合はテ

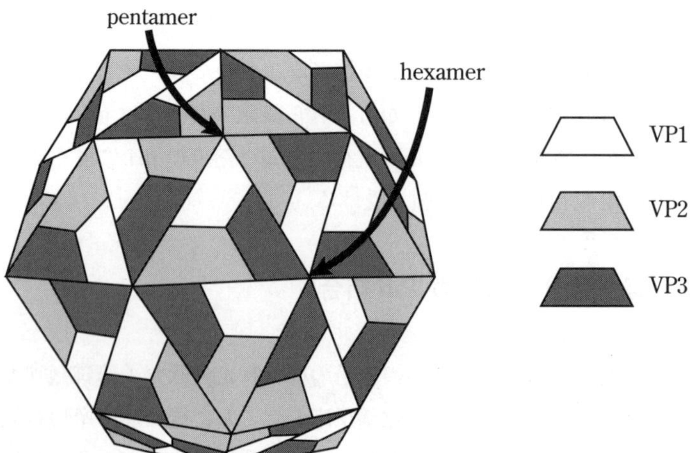

図 6.3　ウイルスの構成

トラマーとよぶ．血液中にある酸素運搬タンパク質ヘモグロビンはこのテトラマーである．さらに大きな複合体は超分子複合体とよぶ．光合成中心や細胞の核内受容体などはこのような超分子複合体を形成していて，それぞれのタンパク質のもっている機能をさらに集合させることでより難しい酵素化学反応を起こしている．

もっとも大きなタンパク質複合体は，おそらくウイルスであろう．図 6.3 に示すように台形のようなタンパク質が 3 つ集まることで正三角形を形成し，その正三角形が 20 枚集まることで正 20 面体構造を形成する．大きなウイルスでは三角形が複数集まってより大きな正三角形をつくり，これを用いてさらに大きな正 20 面体構造を形成している．

6.3.3 血清アルブミンと薬物との相互作用（薬学における重要性）

アルブミンは，卵の白身（albumen）を語源としたタンパク質で，血清，卵白や母乳に含まれている．脊椎動物の血液に大量に存在するものを特に血清アルブミンとよぶ．アルブミンは，脂肪酸やビリルビン，無機イオン，薬物分子などを吸着する．多くの低分子物質は各種臓器に取り込まれて代謝・排泄されるのであるが，アルブミンと結合した物質は臓器に取り込まれず，血管を循環する．そのため，血清アルブミンは薬物代謝に対して非常に重要な役割を果たしている．ワルファリンやトルブタミドは特に血清アルブミンとの結合性が高いので，これらの薬物を併用するとこれらの薬物間でアルブミンへの結合が競合する．

また，アルブミンは他の血清タンパク質に比べ分子量が小さく，量が非常に多いので，血液の浸透圧や pH の調節にも関与している．

6.4 タンパク質の相互作用メカニズム

タンパク質の様々な機能が生命を支えていることに異論を挟む余地はなく，機能性タンパク質の作用機序を理解することなしに，生体内で，特に細胞レベルで起こる様々な生理学的，病理学的現象を説明することは不可能であろう．詳細に目を向け個別の生化学反応を考えてみても，そのほとんどがタンパク質である酵素によって司られている．酵素は比較的穏和な条件下で働く大変優れた触媒であり，その触媒機能をタンパク質であるがゆえの特徴すなわち高次構造と機能との関係において発現している．特に，タンパク質の相互作用メカニズムについて，その基質認識の作用機序の点から幾つかのタイプに分けて説明できる．

6.4.1 鍵と鍵穴モデル

タンパク質機能の作用機序に関して第一の特徴をあげるならば，それは相互作用における立体相補性にほかならない．タンパク質とタンパク質，タンパク質と他の分子とが相互作用を持つ場合，結合部位では互いの分子表面の凸凹が相補的になっており，その様子から「鍵と鍵穴」の関係に例えられ，結合の特異性を高める役割を果たしていると考えられてきた．

鍵と鍵穴モデルは，図 6.4 で示されたように酵素の活性部位と基質の構造が相補的であることを示している．高嶺譲吉がタカジアスターゼを発見したのと同じ年，1894 年にドイツの Emil Fischer が提唱したこのモデルは，タンパク質の分子構造と機能との相関関係に着目して機能を説明した初めての例である．一般に，基質結合部位は分子表面のくぼみや三次構造の裂け目（クラフト）に存在する．その部位の凹凸の構造が基質のそれと相補的なだけでなく，その部位の周辺に配置されているアミノ酸側鎖の電荷，疎水性・親水性，および基質との水素結合形成能等の物理化学的相互作用が結合に重要である．酵素は分子進化上このような構造を獲得したことで，基質との強い結合性を確かなものにしたといえるだろう．

この分子レベルでの形態的相補性により発現している機能こそが，基質特異性に他ならない．このような相補性により基質と活性部位があたかも鍵と鍵穴の関係のようにピタリと適合するために，酵素の基質特異性を説明するのに適しているモデルといえる．その反面，鍵穴である酵素は鍵である基質分子に何も働きかけないので，残念ながらこのモデルだけで酵素の触媒作用までを説明することは難しい．

酵素の基質特異性のためには，基質が酵素に結合するということも必要であるが，化学反応が「選択的に」起こることも必要である．化学反応の速度は活性化エネルギーの大きさと立体因子で決まる．これらの要因はまた，反応場を提供する酵素側の局所的立体構造（鍵穴）が鍵である基質分子とどれだけ相補的であるかに依存しているのである．すなわち，基質との結合がルーズであれば，基質分子の反応点が酵素の活性部位に適した配向（オリエンテーション）をとることも近寄ることもできず，反応が起こらない．場合によっては，酵素側も基質と結合する際にコンフォメーション変化を起こすなどをして，酵素反応に適した構造をとることが必要になる．このようなコンフォメーション変化を伴ったモデルとして提唱されたのが，次に述べる誘導適合モデルである．

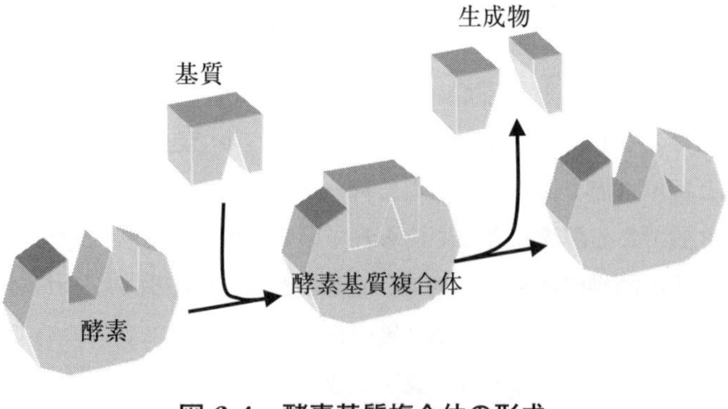

図 6.4　酵素基質複合体の形成

6.4.2　誘導適合モデル

鍵と鍵穴モデルを補完する意味で重要であるが，Daniel Koshland が 1958 年に提唱した誘導適合モデルは，タンパク質の柔軟性を強調する立場をとることで酵素機能の作用機序や特徴を説明している．誘導適合（induced fit）とは，基質の接近ないし結合に伴い酵素分子のコンフォメーションが変化し，活性部位（あるいは活性中心）がその触媒機能の発現にむけて「誘導的」に形成されることをいう．

微視的にみると，基質と酵素は図 6.5 に示すような一連の流れの中で，お互いに影響をおよぼしつつ触媒反応を完了させる．基質が結合すると，酵素の高次構造のダイナミクスが大幅に制限され，酵素基質複合体を形成することで，酵素は触媒反応に適した構造に落ち着く．このように酵素のダイナミクスが減少することは（ある場合は基質のそれも），乱雑さが減少することであり，エントロピーの減少に導く．基質が酵素の反応中心に「すっぽりと」はまると，エントロピーが減少する．すなわち，エントロピーを構造に対してプロットすると，正しい酵素基質複合体が形成されるところで，エントロピーの「くぼみ」ができ，ここに基質が「落ち込んでいる」ようである．そこで，このことをエントロピートラップと呼んでいる．複合体内の活性中心近傍において局所的に基質濃度が相対的に高いレベルで維持されるのは，エントロピートラップの作用によるものである．すなわち，希薄な基質濃度下であっても基質の濃度が実質的に高くなり，希薄な基質濃度下であっても酵素が他の触媒に比べて効率よく働く理由でもあるとされている．

酵素反応も化学反応であり，酵素反応は遷移状態を経ておこる．誘導適合により酵素の反応中心のコンフォメーションが変化すると，種々の相互作用で結合している基質も変化を受け，遷移状態へと導かれる．このとき，エントロピートラップにより活性化エネルギーが低下すると考えられている．すなわち，反応速度が増加する．

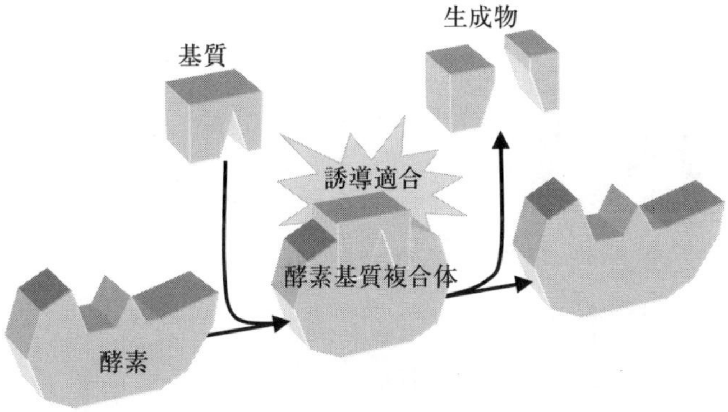

図 6.5　誘導適合

図 6.4 と比較してみると，基質を酵素の結合にともない，酵素のコンフォメーションが変化していることがわかるであろう．これが本文でいう「酵素の立体構造変化」である．

6.4.3　アロステリック効果

ここまでタンパク質の相互作用メカニズムに関する特徴をモデルをあげて説明してきた．第 1 は結合における立体相補性である．特に酵素と基質の選択的結合を鍵と鍵穴の関係に例えて述べた．第 2 には結合の誘導適合をあげた．そして第 3 にあげるのが，Jacques Lucien Monod, Jeffries Wyman，そして Jean-Pierre Changeux の 3 名が 1965 年に提唱したアロステリック効果である．これは図 6.6 に示す通り，タンパク質の一部分にリガンド（主に低分子）が結合すると，その結合部位から離れた部位の構造や活性に変化があらわれる現象を指していう．この現象の特徴は，あたかも連結した歯車に次々と動きが伝わるようにタンパク質の局所的構造変化が隣接した部分に連鎖し，最終的にはタンパク質の巨大な分子全体の構造変化を引き起こす点にある．したがって一般的には限られたケース，例えば多量体タンパク質のサブユニット間の相互作用において議論される．

アロステリック効果は，酵素と基質の親和力（K_m 値）に着目すると物理化学的に説明しやすい．酵素は一般に基質に対する親和性をもっており，親和力が大きな酵素は基質濃度が低くても高い活性を示す．しかし，ある種の酵素はリガンド（基質や基質に似た分子）が結合することにより，微妙な構造変化に起因する親和力変化を生じる場合がある．この時の基質濃度と反応速度の関係をプロットすると，特徴的な S 字（シグモイド）曲線が得られる．

酵素反応ではないが，図 6.7 に示すようにヘモグロビンの酸素運搬機能を例にとって，そのメカニズムを説明する．四量体であるヘモグロビンは 1 分子当たり 4 分子の酸素と結合する．1 つ目の酸素分子が結合するとアロステリック効果で他の結合部位へ影響がおよぶので，2 つ目以降の酸素結合をより容易にする．このため酸素分圧と酸素結合量との関係はシグモイド曲線を描き，ヘモグロビンはちょうど生理的酸素分圧値の近傍において，酸素分圧の小さな変化に対して大きな応答（より多くの酸素との結合・解離が起こる）をすることが説明できる．これは，ヘモグロ

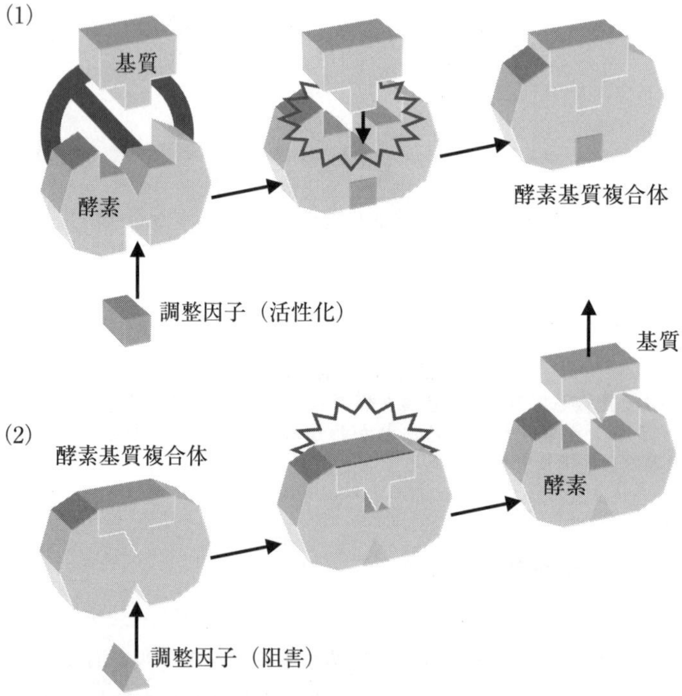

図 6.6　基質特異部位の構造変化

(1) は構造変化に伴い，複合体形成が進行する場合を，(2) は構造変化に伴い，複合体形成が阻害される場合を示している．

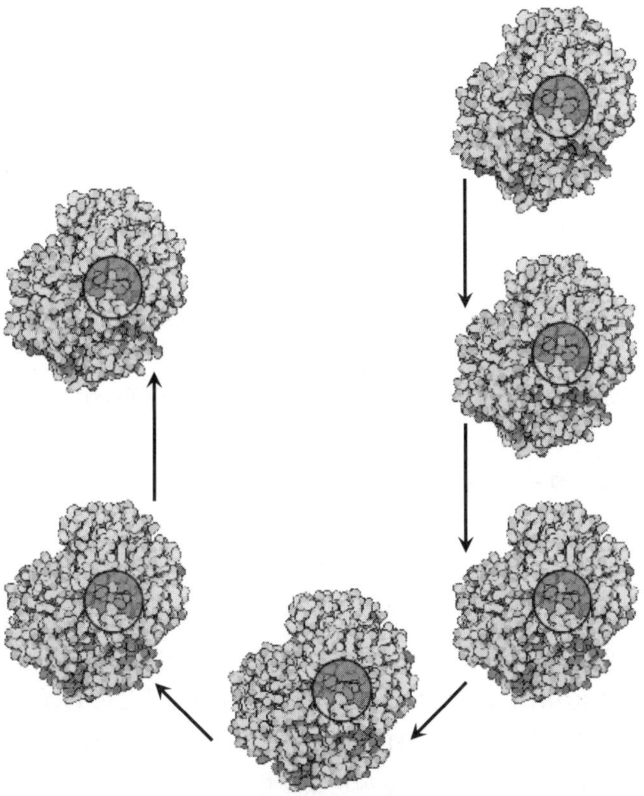

図 6.7　ヘモグロビン ($\alpha_2\beta_2$ 型四量体分子) におけるアロステリック効果
(PDB Web site より　http://www.rcsb.org/pdb/static.do?p=education_discussion/molecule_of_the_month/pdb41_2.html)

ビンの特徴といえる生理作用（実験事実）と一致する．

このような挙動を示す反応機構は，様々な面で重要な役割を果たす．その1つが，酵素のフィードバック阻害である．例えば，次のような例があげられる．つまり，代謝の最終産物が，代謝経路の初期ステップにかかわる酵素と結合してその活性を阻害し，最終産物の無駄な産生を防ぐ役割を果たす．この場合には，酵素反応は反応速度においてはリガンド（基質と構造の似た分子）の存在やアロステリック効果による影響を大きく受け，反応機序においては阻害作用の種類によって反応速度への応答を大きく異にする．その結果，阻害の様式は多岐にわたる．

このようにして，反応速度や反応に関係するパラメータを解析し阻害様式を調べることで，酵素がどのような調節を受けているかを考察することが可能となる．またこの情報をもとにして酵素の作用機序を人工的に制御することができれば新たな治療薬の開発（創薬）へとつなげることも可能である．

6.5　タンパク質と核酸の相互作用

DNAの複製や転写，遺伝子発現の調節には，転写因子などとよばれるタンパク質が深く関わっている．これらの反応はタンパク質がDNAの特定の塩基配列を認識して結合することから始まる．ここでは，DNAと結合するタンパク質のDNA結合領域となるいくつかの立体構造モチーフについて触れてみる．ここでいうモチーフとは，各種のタンパク質のアミノ酸配列中に含まれる小さな構造部分を意味する．例えば次に述べるHTHがあげられる．

6.5.1　ヘリックス－ターン－ヘリックス

大腸菌などの原核生物において，DNAのmRNAへの転写を調節するタンパク質のDNA結合部位に特徴的な立体構造として，ヘリックス－ターン－ヘリックス helix-turn-helix（HTH）モチーフというものがある．HTHモチーフとは，2本のαヘリックス構造と，その間をつなぐターン構造が，図6.8(a)に示されるような配置をとったものである．このHTHモチーフをもつ調節タンパク質分子は二量体を形成する．HTHモチーフのC末端のαヘリックス（認識ヘリックス）がB型DNA塩基配列の中の特定の配列を認識して，水素結合や疎水性相互作用により図

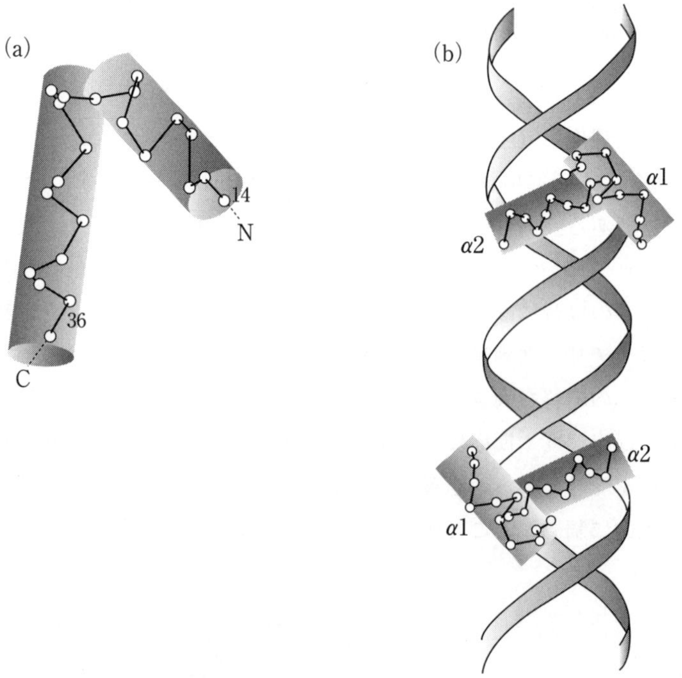

図6.8　(a) HTHモチーフの模式図と (b) DNA結合様式
(Introduction to Protein Structure, p.92, Garland Publishing)

6.8(b)に示されるように主溝の部分でDNAと結合する．二量体タンパク質分子の2つの認識ヘリックスの間の距離は3.4 Åであり，B型DNAのらせん軸1回転分の長さと同じである．つまり図6.8(b)に示すように，認識へリックスがDNAの主溝に結合すると，その主溝からDNAらせん一巻き分離れた位置にある主溝に，もう一端のHTHモチーフの認識へリックスが結合するようになっている．

HTHモチーフが特異的にDNAの配列に結合することは，単に認識へリックスとDNA主溝の結合のみで決まるのではない．タンパク質とDNAの表面同士の相互作用により，タンパク質と結合するDNAの特定の配列部分の構造が変形して，DNAの主溝の中にHTHモチーフの認識ヘリックスが適切にはまることによっても，HTHモチーフの特異的なDNAへの結合は決まる．このDNAの配列特異的な構造変化により，いくつかの調節タンパク質との結合親和性に差が生まれる．

HTHモチーフをもつタンパク質の例として，大腸菌のλファージの溶菌調節タンパク質であるリプレッサータンパク質やCroタンパク質があげられる．大腸菌の中には，紫外線を照射されると増殖が止まる菌株（溶原菌）がある．そこでは，大腸菌に感染して溶菌を起こすバクテリオファージを生産する．この溶原菌のDNAの中にはバクテリオファージDNAが含まれている．通常の大腸菌の増殖においてファージ遺伝子は発現されないが，紫外線照射によりファージ遺伝子の発現が始まる．λファージの遺伝子発現において，Croタンパク質は大腸菌DNAのオペレーター領域OR3に結合する．そして，RNAポリメラーゼを大腸菌のDNAに結合させ，溶菌を引き起こさせる．一方，リプレッサータンパク質はオペレーター領域OR1，OR2に結合する．すると，Cro遺伝子と反対方向にあるリプレッサー遺伝子を発現する方向にRNAポリメラーゼが結合する．こうしてRNAポリメラーゼによるCro遺伝子やファージ遺伝子の発現を阻害し，大腸菌を生存させる．

Croタンパク質は66残基のアミノ酸から成り，その立体構造は図6.10に示されているとおり

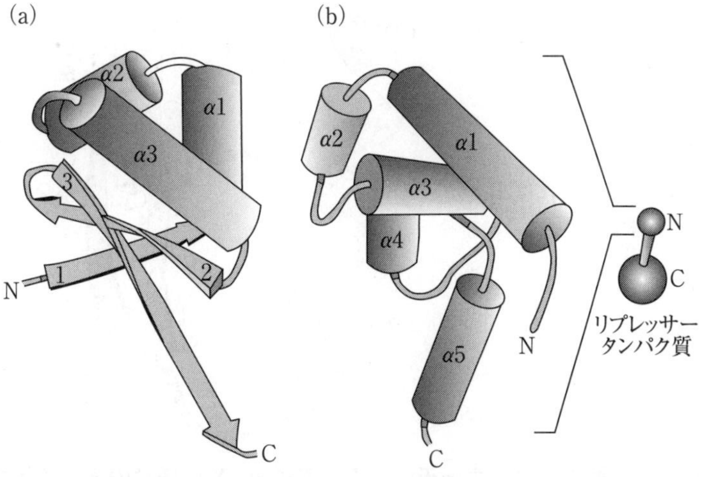

図6.9　HTHモチーフをもつ転写因子の立体構造
(a) Croタンパク質，(b) リプレッサータンパク質
(Introduction to Protein Structure, p.90～91, Garland Publishing)

で，N 末端側に HTH モチーフ，C 末端側に β シート構造をもつ．C 末端側の β シート構造は Cro タンパク質分子の二量体形成部位となる．N 末端側の HTH モチーフにおいて DNA の主溝と結合する．リプレッサータンパク質は Cro タンパク質よりもはるかに大きく，236 残基のアミノ酸から成り，弱い酵素分解で切断できる 2 つのドメインでできている．図 6.9 に示されるように N 末端側のドメインに HTH モチーフが含まれ，DNA 結合部位となる．C 末端側のドメインは，リプレッサータンパク質分子の二量体形成部位となる．紫外線は大腸菌 DNA を損傷し，リプレッサータンパク質の 2 つのドメインを切断分離させる分解酵素が活性化される．するとリプレッサータンパク質分子は二量体を形成しにくくなり，DNA への結合が阻害される．こうしてリプレッサータンパク質は DNA から引き離され，Cro タンパク質が合成されて OR3 に結合できるような状態がつくり出される．

6.5.2　亜鉛フィンガー

真核生物において，DNA 結合ドメインに亜鉛原子を含む転写因子が 1,000 種類以上存在している．アフリカツメガエルの転写因子 TFⅢA のアミノ酸配列の中で見つかった約 30 残基ほどのアミノ酸でできたペプチド鎖がある．2 残基のシステインと 2 残基のヒスチジンが規則的なパターンで存在し，これら 4 残基のアミノ酸が亜鉛原子と配位結合する．この図 6.10(a)のように形成された小さなドメインは，亜鉛フィンガーモチーフとよばれている．転写因子の中にいくつかの亜鉛フィンガーモチーフが繰り返し現れ，縦列に並んで DNA の主溝と結合する．図 6.10(b)で示される第二配位子のシステインから第一配位子のヒスチジンまでの 12 残基のアミノ酸でできた，第 2 の β ストランドとヘリックスの N 末端側，およびその間をつなぐループで成り立つフィンガー領域が DNA 結合領域である．転写因子に含まれた各亜鉛フィンガーモチーフは，ループ部分で固有の 3〜4 個の DNA 塩基をそれぞれ認識し，非常に配列特異的に DNA と結合する．

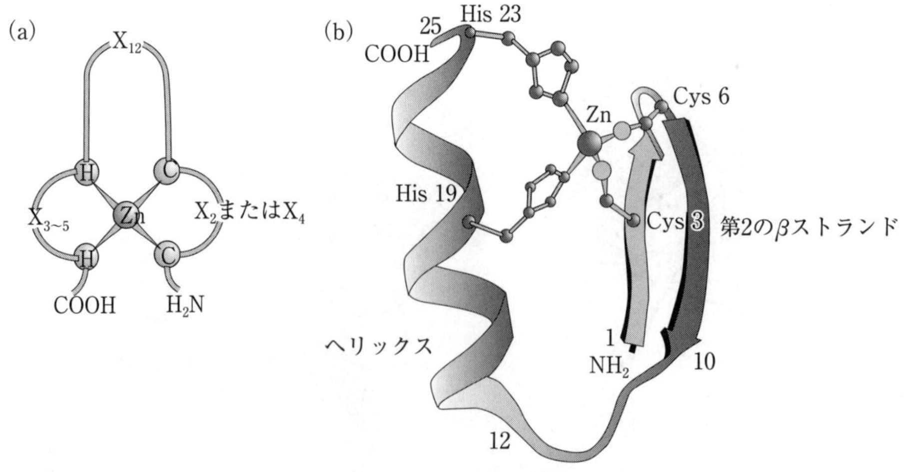

図 6.10　(a) 亜鉛フィンガーモチーフの模式図（X は任意のアミノ酸残基）
(b) アフリカツメガエルの胚タンパク質における 1 つの亜鉛フィンガーの立体構造
（タンパク質の構造入門，p.176，株式会社ニュートンプレス）

6.5.3 ロイシンジッパー

酵母の転写因子 GCN4 やがん遺伝子にコードされた転写因子 Fos，Jun などにおいて，7 残基ごとにロイシンが並ぶ約 30 残基のドメインが見つかっている．この 30 残基のドメインはヘリックス構造をしており，疎水性側鎖をもつロイシン残基がヘリックス表面の片側に集まる．そして，2 つの転写因子のヘリックスドメインの間に疎水性コアができて転写因子の二量体が形成される．すると，図 6.11(a)のような 2 本のヘリックスが互いに巻きついたコイルドコイル構造を形成する．これをロイシンジッパーモチーフという．疎水性コアの両側には電荷を帯びた側鎖をもつアミノ酸が配置されていることが多く，二量体の安定性に深く関わっている．例えば，ある転写因子のロイシンジッパーモチーフ疎水性コアの両側のアミノ酸側鎖が同符号の電荷であれば，静電反発により同種の転写因子同士では二量体を形成しにくい．そのため，異種転写因子と二量体を形成する．逆に，ロイシンジッパーモチーフ疎水性コアの両側のアミノ酸側鎖が異符号の電荷をもっていれば，同じ転写因子同士で静電相互作用により同種二量体を形成する．

酵母の転写因子 GCN4 は 55 残基の C 末端領域が二量体形成と DNA 結合の機能をもつ．C 末端領域は約 20 残基の塩基性領域とロイシンジッパー領域に分けられ，その立体構造は，図 6.12

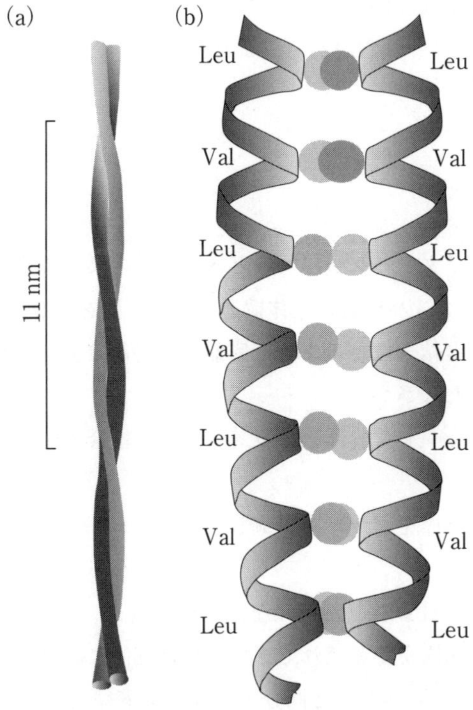

図 6.11 ロイシンジッパーモチーフ
(a) コイルドコイル構造，(b) 疎水性コア形成の模式図
(Introduction to Protein Structure, p.125, Garland Publishing：タンパク質の構造入門，p.36，株式会社ニュートンプレス)

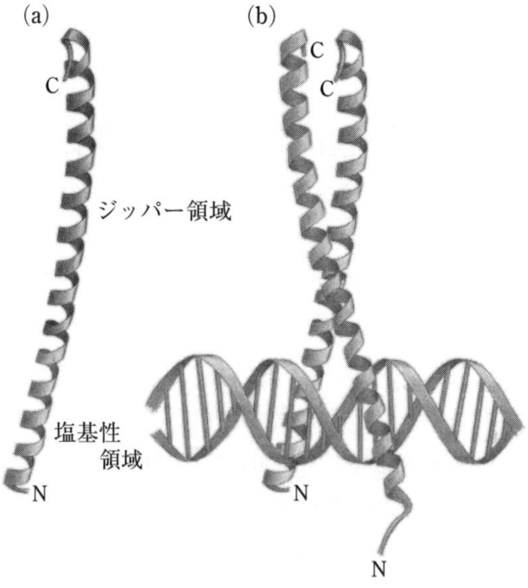

図 6.12　(a)　転写因子 GCN4 単量体のロイシンジッパーおよび塩基性領域の立体構造
(b)　二量体 GCN4 の DNA 結合の模式図
（タンパク質の構造入門，p.195，株式会社ニュートンプレス）

(a)に示されるように，連続した1本のαヘリックス構造である．ロイシンジッパー領域で GCN4 分子の二量体形成を行い，図 6.12(b)のように2分子の GCNA の塩基性領域が主溝をはさむように DNA と結合する．

章末問題

問 6.1　アミノ酸が重合してタンパク質になるときに，どのような構造にとるか説明しなさい．
ヒント：6.2.1 項　タンパク質の立体構造形成の要因を参照．

問 6.2　タンパク質中で水素結合はどのような官能基間で起こり，立体構造の形成にどのような影響を与えるか説明しなさい．
ヒント：6.2.1 項 (1) 水素結合を参照．ペプチド結合の関与とともに側鎖の関与も考えよう．

問 6.3　タンパク質の原子座標をダウンロードし，コンピュータ上でその分子モデルを表示しなさい．
ヒント：WEB 情報（PDB，Rasmol など）を参照．

問 6.4　基質が酵素の活性部位まで運ばれてきて，結合部位に結合する様子を述べよ．
ヒント：6.3.1 項　タンパク質と低分子（リガンド結合）を参照．キーワードは，濃度勾配，拡散，ブラウン運動，親和性など．

問 6.5　生体中でタンパク質同士が集合し，より大きく複雑な構造機能体をつくり出すとき，その原因とその効果を示せ．
ヒント：6.3.2 項　タンパク質とタンパク質の相互作用（トリプシン BPTI 複合体，超分子複合体，ウイルス）を参照.

問 6.6 「鍵と鍵穴モデル」と「誘導適合モデル」の違いを説明せよ.

ヒント：6.4.1, 6.4.2 項を参照.

問 6.7 「鍵と鍵穴モデル」により提唱されている基質結合部位は，(1)一般に酵素分子のどこにあると考えられ，(2)どのような物理化学的性質に基づいて基質分子と相補的な形態をとっているかを説明せよ.

ヒント：6.4.1 項を参照.

問 6.8 酵素反応のモデルの特徴を比較せよ.

ヒント：6.4.1, 6.4.2, 6.4.3 項を参照.

問 6.9 タンパク質が DNA と相互作用するとき，どのような立体構造モチーフが知られているか？

ヒント：6.5 節　タンパク質と核酸の相互作用全体を参照.

問 6.10 タンパク質が DNA と相互作用するとき，しばしば二量体となっている場合が多いが，その理由を考えてみよう.

ヒント：6.5 節　タンパク質と核酸の相互作用全体を参照.

7 生体エネルギー

7.1 この章のねらい

単細胞生物から高等動物まで，すべての生命活動にはエネルギーを必要とする．栄養物としてタンパク質，糖，脂質などを取り込み，同化することで必要な化合物を合成する．また異化することで，二酸化炭素，アンモニアや水などの簡単な分子まで分解する．異化で放出された化学エネルギーは，ATP（アデノシン3リン酸）に移される．最も効率のよいATPの合成は酸化的リン酸化である．これは好気性細菌の細胞膜や高等生物におけるミトコンドリアで行われ，有機物を酸素で炭酸ガスと水にまで分解し，そのときに発生する化学エネルギーでATPを合成する．また，クロロプラストでは，光エネルギーでATPを合成する（これは光リン酸化とよばれる）．生合成，能動輸送，筋肉の収縮などはすべてエネルギーを必要とし，ATPの加水分解によりエネルギーが供給される．したがって，ATPは生体における「エネルギーの通貨」といわれる．さらに，生体はある秩序を保っている（これを恒常性あるいはホメオスタシスという）．熱力学の言葉でいえば，死ねばエントロピー増大則に従うが，生きているうちは乱雑さの指標であるエントロピーが増大することはない．すなわち，エネルギーを使って，「エントロピーを外部に捨てている」（ネゲントロピーという）．このような生物におけるエネルギーの変換について，特に熱力学の立場から説明し，ATPの生成系の代表例である酸化的リン酸化，ATP利用系の代表である筋肉収縮について述べよう．

7.2 生体の熱力学入門

運動方程式に従う物体の運動を考えてみよう．摩擦を考えなければ可逆的である．すなわち，同じ軌跡をたどって元に戻ることができる．しかし我々の経験では，コップから溢れた水が元に戻ることはないし，カップに入った温かいコーヒーは冷めるのみで，周りから温められることはない．すなわち，不可逆的な場合がほとんどである．いうまでもなく，これらの事例では，分子集団の挙動を記述するために運動方程式とは異なる別の考え方が必要であることを示している．また，次の例も考えてみよう．

例 1．水の蒸発．コップの水は室温で放置すると次第に水蒸気となる．このとき，気化熱を奪う．熱はエネルギーの一種であるという熱力学の第一法則からすると，水分子は水蒸気という高いエネルギー状態へ「自然に」変化する．なぜ，エネルギーの高い状態に変化するのか．エネルギーの低いほうが安定ではないのか．

例 2．水に砂糖を溶かすとビーカーは冷たくなる．溶けることに熱を要したためである．なぜ，わざわざエネルギーの高い状態へ変化するのか．

例 3．化学反応に吸熱反応がある．なぜ，エネルギーの高い状態へ変化するのか．

これらを理解するには，多数の分子の集まった集団（巨視的な系）に対して成立する熱力学を知る必要がある．生体現象も当然のことながら，熱力学の法則に従う．まずは簡単に，熱力学のおさらいから始めよう．詳細は物理化学の教科書を参照しよう．

7.2.1　エネルギー保存則　— 熱力学第一法則 —

1850 年頃，マイヤーMayer，ジュール Joule およびヘルムホルツ Helmholtz らによって「熱はエネルギーの一種」であるという概念が確立した．この概念は古来，人類が経験から体得していたものであり，彼等によって体系化されたといえる．その当時，力学系でのエネルギー保存則はすでに確立されていたので，熱エネルギーまで含めた広義のエネルギー保存則が確立されたことになる．これを記述するために，内部エネルギーという考え方が導入された．考える対象の分子集団を「系」とよぶ．系が外界（系以外の部分）から仕事をされたり，系に熱が流れ込んで熱エネルギーをもらったりすると，系のエネルギーが増加すると考える．系が内部にもっているエネルギーという意味で，これを内部エネルギーという．内部エネルギーUは，系全体がもつ全エネルギーから系全体としての運動エネルギーや位置のエネルギーなどを差し引いたエネルギーで，系を構成する分子の運動エネルギーや相互作用のエネルギーなどの総和から成り立っている．

熱力学第一法則はエネルギー保存則であり，内部エネルギーUの変化量 $\mathrm{d}U$ を，

$$\mathrm{d}U = \mathrm{d}Q + \mathrm{d}w \tag{7.1}$$

と表す．$\mathrm{d}Q$，$\mathrm{d}w$ は，それぞれ系が微小変化においてもらった熱量，系になされた仕事を表す．符号の約束は，系を中心に考え，系が受け取った量をプラス，出て行くとマイナスとする．仕事が体積膨張や圧縮に伴う仕事のみならば，$\mathrm{d}w$ は次のように書ける．

$$\mathrm{d}w = -p\mathrm{d}V \tag{7.2}$$

ここで，p は系の圧力であって，仕事は正確には外圧 p_{ex} を使わなければならないが，以降では $p = p_{\mathrm{ex}}$ として話を進める．体積変化が $\mathrm{d}V < 0$ ならば，系は仕事をされて体積が小さくなる（圧縮された）ことであり，$\mathrm{d}w = -p\mathrm{d}V$ は正の値である．すなわち，系の内部エネルギーは増加する（7.1 式）．状態 A から状態 B までの内部エネルギーの変化 ΔU は，次の式で表される．

$$\Delta U = U_{\mathrm{B}} - U_{\mathrm{A}} = \int \mathrm{d}U \tag{7.3}$$

（終わりの U_{B}）から（初めの U_{A}）を引いていることに注意しよう．終わりの状態 B と初めの状

態Aでのみ決まり，積分の経路に依存しない．このような関数を「状態関数」という．

生体現象をはじめとして，我々の多くの実験は大気圧のもとで行われるので，圧力は一定に保たれる．このとき，系には体積の変化がある．仕事が体積変化だけによるとすれば，(7.1) 式より，

$$\Delta U = U_B - U_A = dQ_P - p(V_B - V_A) \tag{7.4}$$

dQ_P は一定圧力（定圧，p が一定値）の条件下で系が吸収した熱量を表す．この式をよく見ると，

$$(U_B + pV_B) - (U_A + pV_A) = dQ_P \tag{7.5}$$

が成立する．そこで，$U + pV$ をひとまとめにして，熱力学量（関数）エンタルピー H を次のように定義する．

$$H = U + pV \tag{7.6}$$

こうすると，定圧の条件下では，(7.5) および (7.6) 式から，

$$dH = dQ_P \tag{7.7}$$

エンタルピーは，膨張あるいは圧縮による体積変化に伴って費やされる熱量までを考慮した状態関数であり，その変化量は一定圧力下では系がもらった熱量に等しいことがわかる．$dH < 0$ ならば発熱である．

7.2.2　孤立系におけるエントロピー増大の法則　— 熱力学第二法則 —

まず，エントロピーを導入する概要に触れよう．カルノーは，蒸気機関の効率を知るために，カルノーサイクルとよばれる断熱変化と等温変化からなる可逆的な循環過程を考察した．クラウジウスはその考え方を使い，不可逆過程では効率が下がることから，次式を導いた．

$$\int_A^B \frac{dQ_{rev}}{T} > \int_A^B \frac{dQ}{T} \tag{7.8}$$

系が状態Aから状態Bへ変化するとき，dQ_{rev} は可逆的な経路で変化したときの吸収した熱量，dQ は経路を特に指定せず変化したときの吸収した熱量である．T は温度を表す．後者の経路が可逆変化ならば，(7.8) 式において等号が成り立つ．そこで，次式でエントロピー S を定義する．

$$dS = \frac{dQ_{rev}}{T} \tag{7.9}$$

エントロピー変化 ΔS の計算は，可逆過程に沿って (7.9) 式を積分しなければならない．系がもらった熱量を単に温度で割ればよいのではないことに注意しよう．また，(7.8) 式の微分形から，

$$dS \geqq \frac{dQ}{T} \tag{7.8'}$$

もしも，系が孤立系（熱を含めたエネルギーの出入りがなく，物質の出入りもない）なら，(7.8′) 式から，

$$dS \geqq 0 \qquad \text{または} \qquad \Delta S = \int dS \geqq 0 \qquad \text{（孤立系，宇宙）} \tag{7.10}$$

「宇宙」とは，系と外界を含めた全系を表す．

孤立系ではエントロピーが増大し $dS \geqq 0$ が成り立つ．等号は可逆過程においてのみ成立し，不可逆過程では不等号となる．これが熱力学の第二法則である．この不等号のために，自然に起こる現象に方向性が生じる．孤立系で $\Delta S < 0$ になるような現象は決して起こらないのである．

7.2.3　ギブズの自由エネルギー（その 1）

ところで，(7.10) 式は極めて使いにくい．理由は，常に「宇宙」を考えなければならないからである．そこで，「系」のみを記述し，「系」の変化の方向を予測できる関数として，(7.11) 式のようにギブズの自由エネルギー G（ギブズエネルギーともいう）を定義する．

$$G = H - TS \tag{7.11}$$

今，系（sys と略す）と外界（surr と略す）からなる宇宙（univ と略す）を考えれば，第二法則から，

$$\Delta S_{\mathrm{univ}} = \Delta S_{\mathrm{sys}} + \Delta S_{\mathrm{surr}} \geqq 0 \tag{7.12}$$

定圧（p ＝一定）の条件下で，surr から sys へ熱が移動することを考えよう．surr は十分に大きいので，この熱の移動に伴って起こるその他の変化は無視できるとする（可逆過程の変化とみなす）．sys が吸収した熱量は，定圧であるので ΔH_{sys} であり，これが surr が失った熱（$-\Delta H_{\mathrm{surr}} = -T\Delta S_{\mathrm{surr}}$）である．すなわち，$\Delta S_{\mathrm{surr}} = -\dfrac{\Delta H_{\mathrm{sys}}}{T}$ から，(7.12) 式は，次のようになる．

$$T\Delta S_{\mathrm{univ}} = T\Delta S_{\mathrm{sys}} - \Delta H_{\mathrm{sys}} = -\Delta G \geqq 0$$

(7.11) 式で定義した G は，T が一定（$\Delta T = 0$）の条件下で $\Delta G = \Delta H - T\Delta S$ であることを使った．

したがって，

$$\Delta G \leqq 0 \qquad (T,\ p \text{ が一定の条件}) \tag{7.13}$$

G は「宇宙」での話ではなく，注目する「系」のみを記述する値であることを確認しておこう．生体内の化学反応では通常 T，p が一定であり，G が減少するように反応が進む．(7.13) 式は，この条件下でのあらゆる自発的な変化を記述する重要な法則となる．

$\Delta G \leqq 0$ の概念を図示しよう（図 7.1）．例えば 1 つの化学反応では，「反応前の状態」が「平衡」に向かって変化する．反応がどの程度進行したかを「反応進行度 ξ（ギリシャ文字でグザイと読む）」で表せば，G は極小値をもつ ξ を変数とする関数 $G = G(\xi)$ で表せる．こう考えると，未反応の状態（A 点）では，$\Delta G \leqq 0$ となるように反応が進み平衡に近づく（ξ が大きくなる）．B 点では $dG/d\xi = 0$ となり，反応はこれ以上進まず平衡を表す（ξ の変化が止まる）．状態 A から反応が進み，仮に平衡を通り過ぎて反応生成物が多くできた状態（C 点）では，同じように $\Delta G \leqq 0$ を満たすべく反応が逆に進み平衡に近づく（ξ は小さくなる）．結局，反応系の G は極小値を目指して変化し（$\Delta G \leqq 0$），G が極小の所（B 点）ではそれ以上の変化は起こらずに平衡を表すことになる（$dG/d\xi = 0$）．

T，p が一定の条件のもとでは，自発過程は (7.13) 式の $\Delta G = \Delta H - T\Delta S \leqq 0$ を必ず満たす．ΔH と $T\Delta S$ の符号と大小関係から $\Delta G \leqq 0$ となれば，変化は自発的に進むのである．最初に述べた例 1〜3 が自発的に起こる理由を考えてみよう．吸熱過程（$\Delta H > 0$）でエンタルピーが増

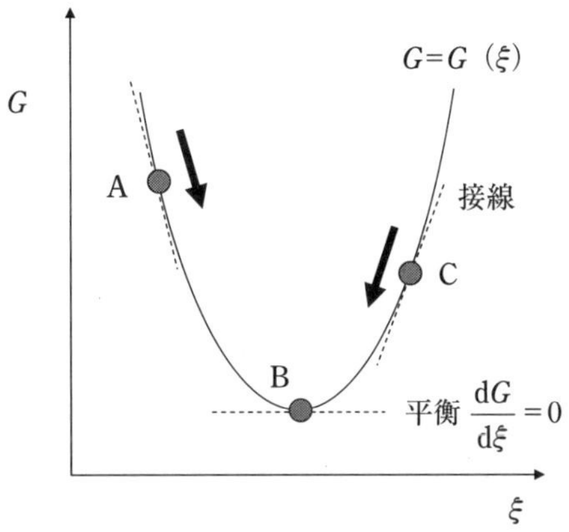

図 7.1 ギブズエネルギーの考え方

どの点でも，微分 $\mathrm{d}G/\mathrm{d}\xi$ =（接線の傾き a）から，$\mathrm{d}G$ =（傾き a）× $\mathrm{d}\xi$ と表せる．A 点では（傾き a）＜ 0 より，$\mathrm{d}G < 0$ になるためには $\mathrm{d}\xi > 0$．つまり，反応進行度 ξ は大きくなる方向へ変化する．→は，反応の進行方向を示す．同様に，C 点では（傾き a）＞ 0 から $\mathrm{d}G < 0$ となるためには $\mathrm{d}\xi < 0$．ξ は小さくなる方向に変化する．$\mathrm{d}G/\mathrm{d}\xi = 0$ となる場所（B 点）では変化が起こらず，平衡を表す．ξ は反応進行度とよばれる．

加しても，その増加を上回る $T\Delta S$ の増加があれば，ギブズエネルギー変化は負となり（$\Delta G <0$），その過程は自発的に起こる．しばしば「エントロピー駆動型」の現象と呼ばれる．エントロピーは乱雑さの指標であり，状態関数であるから，ΔS =（終わりの S）−（はじめの S）で求まる．例 1，2 では，「乱雑さ」が増加していることが理解できよう．例 3 でも乱雑さが増加しているのである．他方，乱雑さが減少しても，ΔH がそれを上回るほど負で大きければ（発熱過程），$\Delta G < 0$ であり，その過程は自発的に起こる．しばしば「エンタルピー駆動型」の現象と呼ばれる．もちろん，エントロピーが増加し，かつ発熱する場合でも，$\Delta G < 0$ となり変化は自発的に起こるが，ΔG の減少に寄与するのはエントロピーとエンタルピーの両方であり，特に呼び名はない．これらを別の表記で整理すれば，次の 3 通りが $\Delta G \leqq 0$ であり，自発過程となる．（i）$0 \leqq \Delta H \leqq T\Delta S$（吸熱的でエントロピーが増加，エントロピー駆動型），（ii）$\Delta H \leqq 0 \leqq T\Delta S$（発熱的でエントロピーが増加），（iii）$\Delta H \leqq T\Delta S < 0$（発熱的でエントロピーが減少，エンタルピー駆動型）．

7.2.4 ギブズの自由エネルギー （その 2）

次に，系が外部に向かっていくらの仕事ができるかを考えてみよう．圧力を一定に保った変化では，体積の変化が起こる．第一法則（7.2 式）によれば，体積変化は系のエネルギーの増減を伴う．体積が増加すると系は外部に仕事をするが，このエネルギーは外部から見ると膨張に消費されるだけの使えないエネルギーである．そこで，体積変化以外で外部に取り出せる有効な仕事を $\mathrm{d}w_{\mathrm{eff}}$ とし，(7.1) 式の $\mathrm{d}w$ を次のように表そう．

$$\mathrm{d}w = -p\mathrm{d}V + \mathrm{d}w_{\mathrm{eff}} \qquad (7.14)$$

これを用いると，T，p が一定という条件下では，(7.1) 式，(7.6) 式，および (7.11) 式を使っ

て，

$$dG = dH - TdS = dQ + dw_{eff} - TdS$$

より，

$$dQ - TdS = dG - dw_{eff}$$

(7.8′) 式から $dQ - TdS \leqq 0$ なので，

$$dG \leqq dw_{eff} \quad \text{または} \quad -dG \geqq -dw_{eff} \tag{7.15}$$

を得る．$-dw_{eff}$ は符号の約束から，体積変化以外に系が外部に対してすることのできる仕事量である．この最大値が $-dG$，すなわち T，P が一定の条件の下ではギブズエネルギーの減少量こそ外部に有効に取り出せるエネルギーであることがわかる（$dG < 0$ であるから $-dG$ は正の値であることに注意）．

ギブズエネルギー (7.11) 式は，エンタルピー H から TS が差し引かれた関数であることに注目して欲しい．系の内部にエネルギーがたまっていても，$-TS$ のためにそれをすべて仕事として取り出せないのである．そこで，TS は「束縛エネルギー」とよばれる．これに対応して，G に「自由エネルギーfree energy」という言葉が入っている．

ギブズエネルギーの変化量 dG は，(7.11) 式より $dG = dH - d(TS)$ であり，また，(7.6) 式，(7.1) 式，(7.9) 式から，

$$dG = Vdp - SdT \tag{7.16}$$

と表せる．G は T と p の関数 $G = G(T,\ p)$ であり，T と p が決まれば一意的に定まる状態関数である．また，G の変化 ΔG は，(7.3) 式と同様，$\Delta G = \int_A^B dG$ により計算できる．

7.2.5　化学ポテンシャル

ところで，T と p が一定の条件下で注目する系に物質が出入りする場合，つまり物質のモル数（物質量）に変化がある場合，G はどのように変化するであろうか．

モル数が n 倍になったとき，G は n 倍になるはずであるから，

$$G(T, p, n) = n\overline{G}(T, p) \tag{7.17}$$

$\overline{G}(T,\ p)$ は1モル当たりのギブズエネルギーである．(7.17) 式のように表せるとき，関数 G は示量的であるという．n モルの変化が微小な場合，G の変化率は G を n で微分して，

$$\frac{\partial G}{\partial n} = \overline{G}(T, p) \equiv \mu \qquad \text{また (7.17) 式より，} G(T, p, n) = n\frac{\partial G}{\partial n} = n\mu \tag{7.18}$$

こうして定義される μ を，「化学ポテンシャル chemical potential」という．μ は，T と p を一定に保った状態で成分が微量加わったときの系のギブズエネルギーの変化の割合を表す．また，μ は成分1モルに割り当てられたギブズエネルギーと見なすこともできる．

一般に，成分が複数ある場合（証明は省略），

$$G = n_1\frac{\partial G}{\partial n_1} + n_2\frac{\partial G}{\partial n_2} + \cdots = n_1\mu_1 + n_2\mu_2 + \cdots \tag{7.19}$$

均一系のギブズエネルギーは，各成分の化学ポテンシャルとその物質量の積の総和となる．

T，p が一定で，注目する系の物質量に変化 δ がある場合，つまり $G(n)$ が $G(n + \delta)$ となる場

合，微分の定義から

$$\lim_{\delta \to 0} \frac{G(n+\delta)-G(n)}{\delta} = \frac{\mathrm{d}G}{\mathrm{d}n} \qquad \text{つまり，} \mathrm{d}G = G(n+\delta)-G(n) = \frac{\mathrm{d}G}{\mathrm{d}n}\delta$$

微小変化量 δ を $\mathrm{d}n$ と改めて書けば，ギブズエネルギーの変化量 $\mathrm{d}G$ は，

$$\mathrm{d}G = \mu \mathrm{d}n \qquad (T,\ p\ \text{は一定において}) \tag{7.20}$$

と表せる．G や n が示量的な量（物質量に比例する量）であるのに対し，μ は量的なものは反映せず，成分の強度を表す性格をもつため，示強的な量とよばれる．

さて，ここまで述べた方法で，系のモル数（物質量）に変化がある現象がどう記述されるか見てみよう．いま，図 7.2 のように同一成分からなる濃度の異なる 2 つの系（それぞれの化学ポテンシャルを μ_1，μ_2，また $\mu_1 > \mu_2$ としよう）が，T，p が一定の下で接する場合を考えよう．2 つの系の間には濃度差が生じ，拡散により系 1 から系 2 に成分が移動するであろう．図 7.2 に示すように，移動する物質のモル数（物質量）を Δn モルとする．系 1 と系 2 のギブズエネルギーを G_1，G_2 とすれば，全系のギブズエネルギー G は，

$$G = G_1 + G_2 \tag{7.21}$$

図 7.1 のように拡散の進行度 ξ を考えれば，ξ の微小変化 $\mathrm{d}\xi$ に対する G の変化 $\mathrm{d}G$ は，

$$\begin{aligned} \frac{\mathrm{d}G}{\mathrm{d}\xi} &= \frac{\partial G_1}{\partial n_1}\frac{\mathrm{d}n_1}{\mathrm{d}\xi} + \frac{\partial G_2}{\partial n_2}\frac{\mathrm{d}n_2}{\mathrm{d}\xi} = \mu_1 \frac{\mathrm{d}n_1}{\mathrm{d}\xi} + \mu_2 \frac{\mathrm{d}n_2}{\mathrm{d}\xi} \\ &= -\mu_1 \frac{\mathrm{d}n_2}{\mathrm{d}\xi} + \mu_2 \frac{\mathrm{d}n_2}{\mathrm{d}\xi} = (\mu_2 - \mu_1)\frac{\mathrm{d}n_2}{\mathrm{d}\xi} \end{aligned} \tag{7.22}$$

ここで，$\frac{\mathrm{d}n_1}{\mathrm{d}\xi}$ と $\frac{\mathrm{d}n_2}{\mathrm{d}\xi}$ は進行度 ξ に対する n_1，n_2 の変化量であり，また系 1 と系 2 はつながっているから，$-\frac{\mathrm{d}n_1}{\mathrm{d}\xi} = \frac{\mathrm{d}n_2}{\mathrm{d}\xi}$ と表せることを使った．

この移動が完了して平衡に達するなら，どんな変化率 $\frac{\mathrm{d}n_2}{\mathrm{d}\xi}$ でも $\frac{\mathrm{d}G}{\mathrm{d}\xi} = 0$ が成立することより，

$$\mu_1 = \mu_2 \tag{7.23}$$

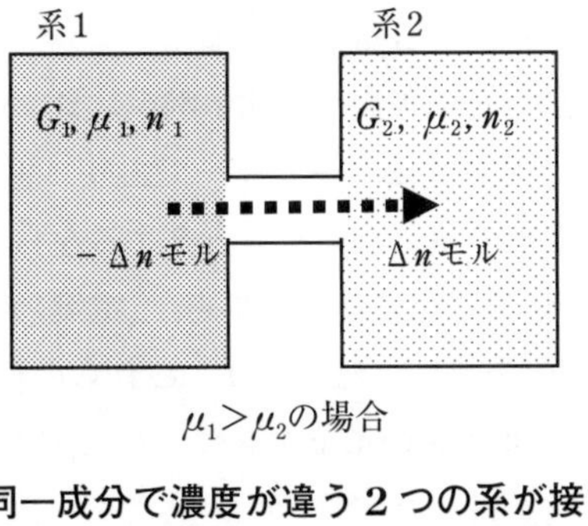

図 7.2　同一成分で濃度が違う 2 つの系が接する場合

同じ物質でも，状態が異なれば化学ポテンシャルの値は異なる．G はギブズエネルギー，μ は化学ポテンシャル，n はモル数（物質量）を表す．拡散により高濃度側から低濃度側に向かって物質が広がり，やがて平衡に達する．拡散では，化学ポテンシャル差に比例して，物質は移動する．

すなわち，平衡において化学ポテンシャルは等しくなってつり合う．

一方，平衡に達するまでに費やすギブズエネルギー変化ΔGは，（7.22）式を積分して，

$$\Delta G = \int \frac{dG}{d\xi} d\xi = \int (\mu_2 - \mu_1) \frac{dn_2}{d\xi} d\xi = (\mu_2 - \mu_1)\, \Delta n \tag{7.24}$$

ここで，$\int dn_2 = \Delta n$を使った．結果は，（7.20）式で与えられる系1と系2の変化の和$dG_1 + dG_2$と等しいことも確認しよう．定義（$\mu_1 > \mu_2$）から$\Delta G < 0$であり，この拡散は自発的に進むことがわかる．またΔGは，（化学ポテンシャル差$\Delta\mu$）に（移動した物質のモル数（物質量））を乗じて求まることも覚えておこう．後々これが，仕事として取り出せるエネルギーとして活躍する．

化学ポテンシャルを使って色々な現象を解析する場合，濃度を含んだ化学ポテンシャルの表現式が必要である．成分のモル濃度がcの希薄溶液の場合，化学ポテンシャルμは，

$$\mu = \mu^{\ominus} + RT \ln c \tag{7.25}$$

と与えられる．$\mu^{\ominus}$は成分濃度が$c = 1$のときの化学ポテンシャルであり，標準状態の化学ポテンシャルと呼ばれる（$c = 1$の溶液が調製できない場合でも$c = 1$を想定して$\mu^{\ominus}$を定義する．詳しくは物理化学のテキストを参照しよう）．

化学ポテンシャルをイオンに対して用いる場合，電気的なエネルギーも考慮しなければならない．そこで，（7.26）式に定義される「電気化学ポテンシャル」を使う．電気化学ポテンシャルは，通常，化学ポテンシャルμの上にバーを付けて表し，

$$\bar{\mu}_A = \mu_A + z_A F \psi \tag{7.26}$$

ここで，z_AはイオンAの電荷，Fはファラデー定数（F = 電気素量×アボガドロ数），ψは電位である．例えば，水素イオン（プロトン）の電気化学ポテンシャルは，＋1価のイオンであるから，（7.25）式も使えば，

$$\begin{aligned}\bar{\mu}_{H^+} &= \mu^{\ominus}{}_{H^+} + RT \ln[H^+] + F\psi \\ &= \mu^{\ominus}{}_{H^+} - RT \times 2.3 \times \mathrm{pH} + F\psi\end{aligned} \tag{7.27}$$

となる．ここで，$\mathrm{pH} = -\log[H^+]$の関係を使った．上述の拡散の例のように（図7.2参照），2か所に分かれたプロトンに$\bar{\mu}_{H+}$の差があるなら，（7.24）式に現れるように，その差$\Delta\bar{\mu}_{H^+}$がプロトン移動の方向や大きさを決める重要な量となる．

$$\Delta\bar{\mu}_{H^+} = \bar{\mu}_{H^+(2)} - \bar{\mu}_{H^+(1)} = \Delta\mu_{H^+} + F\Delta\psi \tag{7.28}$$

（7.20）式に示したΔG =（移動したモル数）×（化学ポテンシャル）は，（7.24）式からもわかるように，成分が移動する際に系が放出するエネルギーであり，生体エネルギー論で重要な概念となる．なお，「示量変数と示強変数の積」という見方をするならば，この他にも熱力学関数に含まれる（体積変化）×（圧力）は体積変化に伴う仕事を，（電流）×（電圧）は電気的仕事を表すなど，いずれも（示量変数）×（示強変数）の形であり，これらの積の形でエネルギーを表す．（エントロピー変化）×（温度）もエネルギーの単位をもつことに注意しよう．

7.2.6　化学平衡

系で化学変化が生じる場合，反応や平衡はどう記述できるであろうか．例えば，希薄溶液にお

いて，4 種の物質 A，B，C，D が，

$$aA + bB \longrightarrow cC + dD \tag{7.29}$$

の変化をする場合を考える．ここで，A，B，C，D は反応に関与する化学種を表し，a，b，c，d は化学反応式の係数を表している．系全体には 4 種の物質が含まれるので，A，B などのギブズエネルギーを G_A，G_B などと表記し，系のギブズエネルギーを $G = G_A + G_B + G_C + G_D$ と表せば，(7.21) 式以降と同じ議論ができる．反応進行度 ξ による微分を考えると，

$$\frac{dG}{d\xi} = \frac{\partial G_A}{\partial n_A}\frac{dn_A}{d\xi} + \frac{\partial G_B}{\partial n_B}\frac{dn_B}{d\xi} + \frac{\partial G_C}{\partial n_C}\frac{dn_C}{d\xi} + \frac{\partial G_D}{\partial n_D}\frac{dn_D}{d\xi}$$

$$= \mu_A\frac{dn_A}{d\xi} + \mu_B\frac{dn_B}{d\xi} + \mu_C\frac{dn_C}{d\xi} + \mu_D\frac{dn_D}{d\xi}$$

ここで $\dfrac{dn_A}{d\xi}$ は，変化 $d\xi$ における物質 A のモル量の変化であるから，反応式 (7.29) 式の係数で関係づけられる．つまり，反応が右に進み $\dfrac{dn_A}{d\xi} = -a$ であるなら，$\dfrac{dn_B}{d\xi} = -b$，$\dfrac{dn_C}{d\xi} = c$，$\dfrac{dn_D}{d\xi} = d$ である．したがって，

$$\frac{dG}{d\xi} = -(a\mu_A + b\mu_B) + (c\mu_C + d\mu_D) \tag{7.30}$$

再び，平衡では $\dfrac{dG}{d\xi} = 0$ から，次の式が導かれる．

$$a\mu_A + b\mu_B = c\mu_C + d\mu_D \tag{7.31}$$

(7.31) 式は見かけ上，反応式 (7.29) 式とよく対応する．また，(7.29) 式が平衡に達したときを想定すると，A が a モル，そして B が b モルある混合物の G と，C が c モル，そして D が d モルある混合物の G が等しい，または，左辺から右辺への反応を考えたときの $\Delta G = 0$ とした関係式であることも理解できる．

一般に，平衡に達する前の任意の状態の G は，反応によって次の ΔG の変化をする．

$$\Delta G = -(a\mu_A + b\mu_B) + (c\mu_C + d\mu_D) \tag{7.32}$$

ここに (7.25) 式を使えば，そのときの成分濃度を[A]，[B]などと書いて，

$$\Delta G = \Delta G^{\ominus} + RT\ln\frac{[C]^c[D]^d}{[A]^a[B]^b} \tag{7.33}$$

平衡ならば $\Delta G = 0$ より，よく知られた平衡定数 K の次の関係式 (7.34) 式が導出される．

$$\Delta G^{\ominus} = -RT\ln K \tag{7.34}$$

$\Delta G^{\ominus}$ は化学反応式 (7.29) 式の右辺，左辺の化合物が標準状態にあるときの，右辺の G から左辺の G を引いたものである．これを標準自由エネルギー変化という．

7.2.7　共役反応

位置エネルギーをもつ水は流れ落ちる際に水車を回す．力学的には水の位置エネルギーが水車の回転エネルギーに「変換」される事例だが，本来自発的に回るはずのない水車が，他のエネルギーの消費により，エネルギー変換のロスはあるものの，両者をあわせると安定な方向に無理な

く進む．生体反応でも同様なことが起こっている．

例えば，解糖の第1段階はグルコースからグルコース 6-リン酸への変換である．

$$グルコース + HPO_4^{2-} \longrightarrow グルコース\ 6\text{-}リン酸 + H_2O$$

$$\Delta G^{\ominus}_{グルコース} = 13.8\,\mathrm{kJ\,mol^{-1}}$$

この反応の$\Delta G^{\ominus}$は，実は正で 13.8 kJ mol^{-1} である．(7.34) 式からわかるように，平衡定数Kは非常に小さな値となり，この反応は自然には起こらない．しかし，解糖の第一段階として起こるのはどうしてであろうか？　理由は，ATP の加水分解と共役しているからである．

$$ATP^{4-} + H_2O \longrightarrow ADP^{3-} + H^+ + HPO_4^{2-}$$

$$\Delta G^{\ominus}_{ATP} = -30.5\,\mathrm{kJ\,mol^{-1}} \tag{7.35}$$

前述のように，自発的に進む変化は必ず$\Delta G < 0$となっている（あるいは，ならねばならない）．この例では，$\Delta G^{\ominus}_{グルコース} + \Delta G^{\ominus}_{ATP} < 0$になっている．つまり，これら2つの反応が組み合わさり，「共役」して，次の反応が進む．

$$グルコース + ATP^{4-} \longrightarrow グルコース\ 6\text{-}リン酸 + ADP^{3-} + H^+$$

$$\Delta G^{\ominus} = -16.7\,\mathrm{kJ\,mol^{-1}}\ (= \Delta G^{\ominus}_{ATP} + \Delta G^{\ominus}_{グルコース})$$

このように，一般的にいえば，反応1と反応2があって，$\Delta G_1 > 0$で本来は自然に起こらない反応であっても，反応2と共役して，次の (7.36) 式の関係が成立すれば，反応1が起こる．このような現象を「共役反応」という．

$$\Delta G_1 + \Delta G_2 \leqq 0 \tag{7.36}$$

7.3 節では，生体におけるエネルギー変換の例として，酸化的リン酸化を述べる．このリン酸化反応は，有機化合物を酸素分子で酸化してその時のエネルギーを利用して ATP を ADP から合成する．ATP の合成は (7.35) 式の逆反応で，$\Delta G^{\ominus} = 30.5\,\mathrm{kJ\,mol^{-1}}$ と大きな正の値であるが，酸化反応から生じる大きな負のΔGと「共役する」ことにより，ATP の合成が進む．

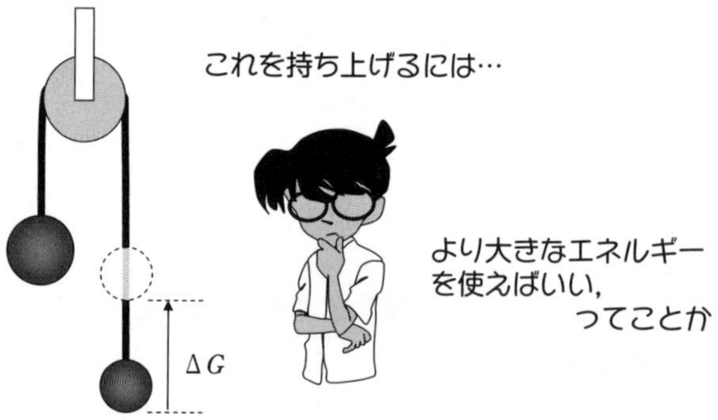

図 7.3　共役

7.3　酸化還元電位

化学反応で電子の移動を伴う反応は酸化還元反応とよばれている．生体内でも多くの酸化還元反応が生じており，これらは生体の維持に重要な働きをする．酸化されるとは電子（e^-）を失うことである．例えば次の化学反応式，

$$Zn \longrightarrow Zn^{2+} + 2e^- \tag{7.37}$$

において Zn が Zn^{2+} になるので，「Zn は酸化された」という．また，電子を失った Zn^{2+} は「酸化型」であり，Zn は「還元型」であるともいわれる．逆に還元されるとは，電子を得ることであるので，

$$Cu^{2+} + 2e^- \longrightarrow Cu \tag{7.38}$$

の反応では，「Cu^{2+} は還元されて Cu になる」といわれる．ところで，高等学校でイオン化傾向を学習したが，それによると，Zn > Cu である．すなわち，Zn の方がイオンになりやすいので，Zn^{2+}/Zn と Cu^{2+}/Cu の 2 つの酸化還元（レドックス redox, reduction-oxidation の略）対を同一溶液に入れると，(7.37)，(7.38) 式の反応が進み，結果として (7.39) 式となる．

$$Zn + Cu^{2+} \longrightarrow Zn^{2+} + Cu \tag{7.39}$$

酸化還元反応 redox reaction の起こる方向を予測する一般的な方法はないであろうか？　電子をやりとりする「向き」や「大きさ」があるなら，(7.37) 式と (7.38) 式に共通に現れる電子に「ポテンシャル」の考え方が使えるのでは，と気がつく．(7.37) 式の電子はポテンシャルが高く，(7.38) 式の電子はそれよりもポテンシャルが低い，つまり，(7.37) 式の電子がポテンシャル差に従って (7.38) 式の電子に「流れて」，結果として (7.39) 式が起こると考えるのである．

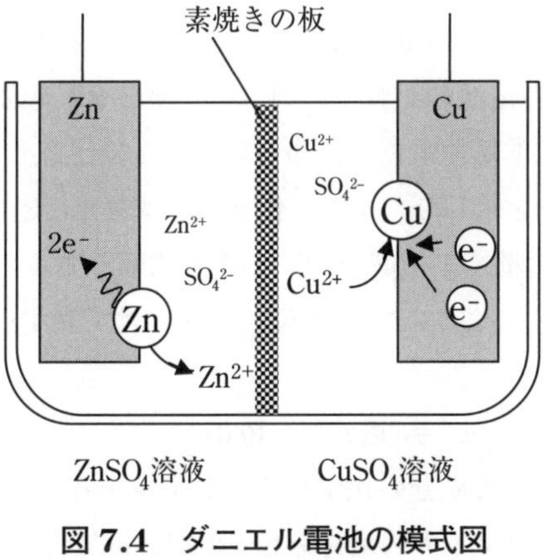

図 7.4　ダニエル電池の模式図

金属 Zn では電子が余り，金属 Cu では電子が足らなくなる反応が起こる．両者を導線でつなげば，電流が流れる．電子は，(7.37) 式の反応から (7.38) 式の反応へ，つまり金属 Zn から金属 Cu へ導線を伝わって移動する．電流は電子の流れの逆向きであるから，金属 Cu がプラス極となる．

表 7.1　代表的な化合物の標準還元電位

酸化型	還元型	n	$E^{\ominus\prime}$ (V)
Succinate + CO_2	α-Ketoglutarate	2	− 0.67
Acetate	Acetaldehyde	2	− 0.60
Ferredoxin（酸化型）	Ferredoxin（還元型）	1	− 0.43
$2H^+$	H_2	2	− 0.42
NAD^+	$NADH + H^+$	2	− 0.32
$NADP^+$	$NADPH + H^+$	2	− 0.32
Lipoate（酸化型）	Lipoate（還元型）	2	− 0.29
Glutathione（酸化型）	Glutathione（還元型）	2	− 0.23
FAD	$FADH_2$	2	− 0.22
Acetaldehyde	Ethanol	2	− 0.20
Pyruvate	Lactate	2	− 0.19
Fumarate	Succinate	2	0.03
Cytochrome b（+3）	Cytochrome b（+2）	1	0.07
Dehydroascorbate	Ascorbate	2	0.08
Ubiquinone（酸化型）	Ubiquinone（還元型）	2	0.10
Cytochrome c（+3）	Cytochrome c（+2）	1	0.22
Fe（+3）	Fe（+2）	1	0.77
$\frac{1}{2}O_2 + 2H^+$	H_2O	2	0.82

$E^{\ominus\prime}$ は，pH7，25℃における標準還元電位を，n は移動する電子数を表す．
（ストライヤー「生化学」第5版より）

この「電子が流れる」ということは電池を連想させる．事実，図7.4のような電池（ダニエル電池）を組めば，2つの電極（金属）間に電流が流れる．両電極間に電位差計をつないだとき（電流は流さない）の電位差は，電子がその両金属のポテンシャル差に従って流れようとする力であると理解できよう．そこで，この電位差を起電力 electromotive force（emf）という．

図7.4からわかるように，電池は2つの電極が溶液に浸かったもの（それぞれ，半電池という）からなる．そして半電池の溶液は，電気的にはつながっているが，互いに混じり合わないようになっている．ダニエル電池は，形式的に（7.40）式のように書かれる．

$$\mathrm{Zn} \mid \mathrm{Zn^{2+}} \parallel \mathrm{Cu^{2+}} \mid \mathrm{Cu} \qquad (7.40)$$

「右 right で還元 reduction」の電池の記載の法則（いわゆる RR 規則），および水素イオン（プロトン）の還元を基準として標準電極電位が決められることに注意しよう．表7.1に，代表的な標準電極電位（標準還元電位）を示した．また，化学反応は還元反応で表すことに決められている．生体反応では，プロトンの活量 = 1（pH = 0）を標準状態とするのはあまりにも不自然なので，pH = 7 を標準状態とし，$E^{\ominus\prime}$ のようにプライム（′）をつけて表す．

一般に，還元反応において

$$(\text{酸化型, Ox}) + ne^- = (\text{還元型, Red}) \qquad (7.41)$$

という平衡が成り立つならば，各成分の化学ポテンシャルを考え，化学平衡の（7.31）式が成立するであろう．ただし，電子はマイナス電荷をもつので，電気化学ポテンシャルを考えねばならない．金属中ならばともかく電子の化学ポテンシャルを考えてもよいのか，また電子の標準状態は何なのか等の詳細な解説は省くが，定性的な理解のために電子の電気化学ポテンシャルを（7.42）式のように表そう．

$$\mu_e = -FE \tag{7.42}$$

E は電位，F はファラデー定数である．右辺にマイナスが付くのは，電子が 1 価のマイナス「イオン」であるからである．ダニエル電池の例でみたように電池に電位が生じることを考えれば，μ_e が E と関連づけられる意味もわかるであろう．こうすると，電極電位 E が大きいことは（例えば，表 7.1 の O_2)，問題とする Redox 対の電子の電気化学ポテンシャル μ_e が低く（大きなマイナスの値)，他の Redox 対から電子が流れ込むことを意味する．この場合，自身では還元が進み，他を酸化する．すなわち，O_2 は酸化剤である．

さて，(7.41) 式に対応する平衡の式は，(7.31) 式の考え方に (7.25) 式を使い

$$\mu^{\ominus}(\mathrm{Ox}) + RT\ln[\mathrm{Ox}] + n\mu_e = \mu^{\ominus}(\mathrm{Red}) + RT\ln[\mathrm{Red}]$$

さらに，(7.42) 式を使えば，

$$E = \frac{\mu^{\ominus}(\mathrm{Ox}) - \mu^{\ominus}(\mathrm{Red})}{nF} + \frac{RT}{nF}\ln\frac{[\mathrm{Ox}]}{[\mathrm{Red}]} = E^{\ominus} + \frac{RT}{nF}\ln\frac{[\mathrm{Ox}]}{[\mathrm{Red}]} \tag{7.43}$$

が得られる．$E^{\ominus}$ は表 7.1 に表される標準電極電位（標準還元電位）である．

(7.43) 式を使って，電池（7.40 式）の起電力 emf を計算してみよう．電池の書き方の規則に従って，emf = E(right) − E(left) を計算すればよい．

$$\mathrm{emf} = \left\{E^{\ominus}(\mathrm{Cu^{2+}/Cu}) + \frac{RT}{2F}\ln\frac{[\mathrm{Cu^{2+}}]}{[\mathrm{Cu}]}\right\} - \left\{E^{\ominus}(\mathrm{Zn^{2+}/Zn}) + \frac{RT}{2F}\ln\frac{[\mathrm{Zn^{2+}}]}{[\mathrm{Zn}]}\right\}$$

$$= E^{\ominus}(\mathrm{Cu^{2+}/Cu}) - E^{\ominus}(\mathrm{Zn^{2+}/Zn}) + \frac{RT}{2F}\ln\frac{[\mathrm{Cu^{2+}}]}{[\mathrm{Zn^{2+}}]}$$

$$= 1.100(\mathrm{V}) + \frac{RT}{2F}\ln\frac{[\mathrm{Cu^{2+}}]}{[\mathrm{Zn^{2+}}]}$$

ここで，$E^{\ominus}(\mathrm{Cu^{2+}/Cu}) = 0.337\,\mathrm{V}$，$E^{\ominus}(\mathrm{Zn^{2+}/Zn}) = -0.763\,\mathrm{V}$，また Cu や Zn は固体であるので，$[\mathrm{Cu}] = [\mathrm{Zn}] = 1$ とした．

もう 1 つの方法で，電池（7.40 式）の起電力 emf を計算してみよう．Cu の半電池では，(7.38) 式の平衡が成り立つと考えれば，再び (7.31) 式の考え方と (7.42) 式を使って，

$$\mu(\mathrm{Cu^{2+}}) + [-2FE(\mathrm{Cu^{2+}/Cu})] = \mu(\mathrm{Cu})$$

同様に，Zn の半電池では次式が成立する．

$$\mu(\mathrm{Zn}) = \mu(\mathrm{Zn^{2+}}) + [-2FE(\mathrm{Zn^{2+}/Zn})]$$

これらから，

$$\mathrm{emf} = E(\mathrm{Cu^{2+}/Cu}) - E(\mathrm{Zn^{2+}/Zn}) = -\frac{\{\mu(\mathrm{Zn^{2+}}) + \mu(\mathrm{Cu})\} - \{\mu(\mathrm{Zn}) + \mu(\mathrm{Cu^{2+}})\}}{2F}$$

となる．右辺の分子は，とりもなおさず，(7.39) 式の化学反応の $-\Delta G$ である．すなわち (7.32) 式の形式を参考にすれば $\mathrm{emf} = \dfrac{-\Delta G}{2F}$ となる．これから，電池の起電力と対応する化学反応の関係が次の (7.44) 式で表せることがわかる．

$$nF \times (\mathrm{emf}) = -\Delta G \tag{7.44}$$

(7.44) 式は，2 つの Redox 対による酸化還元反応から取り出せるエネルギーを表している．emf = E(right) − E(left) ＞ 0 ならば，ΔG ＜ 0 なので，対応する化学反応は自然に起こる．

7.4　酸化的リン酸化

ミトコンドリアでの呼吸による ATP の合成，すなわち分子状酸素による有機化合物の酸化に伴う ΔG の減少が ATP の合成に使われる現象を学ぼう（これは共役反応の 1 つである）．電子伝達系（呼吸鎖）とよばれる膜酵素が媒介することにより，電子がそのポテンシャルの高い状態（標準電極電位がマイナスで大きな値）から低い状態（標準電極電位がプラスで大きな値）へ流れる．そこで放出されたギブズエネルギー $\Delta G_{\text{呼吸}}$ を，これらの酵素群がエネルギー変換してプロトン（水素イオン）の能動輸送に変える．こうしてできる膜を隔てたプロトンの電気化学ポテンシャルの差 $\Delta\bar{\mu}_{H^+}$ を駆動力として，ATP の合成が行われる（酸化的リン酸化）．大きなポテンシャルエネルギーをもった電子（還元剤）は TCA サイクルから供給される．

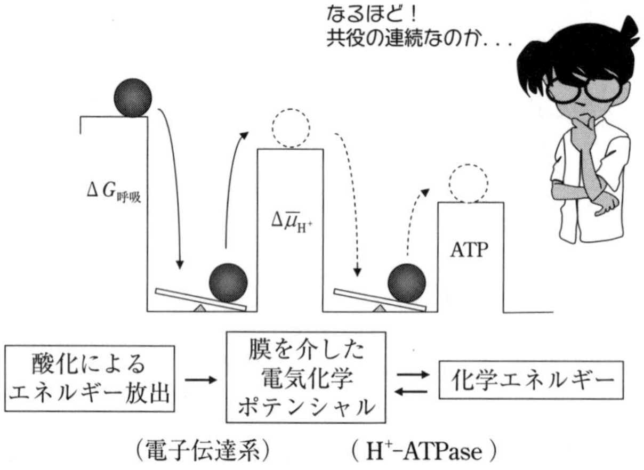

図 7.5　酸化的リン酸化

7.4.1　ミトコンドリアの形状

ミトコンドリアは細胞内小器官（オルガネラ）の 1 つである．模式図を図 7.6 に示す．ヒョウタンのような長い形をしており，糸状体，糸粒体ともいわれる．高等動植物の 1 細胞当たり 100〜2000 個ほど含まれ，2 つの膜構造からなり，それぞれ外膜，内膜とよばれる．外膜は溶質を透過させる孔が多く，物質透過の妨げにはならないようになっている．また，内膜はクリステとよばれる多くのひだが形成されていて，大きな表面積をもつ．酸化還元反応をつかさどる酵素（電子伝達系，呼吸鎖）が密に存在し，タンパク質と脂質の比率が大きな膜である．キノコ状に内膜から突き出しているタンパク質が ATP 合成酵素であり，H^+-ATPase とよばれる．内膜で囲まれた空間はマトリックスとよばれ，TCA 回路や β 酸化の諸酵素が含まれる．また，ATP/ADP 交換輸送体により，細胞質内から ADP を取り込み，マトリックスから ATP を細胞質側へ出す．

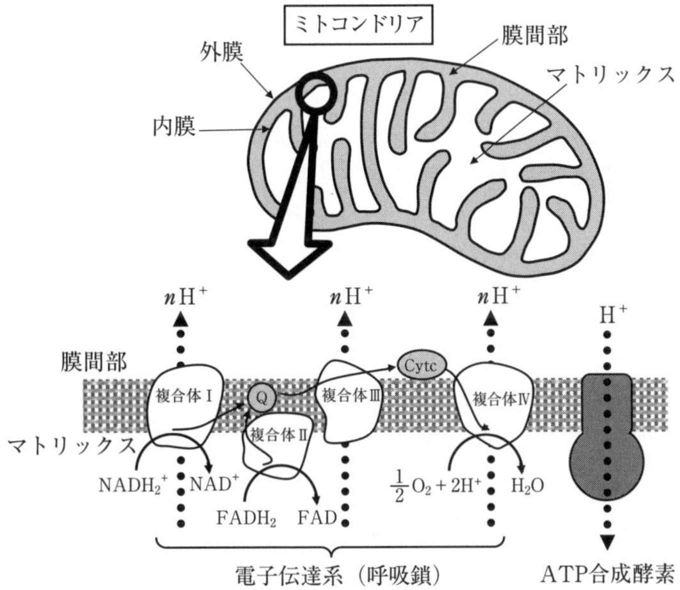

図 7.6　ミトコンドリアと内膜酵素の模式図

Q は補酵素 Q（コエンザイム Q）を，Cytc はシトクロム c を表す．これら補酵素が，複合体 I から Ⅳ への電子伝達をする．電子の流れは ──▶ で，プロトンの流れは …▶ で表した．呼吸鎖によるプロトン輸送の実体は未解明の部分もあるので，輸送の数は n と記した．

7.4.2　ATP の合成機構解明の歴史

呼吸鎖の酸化還元反応と ATP の合成が共役した「酸化的リン酸化（ADP がリン酸化されて ATP になる）」が起こっていることを最初に示したのは，1951 年のレーニンジャーである．ミトコンドリアでは，どのような機構で ATP が合成されるのであろうか？

酸化的リン酸化の流れを「$\Delta G_{呼吸} \rightarrow \Delta \bar{\mu}_{H^+} \rightarrow$ ATP 合成」と書いたが（図 7.5），呼吸鎖で得られた $\Delta G_{呼吸}$ がどのようにして酸化的リン酸化に利用されるのかについては，歴史的には大きく分けて 2 つの説が提案されてきた．1 つは，電子伝達の結果として反応性の高い中間体が形成され，その中間体分解の際に ADP にリン酸が渡され ATP が合成されるとした「化学共役説」，もう 1 つは，$\Delta G_{呼吸}$ がマトリックスから膜間部へプロトンを汲み出し，ミトコンドリア内膜を介して形成するプロトンの電気化学ポテンシャル差 $\Delta \bar{\mu}_{H^+}$ を利用するとした「化学浸透共役説（化学浸透説 chemi-osmotic theory）」である．当初は化学共役説が期待されていた．高エネルギー中間体は，解糖系でも活躍するからである．しかし多くの研究にもかかわらず，高エネルギー中間体の証拠は見つからなかった．一方，化学浸透共役説も，なかなか受け入れられなかった．当時，生化学者の多くが生命現象を物質の変化で考えていたため，物理的な $\Delta \bar{\mu}_{H^+}$ を利用するという，その斬新な考え方を理解できなかったのである．また，ATP 合成には，$\Delta G^{\ominus\prime} = +30.5\,\mathrm{kJ\,mol^{-1}}$ が最低必要であり，これをプロトン勾配から得るにはミトコンドリア膜内外に 3 以上の pH 差が必要と計算されたことにもよる．つまり，ミトコンドリア内がpH 7ならば，外側はpH 4でなければならない．しかし，そんなはずはない，というのが彼ら生化学者の反論であった．実験では，

(1) 電子伝達系によりミトコンドリア内膜を介した$\Delta \bar{\mu}_{H^+}$が形成される，

(2) ミトコンドリア内膜は，H^+，OH^-，K^+，Cl^-などのイオンに対して不透過であり，人為的に透過性を上げるとATP合成を阻害する，

(3) 酸化的リン酸化は無傷の閉じたミトコンドリア内膜を必要とする，

(4) ミトコンドリア内膜に人為的に$\Delta \bar{\mu}_{H^+}$をつけるとATPがつくられる，

などが示された．中でも（3）は化学共役説では全く説明がつかず，また（4）に至っては化学浸透共役説の直接的証拠であったため，徐々に化学浸透共役説（1961年，Mitchell）が認められてきた．生化学者たちが反論したΔpH = 3の問題も，膜電位を考えることで解決した．つまり，膜を介してイオンが移動するなら電位差を生じるし，また（7.28）式で表されるプロトンの電気化学ポテンシャル差$\Delta \bar{\mu}_{H^+}$も生じるのである（後述の（7.46）式も参照）．

Mitchellは，ミトコンドリアの懸濁液にpH電極を挿入し，呼吸により外液のpH変化が起こることを観測した．プロトンがどこから来るかの疑問に対しては，普通は膜表面で化学反応が起こり，プロトンが放出されると考えるであろう．しかし彼は，膜を横切って来ると考えた．おそらく，Na^+, K^+-ATPaseのことを参考にしたのではないかと思われる．この酵素は，ATPの加水分解により，Na^+を細胞内から外へ，K^+を外から内へ輸送する．すなわち，化学反応（ATPの加水分解）からイオンの輸送が起こるのである．それならば逆に，イオンの輸送がATPの合成という化学反応を引き起こしてもよいのではないか，という発想である．時代を先取るこの閃きはノーベル賞につながった．

7.4.3　電子伝達系（呼吸鎖）

電子伝達系はミトコンドリア内膜にあり，図7.6に示すように複合体Ⅰ～Ⅳから成る．一連の酸化反応が起こる過程でマトリックス側から膜間部へおよそ10個のプロトンが輸送される．電子伝達の酵素の詳細やプロトンを移動する機構については，生化学の教科書を参照しよう．

電子伝達系でどれほどのエネルギーが生み出されるかを示そう．はじめの基質$NADH_2^+$から$\frac{1}{2}O_2$までの2電子の移動は，

$$NADH + H^+ + \frac{1}{2}O_2 \longrightarrow NAD^+ + H_2O \tag{7.45}$$

である．ここで，表7.1より

$$NAD^+ + H^+ + 2e^- \longrightarrow NADH \qquad E^{\ominus\prime}_{NAD^+} = -0.32\,V$$

$$\frac{1}{2}O_2 + 2H^+ + 2e^- \longrightarrow H_2O \qquad E^{\ominus\prime}_{O_2} = +0.82\,V$$

（7.45）式の$E^{\ominus\prime}$は$+0.82-(-0.32) = 1.14\,V$となる．この際の標準自由エネルギー変化$\Delta G^{\ominus\prime}$は，（7.44）式より，

$$\begin{aligned}\Delta G^{\ominus\prime} &= -nF\Delta E^{\ominus\prime} = -2(9.65\times10^4\,C\,mol^{-1})(1.14\,V)\\ &= -220\,kJ\,mol^{-1}\end{aligned}$$

このエネルギーが，プロトンをマトリックスから膜間部へ汲み出すのに使われる．注目すべきは，酸素が大きな正の標準電極電位をもつことである（表 7.1）．つまり，酸素は電子をあらゆるものから受け取る（酸化する）ことができ，その正の大きな標準電極電位のために emf が大きくなり，大きな ΔG の発生が望める．すなわち，生物は酸素を使うことで，大きなエネルギーを得ることができるようになったのである．

電子伝達系（呼吸鎖）によるプロトン移動の結果，ミトコンドリア内膜を介してプロトンの化学ポテンシャル差 $\Delta\mu_{H^+}$ が生じ，また膜を隔てた電荷の偏りは電気ポテンシャル差 $\Delta\psi$（内側が負）を生じる．この 2 つのポテンシャル差の和がプロトンの電気化学ポテンシャル差 $\Delta\bar{\mu}_{H^+}$ であり，

$$\begin{aligned}\Delta\bar{\mu}_{H^+} &= \Delta\mu_{H^+} + F\Delta\psi \\ &= RT\ln\frac{[H^+]_{in}}{[H^+]_{out}} + F\Delta\psi \\ &= RT(2.3)\log\frac{[H^+]_{in}}{[H^+]_{out}} + F\Delta\psi \end{aligned} \tag{7.46}$$

よく見れば，（7.28）式のかたちになる．$\Delta\bar{\mu}_{H^+}$ は膜を介してプロトン流をつくる駆動力としての意味をもつことになる．

また，電子を動かす力を emf と呼んだのに対し，$\Delta\bar{\mu}_{H^+}/F$ はプロトン駆動力 proton-motive force（PMF）とよばれる．外から内への pH 勾配を ΔpH と書けば，T = 298K（25℃）のもとで，

$$\begin{aligned}\mathrm{PMF} &= 2.3\frac{RT}{F}\log\frac{[H^+]_{in}}{[H^+]_{out}} + \Delta\psi \\ &= -0.059(\mathrm{V})\,\Delta\mathrm{pH} + \Delta\psi \end{aligned} \tag{7.46$'$}$$

（7.46′）式は電圧の単位で表される．ミトコンドリア内膜の PMF は約 − 220 mV であるが，これは膜電位が − 160 mV，pH 勾配が 1 pH 単位程度と知っておこう．（7.46′）式によれば ΔpH が 1 のとき − 0.059 V，すなわち約 − 60 mV に相当する．ここに膜電位が足され，PMF は約 − 220 mV となる．

7.4.4　H^+-ATPase は回転する

ATP 合成酵素（F_0F_1-ATPase，一般に F 型 ATPase ともよばれる）は，ミトコンドリア内膜を貫く F_0 サブユニットと，それに結合してマトリックス側に突き出た F_1 サブユニットからなる（図 7.7）．F_0 はプロトンチャネルを形成する．一方，F_1 は 120 度の回転対称構造をとり，ATP 合成酵素としての触媒部位が 3 か所ある．F_0 を通って，膜間部からマトリックスにプロトンが流れるとき，F_0 と F_1 をつなぐ γ とよばれるサブユニットが回転することが最近わかった（γ は 1 プロトンの流入で 120 度回転する）．γ は回転軸まわりに非対称な構造をもっているので，γ 鎖の回転が F_1 の 3 か所の触媒部位と順次接触し，その構造を「何も結合しない構造」→「ADP 結合型」→「ATP 結合型」と変化させる．触媒部位は段階的にこの変化をくりかえして，ADP + Pi ⟶ ATP の合成を行う．このサイクル 1 回転には 3 個のプロトン流入が必要であり，化学量論的には $3H^+$/ATP となる．

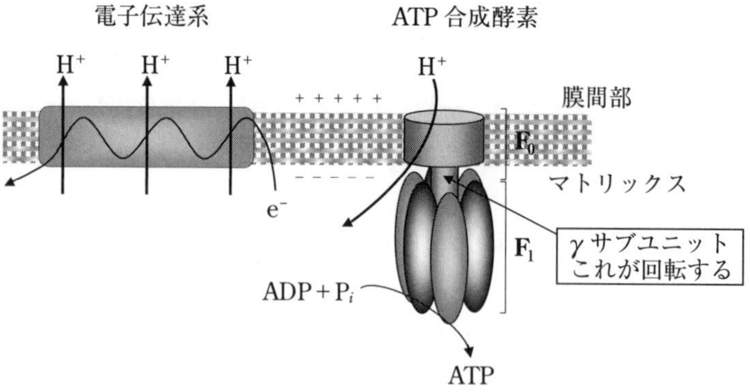

図 7.7　H^+-ATPase による ATP 合成

膜表面に書いた（＋＋＋）と（－－－）は，膜電位を表す．電子伝達系で膜間部に運ばれたプロトンは，電気化学ポテンシャル差に従って，F 型 ATPase を通ってマトリックスに再流入する．

H^+-ATPase は，流入するプロトンのギブズエネルギーの消費と共役して ATP を合成する．流入するプロトンが放出するエネルギー ΔG_t は，n モル流入の場合，(7.24) 式より

$$\Delta G_t = n\Delta\bar{\mu}_{H^+} = nF \times (\mathrm{PMF}) = -63.4\,\mathrm{kJ\,mol^{-1}} \tag{7.47}$$

ここで，PMF = −220 mV = −0.22 V，ATP を 1 mol 合成のために必要なプロトンは $n = 3$ とした（$\Delta G_t < 0$ であることに注意）．

一方，ATP の合成に伴う自由エネルギー変化 ΔG_P は，(7.33) 式より，

$$\Delta G_P{}' = \Delta G_P{}^{\ominus\prime} + RT\ln\frac{[\mathrm{ATP}]}{[\mathrm{ADP}][\mathrm{P}_i]} \tag{7.48}$$

ただし，$\Delta G_P{}^{\ominus\prime} = +30.5\,\mathrm{kJ\,mol^{-1}}$

これらが自発的に進む条件は，エネルギー共役して進行する (7.36) の条件式より，

$$\Delta G_{total} = \Delta G_P{}' + \Delta G_t < 0 \tag{7.49}$$

ATP 合成の $\Delta G_P{}^{\ominus\prime}$ が + 30.5 kJ mol^{-1} であることを考えれば，(7.49) 式は十分満たされ，ΔG_t との共役で ATP がつくれると期待できる．実際，[ADP] と [P_i] が 0.1 mM = 0.0001 M の濃度で供給され続けるなら，−220 mV の PMF を使って [ATP] = 0.008 M = 8 mM まで合成できる計算になる（T = 298 K のもとで）．

7.4.5　光リン酸化

表 7.1 を見ると，酸素が還元されて水になる反応の標準電極電位はプラスで大きな値となっている．だからこそ，このレドックス対は電子を他のレドックス対からもらうことになり，「酸素は酸化剤，水は酸化物」である．ところがクロロプラスト（葉緑体）では，光のエネルギーを使って，酸素を発生させ，ATP をつくり，また生合成に必須の NADPH をつくっている．クロロプラストでは酸素が発生するのであるから，このレドックス対では他のもっと正で大きな標準電極電位のものに電子を渡さなければならない．いうなれば「水が還元剤」になるのである．P680 と名前のついた色素タンパクのペアが光で励起され，電子を失った（水よりも電位が正で

あり，親電子的である）中間体と高いポテンシャルの電子をもった中間体ができる．前者は水から電子を引き抜き酸素を発生させる（水分解酵素，PSIIとよばれている）．高いポテンシャルをもった電子は電子伝達系を通って，ポテンシャルを下げる．このとき，ミトコンドリア電子伝達と似た仕組みでチラコイド膜にPMFが形成され，F型ATPaseによってATPが合成される．その後，ポテンシャルの下がった電子は，新たな色素タンパク（PSIとよばれる）によって光エネルギーを受け，大きなポテンシャルをもつようになり，$E^{\ominus\prime} = -1.4\,\mathrm{V}$になる．電子は前のPSIIとは異なる電子伝達系を通って，「ポテンシャルエネルギー」を下げながらPMFをつくる．最終的には酸化体であるNADPに電子が渡され，還元体のNADPH（$E^{\ominus\prime} = -0.32\,\mathrm{V}$）が合成される．

7.5　ATPの化学エネルギー利用

ATPは加水分解して末端のリン酸基を放出し，ADPとP_iとなる．

$$\mathrm{ATP} \longrightarrow \mathrm{ADP} + \mathrm{P}_i \qquad \Delta G^{\ominus\prime} = -30.5\,\mathrm{kJ\,mol^{-1}} \tag{7.50}$$

実際の細胞内では，37℃，[ATP] = 2.35 mM，[ADP] = 0.20 mM，[P_i] = 1.60 mMとすれば，

$$\begin{aligned}\Delta G' &= \Delta G^{\ominus\prime} + RT\ln\frac{[\mathrm{ADP}]\,[\mathrm{P}_i]}{[\mathrm{ATP}]}\\ &= -30500 + 8.315 \times 310\ln\left\{\frac{(0.2\times10^{-3})\times(1.6\times10^{-3})}{(2.35\times10^{-3})}\right\}\\ &= -53.4\,\mathrm{kJ\,mol^{-1}}\end{aligned}$$

ATPの加水分解の大きな負の$\Delta G'$の値から，ATPの水溶液は安定ではなく，すぐに分解してしまうのではないかと思うかもしれない．しかし，この反応の活性化エネルギーが大きいため自動的には分解しない．分解を触媒する酵素があるとこの活性化エネルギーが小さくなり，反応が進むのである．様々な酵素がATPを効率よく分解し，その自由エネルギーは数々の生体機能と「共役」する．ここでは代表例として，筋収縮をみてみよう．

7.5.1　力学エネルギーへの変換

筋肉はアクチン繊維とミオシン繊維からなる．太いミオシン繊維のまわりを6本の細いアクチン繊維が取り囲むように配置し，相互作用する（図7.8）．ミオシン繊維はミオシン分子が重合して形成されたもので，ミオシン頭部にATPaseの活性部位がある．ミオシン頭部はATPの加水分解を触媒すると同時に構造変化し，アクチン繊維との間に力を生じスライドする（筋節が収縮する）．単独では起こりえないミオシン頭部の構造変化が，ATPの加水分解に共役して引き起こされる．

カエルの脚の筋肉の場合，ATPの加水分解速度は$1.5\,\mu\mathrm{mol\,g^{-1}\,s^{-1}}$である．分解によるギブズエネルギーの獲得を$\Delta G' = -53.4\,\mathrm{kJ\,mol^{-1}}$とすれば，そのエネルギー獲得速度$k$は

$$k = 1.5\times10^{-6}\times53.4\times10^{3} = 8.0\times10^{-2}\,\mathrm{J\,s^{-1}}$$

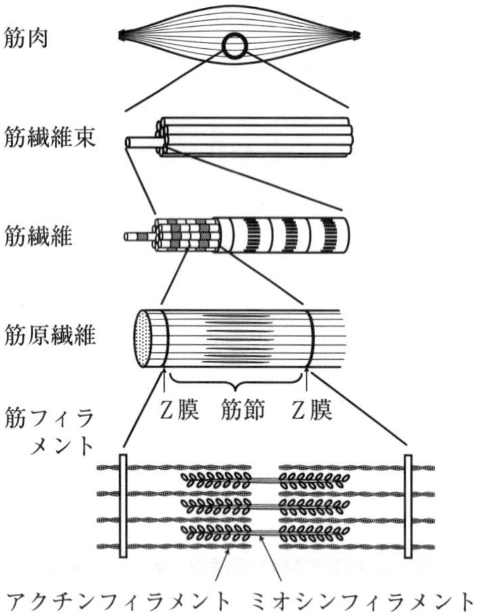

図 7.8 (a)　筋肉（横紋筋）の階層構造

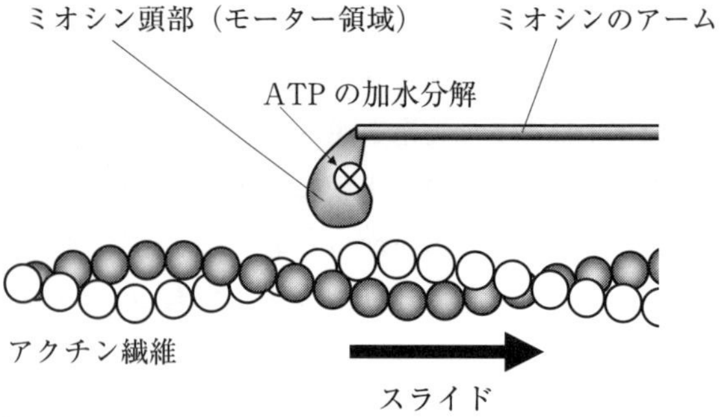

図 7.8 (b)　ミオシン頭部とアクチン繊維の相互作用
ミオシン頭部がアクチン繊維（フィラメント）をたぐり寄せることにより，スライディングする．その結果，筋原繊維の筋節（サルコメア）が収縮する．力の発生機構には，「首振り説」「ズリのちから説」「リニアモーター説」などがあるが，詳細はわかっていない．

一方，発生する最大張力は $T_0 = 20\,\mathrm{N\,cm^{-2}}$，最大短縮速度は $V_0 = 2\,\mathrm{g\,s^{-1}}$ である．それぞれの最大値の 1/3 のとき最大出力になるので，筋肉 1cm^3（≒ 1g）当たりの仕事率 P は

$$P = T_0 \times \frac{1}{3} \times V_0 \times \frac{1}{3} = 4.4 \times 10^{-2}\,\mathrm{J\,s^{-1}}$$

エネルギーの変換効率 P/k は，55％に達する．

一方，最近行われる 1 分子解析では，ミオシン 1 分子が発生する力や変位が測定されている．それによると，ATP を 1 分子加水分解することにより，変位が 5～10 nm，最大張力が 5 pN 程度と算出されている．この仕事は，単純に積をとると 50×10^{-21} J であり，ATP 1 モルでは，30 kJ mol^{-1} と，ATP 水解の $\Delta G^{\ominus\prime}$ に近い値となる．測定精度が上がれば，1 分子レベルでのエネルギー変換効率もさらに正確にわかることになろう．

7.6　まとめ

本章では，ギブズエネルギー変化 $\Delta G' < 0$ という法則性から議論する方法で，生体の各部で起こる現象のエネルギー的側面が記述できることを見てきた．どんな場面でも，$\Delta G'$ が使われて下流の過程が進むという考え方で理解できる．共役や酸化還元反応の重要性も述べた．異化で得られた自由エネルギーは，化学エネルギーとして ATP に姿を変え，その加水分解エネルギーは生命活動の様々な場面で使われる．それゆえ，F. Lipman & H. Kalckar は，ATP を「エネルギーの通貨」と呼んだ．ATP 加水分解の $\Delta G^{\ominus\prime} = -30.5$ kJ/mol という値は，生体エネルギー論的には実にほどよい大きさである．電子伝達系で得た PMF を使って合成するのに手頃な大きさ

であり，また使いやすい．これより大幅に小さければ，すべての共役過程に「エネルギーの通貨」として十分なエネルギーを供給できず，大きければ，共役過程で使い切れずに熱として放出されるだけとなる．

ところで，G を考えることは，図 7.1 から明らかなように，平衡に向かう（平衡の近傍の）変化を扱うことの表れであり，局所的平衡の考えを前提としている．しかし，ヒトを含めた生命は，果たして局所的平衡で議論できる存在であろうか．また，本章の冒頭でふれた生命の秩序構造は，第二法則 $\Delta S > 0$（孤立系）の下で，どういった理屈で理解したらよいのだろうか．$\Delta G' < 0$ により各部を見る考え方とは別の，さらにその上から全体をながめる，1 つの方法の一端を最後に述べよう．

我々のからだの細部の活動は決して立ち止まったりしない．つまり生命は「非平衡」である．また，活発に栄養物を取り込み，老廃物を放出する．物質とエネルギーを外界とやり取りする「開放系」でもある．これらから，非平衡開放系の熱力学の考え方が生まれた．例えば生物個体のエントロピー変化 $\mathrm{d}S$ を，（系内部の変化 $\mathrm{d_i}S$）と（系を出入りする変化 $\mathrm{d_e}S$）で表す．

$$\mathrm{d}S = \mathrm{d_i}S + \mathrm{d_e}S \qquad (\mathrm{d_e}S \text{ は流れを表す項})$$

時間変化 $\sigma = \mathrm{d}S/\mathrm{d}t$（散逸関数という）の詳細を調べると，系と外界を分ける境界上で流れと濃度を与えたとき，系内部の散逸関数が小さくなることが示された（Glansdorff-Prigogine）．つまり，系は条件次第で「エントロピーの放出により，秩序化する」．冒頭にふれた，生命におけるエントロピーの放出（ネゲントロピー）が思い出されよう．こうしてでき上がる秩序は，例えば飽和食塩水の中でできる秩序構造，つまり塩の結晶が「平衡構造」であるのとは異なり，エネルギーの散逸がつくる秩序という意味で「散逸構造」とよばれる．散逸構造はエネルギーの流れの下で自己触媒する物質の働きがカギとなって（酵素反応ではないか！）自発的にできあがる．平衡にはほど遠い状態で現れる構造である．また，周期的な振る舞いを含むことも特徴で，我々生命の数々の周期現象も思い当たる．こうした見方は，生命を 1 つのシステムとして見る方法を教え，将来，生命を考える上で重要性を増すであろう．今更いうまでもないが，生命の維持には，取り込んでは放出する「エネルギーの流れ」が極めて重要である，と認識しよう．

章末問題

問 7.1 ヒトが 1 日に必要なエネルギーはおよそ 6000 kJ である．体内で ATP が加水分解されて放出する自由エネルギーが 60 kJ/mol とすれば，ヒトは 1 日に何 mol の ATP を必要とするか．またそれは何 kg か．

ヒント：7.2.7，7.4.4，7.5 を再度読みなおそう．

問 7.2 Lactate と NADH を呼吸基質とする場合，どちらがより大きな $\Delta \bar{\mu}_{\mathrm{H^+}}$ の形成を期待できるのか．表 7.1 を参考にして答えよ．

ヒント：7.3 を参照しよう．

問 7.3 ミトコンドリア膜のプロトン駆動力，PMF = −220 mV を，膜電位の寄与を得ずにプロトンの濃度差だけで得ようとしたら，膜の内外にどれくらいの pH 差が必要か．

ヒント：7.4.3 を参照しよう．

問 7.4　カリウムイオンが細胞外濃度 C_{out}，細胞内濃度 C_{in} で分配し，それに伴って細胞外，細胞内の電位がそれぞれ ψ_{out}，ψ_{in} になったとする．このとき膜内外の K^+ の電気化学ポテンシャルが釣り合い，

$$RT\ln C_{in} + zF\psi_{in} = RT\ln C_{out} + zF\psi_{out}$$

が成り立つと仮定する．K^+ が細胞外に 0.005 M，細胞内に 0.157 M のとき，膜電位はいくらか．

ヒント：7.4.3 をおさらいしよう．

8 酵素反応

8.1 この章のねらい

生体システムは，物質代謝やエネルギー変換などの多くの化学反応が精密に調節されることで維持されている．生体内の緩和な環境のもとで進行するさまざまな化学反応を触媒しているのが**酵素** enzyme であり，そのほとんどはタンパク質である．二酸化炭素の水和といった単純な反応ですら，炭酸デヒドラターゼによって触媒されており，肺胞から他の組織への二酸化炭素の運搬に重要な役割を果たしている．酵素は，驚くほど効率の良い触媒であり，反応速度を 10^6～10^{14} 倍（酵素非存在下の 100 万～100 兆倍）に上昇させることが知られている．また酵素は非常に選択性が高く，光学異性体などのよく似た分子も見分けることができる．細胞が秩序正しく一連の反応を進行させて生命を維持できるのは，このような酵素の触媒作用のおかげである．

この章では，酵素反応の特徴について学ぶとともに，酵素反応速度の数学的解析である**酵素反応速度論** enzyme kinetics について理解する．酵素反応速度論から得られる情報は，反応機構の推定や阻害剤による反応の調節，さらには酵素の創薬や工業的応用などの面で非常に重要である．また，タンパク質である酵素の活性調節機構として重要なアロステリック効果やフィードバック機構についても学ぶ．

8.2　酵素反応速度論

8.2.1　酵素反応の特徴

(1) 基質特異性

酵素は，**基質** substrate とよばれる反応物のみを他の分子と選択的に区別する性質がきわめて高く，**基質特異性**とよばれる．例えば，D-グルコースにリン酸基を付加するヘキソキナーゼは，光学異性体であるL-グルコースとは反応しないし，血液の凝固にかかわるトロンビンは，血液中の特定のタンパク質の特定のアルギニンとその隣りのグリシンの間を切断するのみで，他の箇所は切断しない．このような酵素の高い基質特異性は，酵素と基質の間の立体的な相互作用によるものであり，タンパク質である酵素の複雑な立体構造によって生み出される．

基質は，**活性部位** active site という酵素上の特定の部位に結合する．多くの場合，活性部位は数個のアミノ酸残基からなり，タンパク質の残りの部分は活性部位の立体構造を形成するための足場として働いている．酵素と基質の間に生じる可逆的な相互作用は，非共有結合による弱い相互作用（分子間相互作用）であり，これらの相互作用が重要となるのは，酵素と基質中の多数の原子が同時に近づいたときだけである．1894 年にフィッシャーFischer は酵素の基質特異性に関して，活性部位は基質分子に相補的な固定された構造をもち，基質分子の形にぴったりと合う鍵穴として機能するという“鍵と鍵穴”モデルを提唱した（図 8.1(a)）．この，酵素と基質の間の特異的な反応が互いに相補的な形をした分子表面の相互作用に基づくという考え方は，タンパク質とリガンドとの間の相互作用を説明する理論としても広く受け入れられた．しかし実際には，溶液中でのタンパク質は柔軟な構造をしており，酵素と基質の相補性は完全ではない．酵素の活性部位に基質が結合することによって，酵素の立体構造（コンフォメーション）が相補的な形に変化する場合が多く，この過程は誘導適合 induced fit とよばれる（図 8.1(b)）．

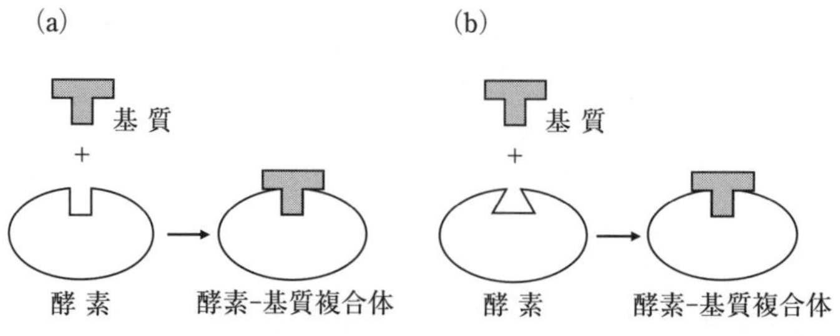

図 8.1　酵素と基質の結合を表す鍵と鍵穴モデル (a) と誘導適合モデル (b)
(a) の鍵と鍵穴モデルでは，基質の結合していないときでも酵素の活性部位は基質の形に相補的であるのに対し，(b) の誘導適合モデルでは，基質が結合すると活性部位が相補的な形に変化する．

(2) 触媒作用

酵素が化学反応を触媒する機構について理解するには，1) 反応物と生成物の間のギブズエネルギー差，2) 反応物が生成物に変換する際の活性化ギブズエネルギーの 2 つの熱力学的性質を考える必要がある．酵素は他の触媒と同じく，反応物と生成物のギブズエネルギー差には影響を与えない，すなわち，化学反応の平衡点を変えることはないが，**遷移状態** transition state の活性化ギブズエネルギーを低下させることで反応が平衡に到達する速度を促進する．

図 8.2 に示すように，ある基質 S が生成物 P に変換される化学反応を考えてみよう．酵素が存在しない場合，S は遷移状態 $S^{\ddagger}$ と平衡にあり，$S^{\ddagger}$ を経て P が生成される．

$$\mathrm{S} \underset{}{\overset{K^{\ddagger}}{\rightleftarrows}} \mathrm{S}^{\ddagger} \xrightarrow{k'} \mathrm{P} \tag{8-1}$$

ここで，$K^{\ddagger}$ は S と $S^{\ddagger}$ の間の平衡定数であり，k' は $S^{\ddagger}$ から P が生成するときの速度定数である．

$$K^{\ddagger} = \frac{[\mathrm{S}^{\ddagger}]}{[\mathrm{S}]} \tag{8-2}$$

$$\frac{\mathrm{d}[\mathrm{P}]}{\mathrm{d}t} = k'[\mathrm{S}^{\ddagger}] \tag{8-3}$$

$S^{\ddagger}$ と S のギブズエネルギー差 $\Delta G_{\mathrm{N}}{}^{\ddagger}$ が反応の活性化ギブズエネルギーであり，平衡定数 $K^{\ddagger}$ と次式の関係にある．

$$\Delta G_{\mathrm{N}}{}^{\ddagger} = -RT \ln K^{\ddagger} \tag{8-4}$$

ここで，R は気体定数，T は絶対温度（熱力学的温度）である．(8-2)～(8-4) 式から

$$\frac{\mathrm{d}[\mathrm{P}]}{\mathrm{d}t} = k' \mathrm{e}^{-\Delta G_{\mathrm{N}}{}^{\ddagger}/RT}[\mathrm{S}] \tag{8-5}$$

が得られる．この式は，P の生成速度が基質濃度[S]だけでなく活性化ギブズエネルギー $\Delta G_{\mathrm{N}}{}^{\ddagger}$ にも依存することを示しており，$\Delta G_{\mathrm{N}}{}^{\ddagger}$ が大きいほど反応速度は指数関数的に小さくなる．

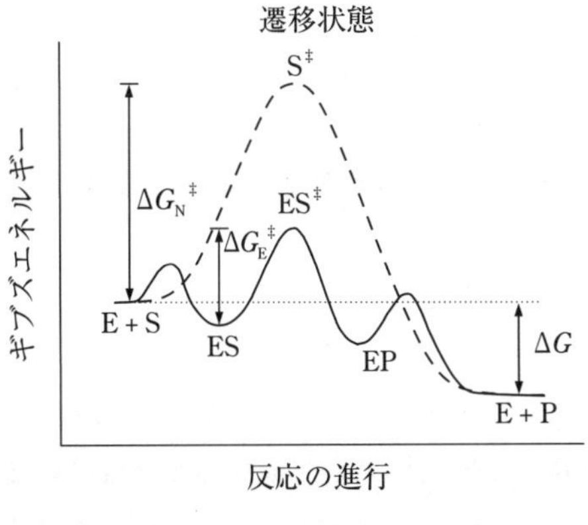

図 8.2　酵素触媒反応におけるギブズエネルギーのプロファイル
基質 E から生成物 P が生じる反応において，酵素がない場合の活性化ギブズエネルギーは $\Delta G_{\mathrm{N}}{}^{\ddagger}$ であるが，酵素 E が存在すると $\Delta G_{\mathrm{E}}{}^{\ddagger}$ に低下する．この際，反応前後のギブズエネルギー変化 ΔG は同じであることに注意．
ES：酵素–基質複合体，EP：酵素–生成物複合体

酵素は，基質と酵素-基質複合体を形成することで，遷移状態への移行を促進する（図 8.2）．酵素は，遷移状態に近いコンフォメーションをもつ基質に対してより大きな親和性をもって結合することで遷移状態を安定化し，活性化ギブズエネルギーを低下させるのである．例えば，反応速度を 100 万倍にするためには，25℃で活性化ギブズエネルギーを 34 kJ mol^{-1} 低下させればよく，これは水素結合 2 つ分程度のエネルギーに相当する．水素結合の結合エネルギーは 20 kJ mol^{-1} 程度のものが多い．つまり，酵素による触媒反応は，活性部位にある官能基と基質との間の反応によって生じるわずかなギブズエネルギーの低下で十分説明できる範囲であることがわかる．

（3）至適温度，至適 pH

酵素の活性は，温度や pH といった環境の変化によって著しく影響を受ける．例えば温度の場合，アレニウス Arrhenius 型に従う通常の化学反応は，温度の上昇とともに反応速度は指数関数的に増加する．ところが酵素反応では，ある温度以上になるとタンパク質である酵素の変性が起こるため，活性部位の構造が変化することで酵素活性が失われてしまう（失活）．したがって，酵素反応速度の温度依存性はアレニウス型に従わず，図 8.3(a) のように**至適温度** optimal temperature とよばれる活性が最高となる温度が存在する．

また，多くの酵素は pH を変化させると釣り鐘型の速度変化曲線を示す（図 8.3(b)）．これは，活性部位のアミノ酸側鎖や基質などのイオン化状態が pH により変化することで，酵素活性が影響を受けるためである．細胞内で活性な酵素の大部分は，酵素が機能する環境の pH 近くに**至適 pH** optimal pH をもっている．例えば，消化酵素であるペプシンとキモトリプシンの場合，胃で分泌されるペプシンは pH 2 付近で最大活性を示すのに対し，腸の塩基性環境下で分泌されるキモトリプシンの至適 pH はおよそ 8 である．

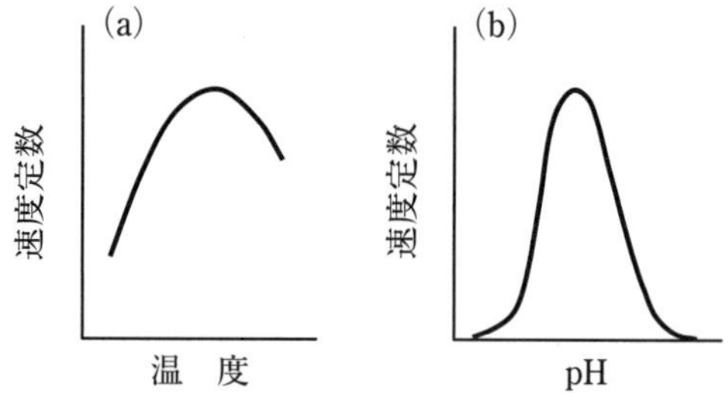

図 8.3　酵素活性に及ぼす温度（a）および pH（b）の影響

8.2.2　ミカエリス-メンテンの式

酵素反応は，酵素 E と基質 S が可逆的に結合して酵素-基質複合体 ES を形成する第 1 段階と，ES 複合体が分解し，遊離の酵素と生成物 P が生成する第 2 段階の 2 つのステップからなると考えられる．

$$\mathrm{E} + \mathrm{S} \underset{k_{-1}}{\overset{k_1}{\rightleftharpoons}} \mathrm{ES} \xrightarrow{k_2} \mathrm{P} + \mathrm{E} \tag{8-6}$$

ここで，k_1 と k_{-1} は第 1 段階である ES 複合体形成の正反応と逆反応の速度定数，k_2 は第 2 段階である ES から P が生成する反応の速度定数である．このとき酵素反応の速度 V は，ES 複合体の濃度と k_2 の積となり，次式で表される．

$$V = \frac{d[P]}{dt} = k_2[ES] \tag{8-7}$$

ミカエリス Michaelis とメンテン Menten は，ES 複合体の酵素と基質への解離が P の生成よりも非常に速く（$k_{-1} \gg k_2$），第 1 段階である ES 複合体の形成反応が平衡状態にあると仮定した．このとき，ES 複合体の解離定数 dissociation constant を K_S とおくと

$$K_S = \frac{[E][S]}{[ES]} = \frac{k_{-1}}{k_1} \tag{8-8}$$

全酵素濃度を$[E]_0$とすると$[E]_0 = [E] + [ES]$であるから，これを（8-8）式に代入して整理すると

$$[ES] = \frac{[E]_0[S]}{K_S + [S]} \tag{8-9}$$

となり，これを（8-7）式に代入して

$$V = \frac{k_2[E]_0[S]}{K_S + [S]} \tag{8-10}$$

が得られる．

ミカエリスとメンテンは，酵素-基質複合体が遊離の酵素と基質との間で速やかに平衡状態になることを仮定したが，実際にはこの仮定は必ずしも成り立たない．ブリッグス Briggs とホールデン Haldane は，酵素に対して基質が大過剰存在する（$[S] \gg [E]$）ような生理的条件下では，酵素-基質複合体 ES の濃度は非常に小さく，反応のごく初期を除き，時間によってほとんど変化しないという定常状態を仮定した（図 8.4）．この場合

$$\frac{d[ES]}{dt} = k_1[E][S] - k_{-1}[ES] - k_2[ES] = 0 \tag{8-11}$$

であるから，これより

$$\frac{[E][S]}{[ES]} = \frac{k_{-1} + k_2}{k_1} \tag{8-12}$$

が得られる．ここで，**ミカエリス定数** Michaelis constant, K_m を

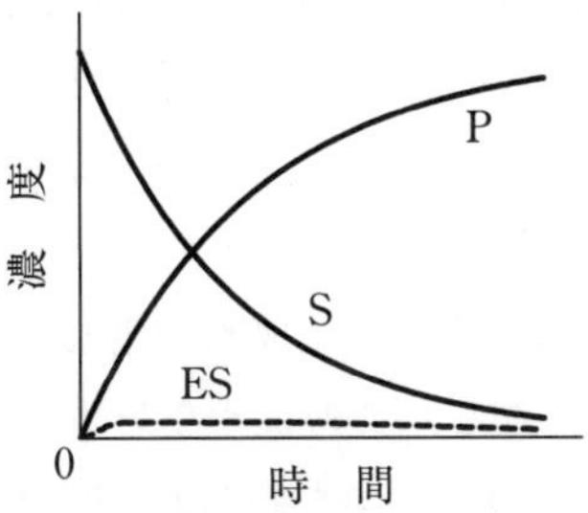

図 8.4
酵素反応における基質 S，酵素-基質複合体 ES，生成物 P の濃度の時間変化．
反応のごく初期を除き，ES 複合体の濃度（図中の点線）は $[S] \gg [E]$ である限りほぼ一定である．

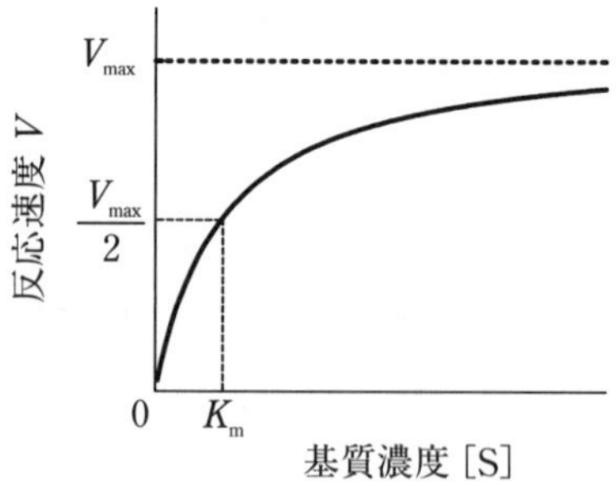

図 8.5 酵素反応の速度と基質濃度との関係
K_m は最大反応速度 V_{max} の半分の速度を与える基質濃度である．

$$K_m = \frac{k_{-1} + k_2}{k_1} \tag{8-13}$$

のように定義すると，(8-8)～(8-10) 式の場合と同様にして

$$V = \frac{k_2[E]_0[S]}{K_m + [S]} \tag{8-14}$$

が導ける．図 8.5 は (8-14) 式の関係をグラフに表したものである．基質濃度が十分大きくなると（$[S] \gg K_m$），酵素の活性部位は基質で飽和され，反応速度 V は最大速度 maximum velocity, V_{max} に近づいていく．このとき (8-14) 式は

$$V_{max} = k_2[E]_0 \tag{8-15}$$

と書けるので，(8-15) 式を (8-14) 式に代入すると

$$V = V_{max} \cdot \frac{[S]}{K_m + [S]} \tag{8-16}$$

が得られる．(8-16) 式は酵素反応速度論の基本式であり，**ミカエリス-メンテンの式** Michaelis-Menten equation とよばれる．

8.2.3 K_m と V_{max} の意味

(8-16) 式から明らかなように，$[S] = K_m$ であるとき $V = V_{max}/2$ となる．すなわち，ミカエリス定数 K_m は，反応速度が最大速度の 1/2 になるときの基質濃度に等しい（図 8.5）．言い換えれば，K_m は全酵素のうち半分が，活性部位を基質分子によって占められているときの基質濃度を表している．K_m と ES 複合体の解離定数 K_S とは厳密にいえば異なるが，(8-8) 式と (8-13) 式を比較するとわかるように，$k_{-1} \gg k_2$ の場合には K_m は K_S と等しいとおける．つまり，ES 複合体の酵素と基質への解離の速度のほうが，生成物が生じる速度よりも非常に速い場合には，K_m は ES 複合体の解離定数と等しくなる．このような条件下では，K_m は酵素の基質に対する親和性を表す尺度となり，K_m が小さいほど，すなわち k_1 が大きいほど，酵素と基質の結合が強い．酵素によって K_m の値は大きく異なっているが，大部分の酵素で K_m は 10^{-1}～10^{-7}M の間にある（表 8.1）．

最大速度 V_{max} は酵素が基質で十分に飽和しているときに到達できる最大速度であり，これを

表 8.1　いくつかの酵素と基質に対する K_m, k_{cat}, k_{cat}/K_m の値

酵　素	基　質	K_m (M)	k_{cat} (s^{-1})	k_{cat}/K_m ($M^{-1}s^{-1}$)
アセチルコリンエステラーゼ	アセチルコリン	9.5×10^{-5}	1.4×10^{4}	1.5×10^{8}
カタラーゼ	H_2O_2	2.5×10^{-2}	1.0×10^{7}	4.0×10^{8}
炭酸デヒドラターゼ	CO_2	1.2×10^{-2}	1.0×10^{6}	8.3×10^{7}
キモトリプシン	*N*-アセチルグリシンエチルエステル	4.4×10^{-1}	5.1×10^{-2}	1.2×10^{-1}
ウレアーゼ	尿素	2.5×10^{-2}	1.0×10^{4}	4.0×10^{5}

全酵素濃度$[E]_0$で割った値は**代謝回転数** turnover number あるいは**触媒定数** catalytic constant とよばれ，k_{cat} で表す．

$$k_{cat} = \frac{V_{max}}{[E]_0} \tag{8-17}$$

すなわち酵素の代謝回転数は，基質濃度が十分大きい（$[S] \gg K_m$）ときに，単位時間に酵素 1 分子により反応生成物に変換される基質分子数を表し，その値が大きいほど酵素の能力が高い．(8-15) 式から明らかなように，k_{cat} はミカエリス-メンテンの式の k_2 に等しい．

生理的条件下では，酵素が基質で飽和されるようなことはあまり起こらず，逆に$[S] \ll K_m$ であることのほうが多い．このような場合，(8-14) 式は

$$V = \frac{k_2}{K_m}[E]_0[S] \tag{8-18}$$

と，$[E]_0$ と$[S]$に関する二次反応速度式となる．つまりこの場合，酵素反応速度は溶液中の酵素と基質の濃度の両方に比例することになり，速度定数である k_2/K_m が酵素の触媒効率を表す指標となる．(8-13) 式より k_2/K_m は

$$\frac{k_2}{K_m} = \frac{k_1 k_2}{k_{-1} + k_2} = k_1 \frac{k_2}{k_{-1} + k_2} \tag{8-19}$$

と表される．(8-19) 式において，$\frac{k_2}{k_{-1}+k_2}$ は $k_2 \gg k_{-1}$ のときに最大値 1 となる．すなわち，反応物の生成速度が ES 複合体の解離速度よりもずっと速いときに，k_2/K_m は最大値 k_1 となる．言い換えれば，k_2/K_m は酵素と基質から ES 複合体が形成される速度定数 k_1 を超えることはできない．k_1 は溶液中の酵素と基質分子の拡散による衝突頻度によって律速されているため，結局，酵素の触媒効率 k_2/K_m は，拡散律速反応の速度定数である 10^8～$10^9\ M^{-1}s^{-1}$ が物理的上限となる．実際，表 8.1 に示したように，アセチルコリンエステラーゼやカタラーゼなどの酵素の k_2/K_m は 10^8～$10^9\ M^{-1}s^{-1}$ の範囲にあり，これらの酵素は，溶液中で基質と衝突するたびにほとんど反応するという，触媒として完璧の域に達していることがわかる．

8.2.4　酵素反応速度データの解析

図 8.5 のようなミカエリス-メンテン型のプロットから，ミカエリス定数 K_m と最大速度 V_{max}

の値を原理的には決定することができる．しかし実際には，非常に高い基質濃度での漸近値である V_{max} を求めるのは，しばしば困難である．ラインウィーバーLineweaver とバーク Burk によって提案された有用な方法は，反応速度の逆数を基質濃度の逆数の関数としてプロットする方法である．ミカエリス-メンテンの（8-16）式の両辺の逆数をとると

$$\frac{1}{V} = \frac{K_m}{V_{max}} \cdot \frac{1}{[S]} + \frac{1}{V_{max}} \tag{8-20}$$

となるので，$1/V$ を $1/[S]$ に対してプロットすると直線が得られ，その直線の切片と傾きから K_m と V_{max} の値を求めることができる（図 8.6(a)）．この方法は**ラインウィーバー・バークプロット** Lineweaver-Burk plot，または二重逆数プロット double-reciprocal plot とよばれる．ラインウィーバー・バークプロットの欠点は，高い基質濃度での測定値を狭い領域に圧縮し，逆に低い基質濃度での測定値を強調してしまうため，K_m と V_{max} に大きな誤差を生じやすいことである．K_m と V_{max} を求める他のプロットとして，(8-21)式のイーディー・ホフスティー Eadie-Hofstee プロットや，（8-22）式のヘインズ・ウルフ Hanes-Woolf プロットなどが知られている．

$$V = V_{max} - K_m \frac{V}{[S]} \tag{8-21}$$

$$\frac{[S]}{V} = \frac{K_m}{V_{max}} + \frac{[S]}{V_{max}} \tag{8-22}$$

プロットの仕方により各測定値のもつ重みが異なり，それぞれに長所と短所がある．現在ではコンピュータを使った非線形回帰によって測定値から直接 K_m や V_{max} を解析することができるが，ラインウィーバー・バークプロットなどの直線化プロットは，速度論データを直接目で確認するのによい方法である．また，後に述べる酵素の阻害剤の反応機構を解析するのにも非常に有用である．

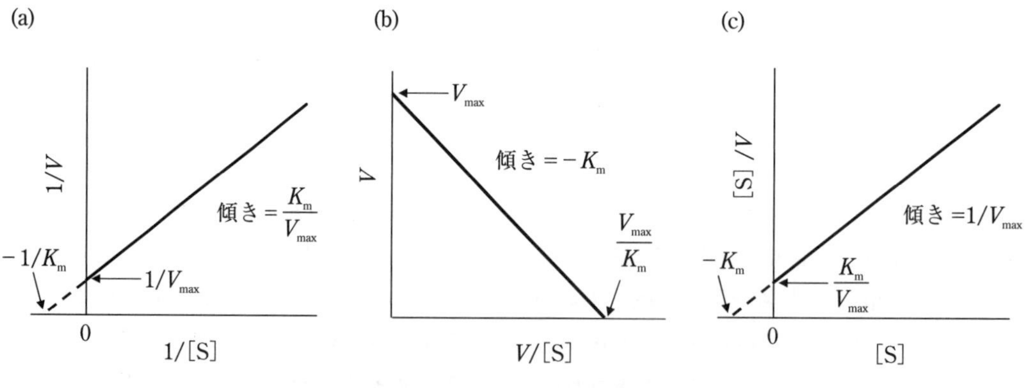

図 8.6　K_m および V_{max} のグラフからの求め方
(a) ラインウィーバー・バークプロット　(b) イーディー・ホフスティープロット
(c) ヘインズ・ウルフプロット

8.3　阻害剤の影響

酵素阻害剤とは，酵素による触媒反応の速度を低下させたり，停止させたりする化合物である．阻害剤に関する研究は，酵素の反応機構を理解する上で大変有用である．また，酵素阻害剤は医薬品や診断用試薬としても広く利用されている．酵素阻害剤として働く医薬品として，プラバスタチンやシンバスタチンなどに代表される高脂血症治療薬のヒドロキシメチルグルタリル-補酵素 A（HMG-CoA）還元酵素阻害剤や，アスピリンに代表される解熱鎮痛薬のプロスタグランジン合成酵素阻害剤などがある（表 8.2）．また，グレープフルーツジュースが薬物代謝酵素の阻害剤として働くこともよく知られている．これまでに疾患に関連する酵素は数多く発見されており，そのうち立体構造や活性部位に関する情報が利用できるものも多く存在する．そのため，創薬の標的となりうる酵素に関しては，その阻害剤の開発が，構造に基づく医薬品設計 Structure Based Drug Design（SBDD）により行われている．酵素阻害剤は，**可逆阻害剤**と**不可逆阻害剤**の 2 種類に大別され，さらに可逆阻害は，**競合阻害**，**非競合阻害**，**不競合阻害**の 3 つのタイプに分けられる．以下にそれぞれの特徴について詳しく述べる．

表 8.2　酵素阻害剤として働く薬物の代表的な例

HMG-CoA 還元酵素阻害剤	高脂血症治療薬
プロスタグランジン合成酵素阻害剤	解熱鎮痛薬
HIV プロテアーゼ阻害剤	エイズ治療薬
アンジオテンシン変換酵素（ACE）阻害剤	降圧薬
ノイラミニダーゼ阻害剤	インフルエンザ治療薬
モノアミン酸化酵素（MAO）阻害剤	抗うつ薬
炭酸脱水素酵素阻害剤	利尿薬

8.3.1　可逆阻害 reversible inhibition

(1) 競合阻害 competitive inhibition

競合阻害では，基質 S に類似した化学構造をもつ阻害剤 I が，酵素 E の活性部位において基質と競合する（図 8.7(a)）．競合阻害剤は酵素と結合して複合体 EI を形成するが，触媒反応を起こすことはない．つまり，みかけ上，酵素の基質に対する親和性を低下させる（K_m を大きくする）が，触媒活性の最大速度である V_{max} には影響を与えない．競合阻害剤の存在下におけるミカエリス-メンテンの式は

$$V = V_{max} \cdot \frac{[S]}{K_m\left(1 + \frac{[I]}{K_I}\right) + [S]} \qquad (8\text{-}23)$$

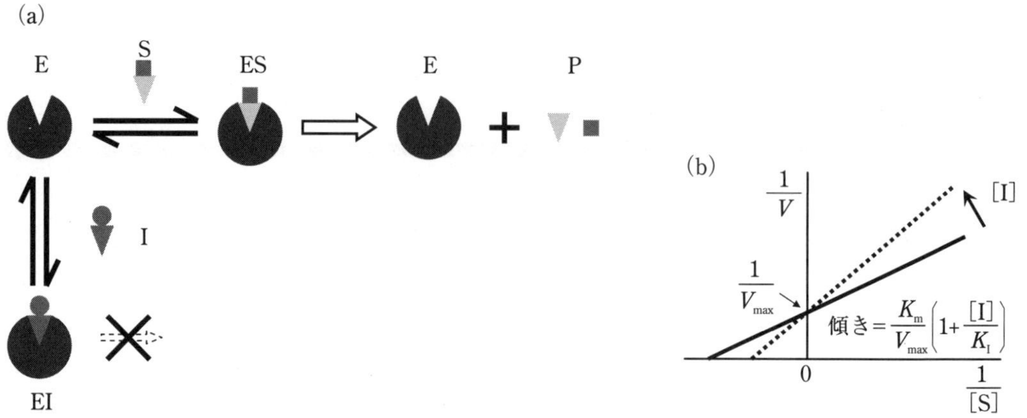

図 8.7 競合阻害の反応様式 (a) とそのラインウィーバー・バークプロット (b)
阻害剤 I が酵素 E の活性部位に結合すると，基質 S の結合が妨げられる．

と書ける．ここで，K_I は阻害定数とよばれ，酸素-阻害剤複合体 EI の解離定数を表す．K_I が小さいほど阻害効果は強い．(8-16) 式と比較すると，K_m が $(1+[I]/K_I)$ 倍に変わり分母が大きくなるため，全体として反応速度 V が低下することがわかる．ラインウィーバー・バークの式は

$$\frac{1}{V}=\frac{K_m}{V_{max}}\left(1+\frac{[I]}{K_I}\right)\frac{1}{[S]}+\frac{1}{V_{max}} \qquad (8\text{-}24)$$

となる（図 8.7(b)）．(8-20) 式と比較すると，傾きが $(1+[I]/K_I)$ 倍となっており，阻害剤の濃度[I]が高くなるにつれて傾きは大きくなる．一方，V_{max} は変わらないので，縦軸での切片は阻害剤がない場合（$[I]=0$）と同じである．競合阻害による阻害の影響は，阻害剤の濃度に対して大過剰の基質を加えること（$[S]\gg[I]$）により取り去ることができる．

(2) 非競合阻害 noncompetitive inhibition

非競合阻害では，酵素 E に対する阻害剤 I の結合は基質 S の結合とは独立に起こるが，触媒活性を妨害する（図 8.8(a)）．非競合阻害剤は，基質結合部位とは異なる部位に結合するため，酵素-基質複合体 ES に対する阻害剤 I の結合や，あるいは逆に酵素-阻害剤複合体 EI に対する基質 S の結合には影響を及ぼさない．つまり，K_m は変わらない．しかしながら，阻害剤が結合した酵素では触媒反応が起こらないので，V_{max} が減少する．非競合阻害剤の存在下におけるミカエリス-メンテンの式は

$$V=V_{max}\cdot\frac{[S]}{(K_m+[S])\left(1+\frac{[I]}{K_I}\right)}=\frac{V_{max}}{\left(1+\frac{[I]}{K_I}\right)}\cdot\frac{[S]}{K_m+[S]} \qquad (8\text{-}25)$$

と書ける．(8-16) 式と比較すると，V_{max} が $(1+[I]/K_I)$ 分の 1 になるため，全体として反応速度 V が低下することがわかる．ラインウィーバー・バークの式は

$$\frac{1}{V}=\frac{K_m}{V_{max}}\left(1+\frac{[I]}{K_I}\right)\frac{1}{[S]}+\frac{1}{V_{max}}\left(1+\frac{[I]}{K_I}\right) \qquad (8\text{-}26)$$

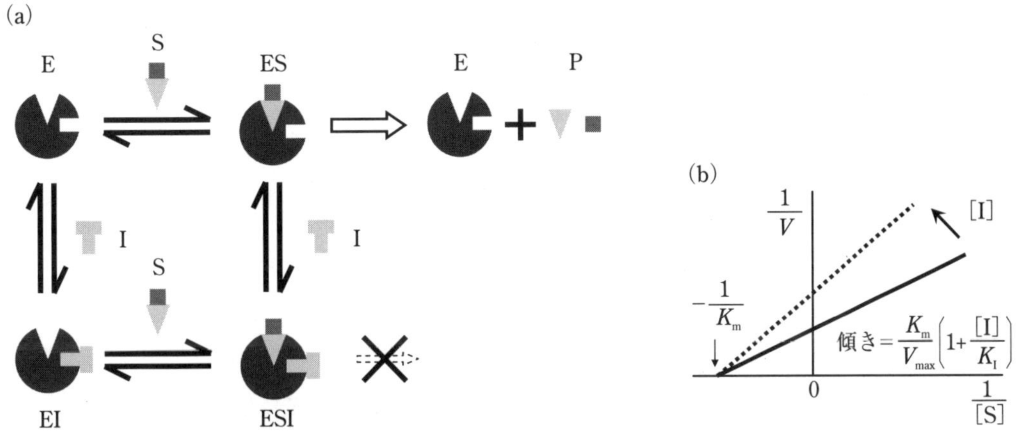

図 8.8　非競合阻害の反応様式（a）とそのラインウィーバー・バークプロット（b）
阻害剤 I が酵素 E の活性部位とは別の部位に結合する.

となる（図 8.8(b)）.（8–20）式と比較すると，傾きと縦軸での切片がともに（$1 + [\mathrm{I}]/K_\mathrm{I}$）倍となっており，阻害剤の濃度が高くなるにつれて傾きと縦軸での切片は大きくなる．このとき，横軸での切片は阻害剤がない場合（$[\mathrm{I}] = 0$）と同じである.

（3）不競合阻害 uncompetitive inhibition

不競合阻害では，基質 S の結合していない酵素 E には阻害剤 I は結合せず，酵素–基質複合体 ES へのみ結合し，不活性な酵素–基質–阻害剤の複合体 ESI を形成する（図 8.9(a)）．不競合阻害剤の存在下におけるミカエリス–メンテンの式は

$$V = V_\mathrm{max} \cdot \frac{[\mathrm{S}]}{K_\mathrm{m} + [\mathrm{S}]\left(1 + \dfrac{[\mathrm{I}]}{K_\mathrm{I}}\right)} = V_\mathrm{max} \cdot \frac{\dfrac{[\mathrm{S}]}{\left(1 + \dfrac{[\mathrm{I}]}{K_\mathrm{I}}\right)}}{\dfrac{K_\mathrm{m}}{\left(1 + \dfrac{[\mathrm{I}]}{K_\mathrm{I}}\right)} + [\mathrm{S}]} \qquad (8\text{–}27)$$

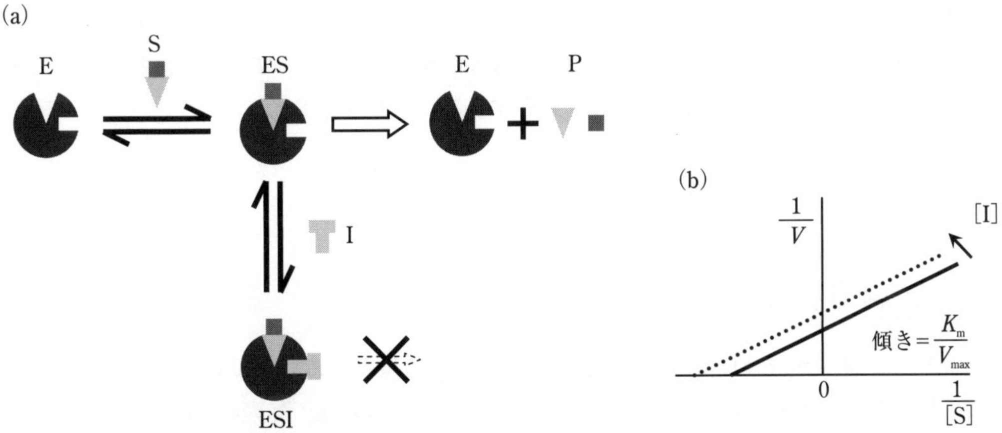

図 8.9　不競合阻害の反応様式（a）とそのラインウィーバー・バークプロット（b）
阻害剤 I は酵素–基質複合体 ES にのみ結合する.

表 8.3 阻害剤による V_{max}，K_m への影響

	V_{max}	K_m
競合阻害	変わらない	$\left(1+\dfrac{[I]}{K_I}\right)$倍
非競合阻害	$\left(1+\dfrac{[I]}{K_I}\right)^{-1}$倍	変わらない
不競合阻害	$\left(1+\dfrac{[I]}{K_I}\right)^{-1}$倍	$\left(1+\dfrac{[I]}{K_I}\right)^{-1}$倍

と書ける．(8-16) 式と比較すると，K_m と V_{max} がともに $(1+[I]/K_I)$ 分の 1 に変わっている．ラインウィーバー・バークの式は

$$\frac{1}{V}=\frac{K_m}{V_{max}}\cdot\frac{1}{[S]}+\frac{1}{V_{max}}\left(1+\frac{[I]}{K_I}\right) \tag{8-28}$$

となる（図 8.9(b)）．(8-20) 式と比較すると，縦軸での切片が $(1+[I]/K_I)$ 倍となっており，阻害剤の濃度が高くなるにつれて縦軸での切片は大きくなる．一方，K_m と V_{max} がともに $(1+[I]/K_I)$ 分の 1 となっているので，傾きは阻害剤がない場合 ($[I]=0$) と同じである．

可逆阻害剤による V_{max}，K_m への影響を表 8.3 にまとめた．このほかにも，非競合阻害に似た混合阻害 mixed inhibition などが知られている．

8.3.2 不可逆阻害 irreversible inhibition

不可逆阻害とは，活性部位を修飾あるいは破壊することによって酵素の触媒機能を不可逆的に阻害する阻害様式である．不可逆阻害においては，阻害剤と酵素とが共有結合などの強固な結合を形成する．この場合，ミカエリス-メンテン速度論を適用することはできない．不可逆阻害剤は，活性部位の同定に利用される．例えば，アセチルコリンエステラーゼは神経伝達物質であるアセチルコリンをコリンと酢酸に分解する酵素である．この酵素の活性部位にあるセリン残基と共有結合を形成するサリンなどの神経ガスによって，この酵素は不可逆的な阻害を受ける．トリプシンやキモトリプシンといったプロテアーゼもこの神経ガスによって不活性化されることから，これらの酵素の活性部位にもセリン残基が存在することが予想された．

8.3.3 アロステリック調節

(1) アロステリック酵素

ミカエリス-メンテン速度論は，可逆阻害剤が存在する場合においても成り立ち，基質濃度に対して双曲線形の曲線を与える（図 8.5）．しかしながら，ある種の酵素の速度式はミカエリス-メンテンの式には従わず，基質濃度に対して S 字形のシグモイド曲線を与える（図 8.10）．このような挙動は，酵素分子が複数のサブユニットからできていて，その活性が他の分子や因子に

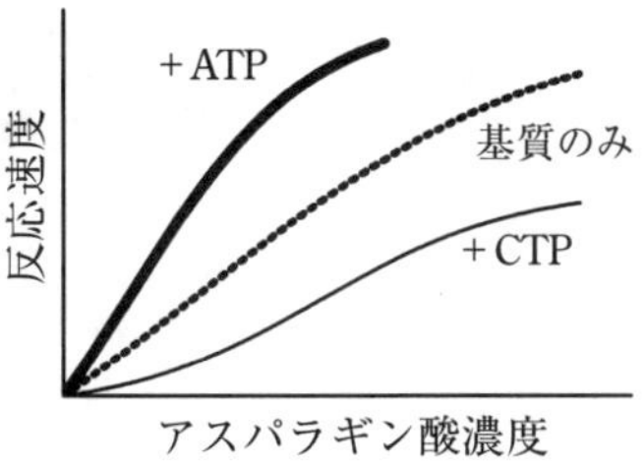

図 8.10　ATCase におけるアロステリック調節
基質であるアスパラギン酸濃度に対して S 字形のシグモイド曲線を描く. ATCase はアスパラギン酸によってホモトロピックに活性化される. また, CTP によってヘテロトロピックに阻害され, ATP によってヘテロトロピックに活性化される.

よって促進あるいは阻害される場合にみられ, **アロステリック調節**とよばれる（6.4.3 参照).

アロステリック allosteric という語句は, ギリシャ語の *allos* “異なる” と *steros* “立体または形” に由来する. アロステリック酵素とは, 1つの部位へリガンドが結合することにより “異なる形” すなわち違ったコンフォメーションが誘導され, 別の部位への基質の結合に影響を及ぼす酵素のことである. ここで, 酵素のコンフォメーション変化を誘導するリガンドのことを**調節因子**とよび, 酵素をより活性の高い型か, あるいはより活性の低い型へ変化させる. 前者を活性化剤, 後者を阻害剤という. アロステリック調節因子は, 非競合阻害剤あるいは不競合阻害剤とは異なる. これらは酵素上の別の部位へ結合するが, 必ずしもコンフォメーション変化を誘導するわけではない.

酵素の活性部位が基質に対して特異的であるように（8.2.1 項（1）基質特異性), 調節部位も調節因子に対して特異的である. また, 調節因子と基質が同じ分子である場合をホモトロピック homotropic, 異なる分子である場合をヘテロトロピック heterotropic という. ホモトロピック酵素では, 活性部位と調節部位は同じである.

アスパラギン酸トランスカルバモイラーゼ aspartate transcarbamoylase（ATCase）は, アスパラギン酸とカルバモイルリン酸を基質として, *N*-カルバモイルアスパラギン酸を生成する酵素である. この反応は, 核酸の構成成分であるピリミジンの生合成経路における初反応である. ATCase は, その経路の最終生成物であるシチジン三リン酸（CTP）というピリミジンヌクレオチドによって阻害されるアロステリック酵素である. ATCase は, 基質であるアスパラギン酸に対する親和性の低い T 状態（緊張形, tense）と親和性の高い R 状態（緩和形, relaxed）の 2 つのコンフォメーションをもつ（図 8.11). 12 個のサブユニットからなり, そのうち 6 個が触媒サブユニット, 残りの 6 個が調節サブユニットを形成している. 調節サブユニットは基質とは結合せず, 阻害剤である CTP と結合することでコンフォメーション変化を起こす. この調節サブユニットで起こるコンフォメーション変化は, さらに触媒サブユニットをより窮屈なコンフォメーション（T 状態）へと変化させる. その結果, 触媒サブユニット中の活性部位に基質が入り込むことができなくなり, 活性が低下する（図 8.10). 一方, プリンヌクレオチドであるアデノシン三リン酸（ATP）は CTP と競合し, この酵素の活性化剤として働く. すなわち, ATP が調節サブユニットに結合すると, R 状態を安定化する（図 8.10). ATCase が「CTP と ATP による二重

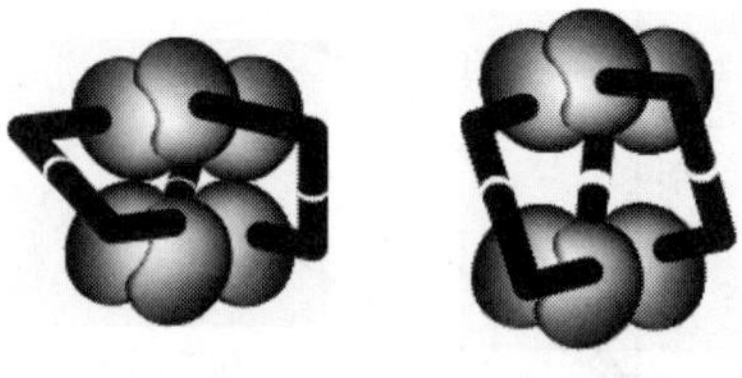

図 8.11 ATCase の四次構造変化
リガンドに対する親和性の低い T 状態（左）と親和性の高い R 状態（右）.
6 個の触媒サブユニットと 6 個の調節サブユニットを表している.

の調節」を受けることは，生物学的に 2 つの意味をもつ．ATP が豊富にあるということは，DNA 複製に十分なエネルギーがあることを示し，DNA 前駆体の合成につながる．また，CTP による阻害を受けることで，余分なピリミジンやその中間体を合成するという無駄を省くことができる.

(2) ヒルの式

上述したように，アロステリック酵素においては，調節因子の結合により活性の調節を受けるため S 字形のシグモイド曲線を描く．この S 字形の曲線は，T 状態と R 状態の曲線を重ね合わせてできると考えられる．1 つのリガンドの結合が他のリガンドの結合に影響を与える場合，リガンドの結合は協同的 cooperative であるという．例えば，酵素 E のある部位に基質 S が結合すると他の部位にもいっせいに結合してしまう場合，結合平衡は

$$E + nS \rightleftharpoons ES_n \tag{8-29}$$

と表される．ここで，ES_n は n 個の基質が結合した酵素を意味する．平衡定数（結合定数）K_n は

$$K_n = \frac{[ES_n]}{[E][S]^n} \tag{8-30}$$

で与えられる．酵素 1 分子に結合した平均の基質の数（結合量 α）は，全酵素の濃度（$[ES_n]$ + $[E]$）および基質が結合している酵素の濃度に結合数をかけた（$n[ES_n]$）を用いて

$$\alpha = \frac{n[ES_n]}{[ES_n] + [E]} \tag{8-31}$$

と書ける．(8-30) 式の$[ES_n]$を (8-31) 式に代入すると，

$$\alpha = \frac{nK_n[S]^n}{1 + K_n[S]^n} \tag{8-32}$$

となる．ここで両辺を n で割って，$\frac{\alpha}{n} = \theta$ と置き，$K_n[S]^n$ でまとめると，

$$\frac{\theta}{1 - \theta} = K_n[S]^n \tag{8-33}$$

となる．両辺の対数をとると

$$\log\left(\frac{\theta}{1 - \theta}\right) = \log K_n + n \log[S] \tag{8-34}$$

を得る．この式は**ヒルの式** Hill equation とよばれ，n は**ヒル係数** Hill coefficient として知られて

いる．n が 1 と等しい場合は協同性がなく，n が 1 よりも大きい場合は正の，1 よりも小さい場合は負の協同性があることを示している．しかしながら，平衡定数の等しくない結合部位が存在する場合も，協同性がないにもかかわらず，n が 1 からずれることがある．また，n が必ずしも整数にはならず，結合部位の数と一致しない場合も多い．したがって，ヒル係数 n を結合部位の数と考えるよりは，協同性の程度を示す尺度として考えたほうがよい．

(3) 協奏モデルと逐次モデル

モノー Monod，ワイマン Wyman，シャンジュー Changeux は，酵素への協同的な基質の結合を説明するための協奏モデル concerted model とよばれる理論を提案した（図 8.12）．このモデルでは，酵素の各サブユニットは T 状態（低親和性状態）と R 状態（高親和性状態）のそれぞれをとりうるが，各サブユニットのコンフォメーションは他のサブユニットにより制限されると考える．言い換えると，T 状態と R 状態の両方を含む状態は存在せず，サブユニットすべてがいっせいにコンフォメーション変化を起こす．また，各サブユニットはリガンドの結合に対して等しい解離定数（T 状態に対して K_T と R 状態に対して K_R）をもっている．しかしながら，この協奏モデルでは，あるサブユニットへのリガンドの結合によって他のサブユニットが R 状態をとりやすくなる（親和性が増大する）と仮定するため，負の協同性を説明できない．

これに対して，コシュランド Koshland，ネメシー Nemethy，フィルマー Filmer は，リガンドの結合が隣のサブユニットのリガンド親和性にのみ影響を与えるという逐次モデル sequential model を提案した（図 8.13）．このモデルでは，あるサブユニットにリガンドが結合すると，そ

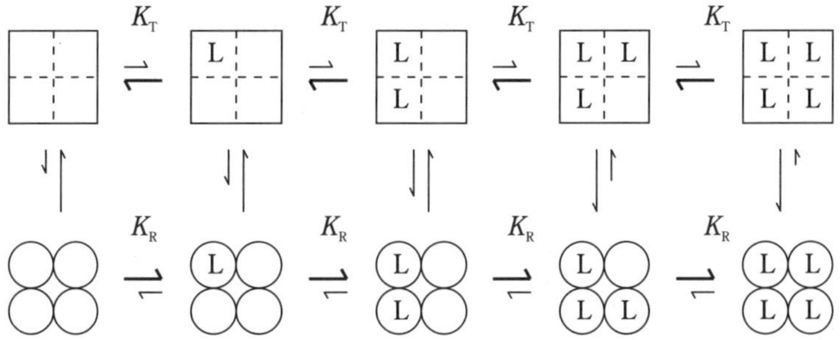

図 8.12　四量体アロステリック酵素の協奏モデル
□が T 状態，○が R 状態を表す．各サブユニットのリガンド（L）に対する親和性は変わらない（解離定数 K_R と K_T は常に同じ）が，リガンドが結合することで R 状態をとりやすくなり（下方向の矢印が大きくなる），いっせいにコンフォメーションが変化する．

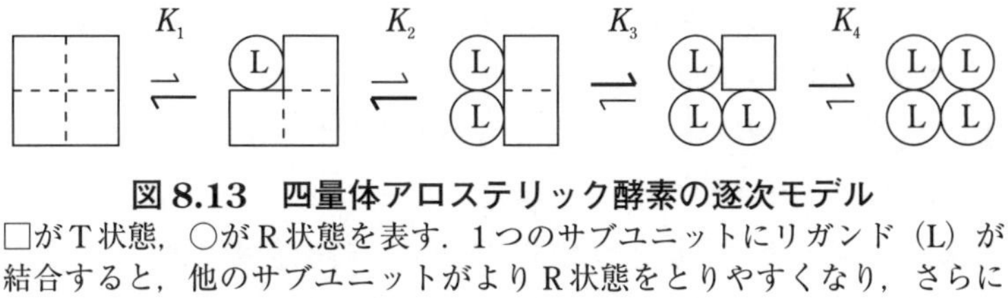

図 8.13　四量体アロステリック酵素の逐次モデル
□が T 状態，○が R 状態を表す．1 つのサブユニットにリガンド（L）が結合すると，他のサブユニットがより R 状態をとりやすくなり，さらにリガンドに対する親和性が増大する（解離定数 $K_1 > K_2 > K_3 > K_4$）．

のサブユニットだけにコンフォメーション変化が起こるが，それによってリガンドの結合していない他のサブユニットのリガンドに対する親和性（解離定数）が変化すると考える．言い換えると，あるサブユニットのT状態からR状態への変化は，そのサブユニットにリガンドが結合したときにのみ起こり，1つのサブユニットにリガンドが結合してR状態に変化すると，残りのサブユニットのリガンドに対する親和性が増大するため，さらにR状態に変化しやすくなる．この理論は負の協同性も説明するが，解離定数が変化するためパラメータが増え，その分複雑になるという欠点をもっている．

協奏モデルと逐次モデルのどちらがより良く合うかは，タンパク質の種類による．両モデルはおそらく極端な場合であり，実際にはこれらの重ね合わせで成り立っていると考えられる．

8.3.4 フィードバック阻害

代謝産物や酵素反応の最終生成物が，その一連の反応の初期段階における酵素の機能を阻害して，全体の代謝における生成物の量を調節することがある（図 8.14）．十分な量の生成物ができると酵素活性を止め，無駄な中間体の生成を防ぐ．このような阻害機構を**フィードバック阻害** feedback inhibition という．前述した ATCase は，最終生成物である CTP によりフィードバック阻害を受ける代表的な酵素である．

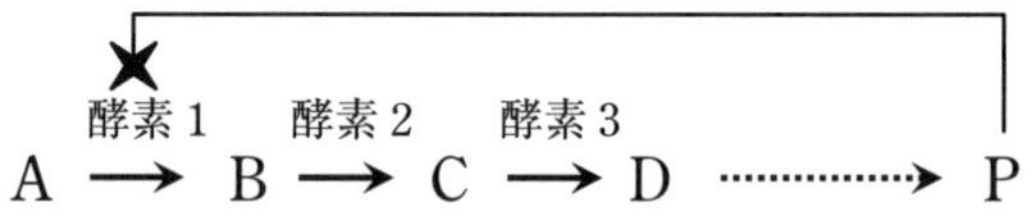

図 8.14 フィードバック阻害の模式図
初期段階における酵素が生成物 P によって阻害される．

章末問題

問 8.1 酵素反応の特徴を 3 つあげよ．
ヒント：本文 8.2.1 項を参照．

問 8.2 酵素の触媒作用によって，反応の平衡定数が変化しないのはなぜか．
ヒント：本文 8.2.1 項(1)および図 8.2 を参照．

問 8.3 ミカエリス-メンテンの式を導け．
ヒント：本文 8.2.2 項を参照．

問 8.4 ミカエリス定数 K_m および最大速度 V_{max} から，酵素反応の何がわかるか．
ヒント：本文 8.2.3 項を参照．

問 8.5 K_m および V_{max} の求め方として，どのような方法があるか．
ヒント：本文 8.2.4 項および図 8.6 を参照．

問 8.6 可逆阻害の代表的なタイプを 3 つあげ，それらの特徴を述べよ．
ヒント：本文 8.3.1 項を参照．

問 8.7 アロステリック調節について説明せよ．

ヒント：本文 8.3.3 項(1)を参照．

問 8.8 ヒルの式において，ヒル係数は何を意味するか．

ヒント：本文 8.3.3 項(2)を参照．

問 8.9 協奏モデルと逐次モデルの違いを説明せよ．

ヒント：本文 8.3.3 項(3)および図 8.12，8.13 を参照．

問 8.10 フィードバック機構について説明せよ．

ヒント：本文 8.3.4 項および図 8.14 を参照．

特別講義 1　生体無機化学入門

これまで見てきたタンパク質は，アミノ酸だけで作られていた．これだけでも相当な種類のタンパク質ができるが，さらに別の種類のパーツを組み込むことにより，より複雑な構造と機能を持つタンパク質を作ることができる．そのパーツを補因子と呼ぶ．その中でもっとも大切なものは金属である．その金属を補因子とするタンパク質を特に金属タンパク質とよぶ．

金属イオンをタンパク質に取り込んだ金属タンパク質は，金属イオンの複雑な原子軌道を利用して触媒酵素として働く場合がある．また，金属イオンがタンパク質に取り込まれると配位結合ができ，タンパク質のコンフォメーションの自由度を奪ってしまうので，それまでフニャフニャしていた構造が突然しっかりする．例えば，カルモジュリンは細胞内のいたるところに存在し，炎症，代謝，筋肉収縮などいろいろな生理活動になくてはならないタンパク質である．カルシウムイオンがカルモジュリンの EF ハンドと呼ばれる部分にはまり込むと，突然しっかりした構造ができ上がり働き出す．逆に，カルシウムイオンが外れてしまうと元のようにフニャフニャした構造に戻ってしまい機能しなくなる．図 1（a）に EF ハンドの模式図を，（b）にトロポニン C の EF ハンドのコンフォメーションを，具体例として示す．

金属イオンを組み込んだ金属タンパク質の中で，有名なものに血液中のヘモグロビンがある．

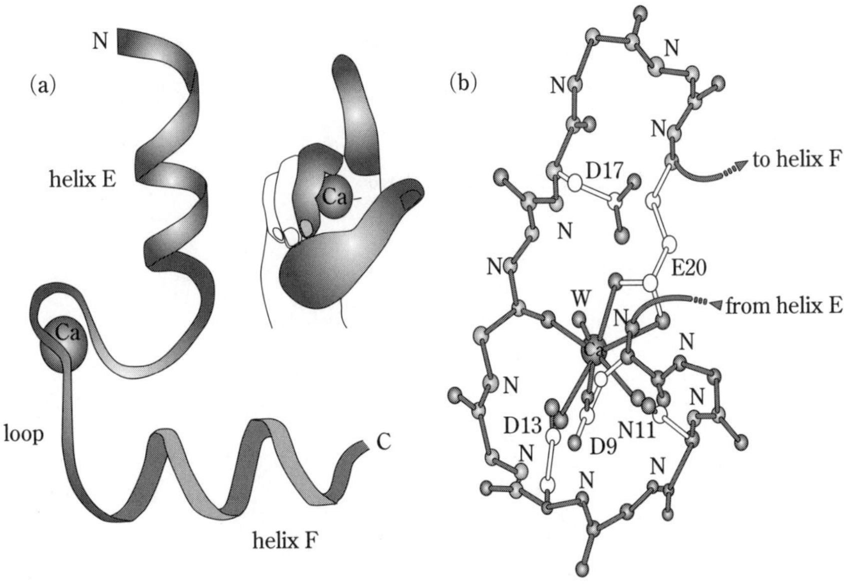

図 1　金属タンパク質（1）
（a）EF ハンドの模式図，（b）トロポニン C における EF ハンド部分
（Carl Branden & John Tooze（1991）Introduction to Protein Structure, p.22, Garland Publishing, Inc.）

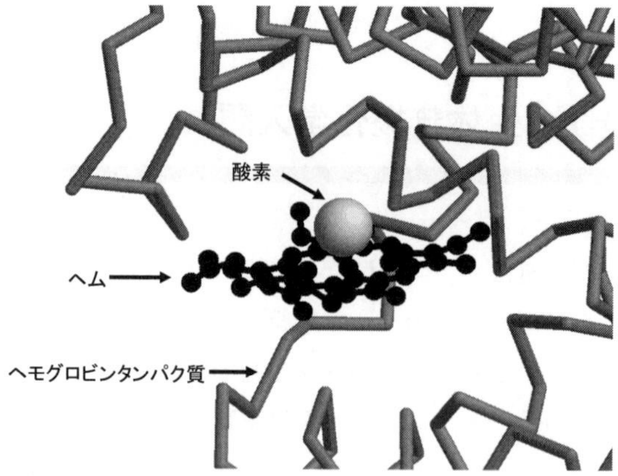

図2　金属タンパク質（2）
金属タンパク質ヘモグロビンに結合しているヘムと酸素.
Rasmolを用いて描いたコンピュータ画像（CG）

そこでは鉄イオンがポルフィリンと呼ばれる円盤状の有機化合物の真ん中に取り込まれている．その円盤の上下方向に伸びた複雑な鉄イオンの原子軌道を利用して肺の中で酸素を取り込む．この結合はさほど強くないので，肺の中のように酸素の多いところで何とか結合しているにすぎない．一方，血管を通って末端の組織に至ると，そこでは酸素濃度が低いので容易に外れてしまう．このようにして，ヘモグロビンは酸素の運搬を行っている（図2）．そのアロステリックな酸素結合については第6章を参照．

しかし，一酸化炭素（CO）は酸素よりも圧倒的に結合力が強いので，一度結合したら滅多に外れない．そのため一酸化炭素を吸うと一酸化炭素と結合したヘモグロビンばかりになってしまうために酸素を運ぶことができなくなり，一酸化炭素中毒を起こししばしば死に至っている．

金属イオンのかたまり（クラスター）が取り込まれたフェレドキシンと呼ばれる金属タンパク質もある．その複雑な金属クラスター構造を利用して電子を伝達することで，光合成細菌や植物の光合成，嫌気性細菌の窒素固定などに関与している．

特別講義 2　害となる生体物質・益となる人工異物

前半では生体で自らがつくり出すけれども害となる物質について，後半では外部から人工的に体内に埋め込んで生活を快適にする医療用の物質について，代表的な例の概略を述べてみよう．

I. 害になる生体物質

1）血　栓

血栓とは血管内の血液が何らかの原因で塊を形成することであり，主に血管壁が傷つくことにより起こる．簡単に言えば血管内にできた瘡蓋《かさぶた》である．通常，血栓の役割は止血であり，止血が終わり傷ついた部位が治れば血栓は消える（線維素溶解，略して線溶）が，この血栓が血管内にずっとくっついたままだと血管を塞いでしまい，それより先に血液が流れなくなり（虚血），その先の細胞が壊死《えし》する．これが血栓症である．また血栓がはがれて別の場所の血管を塞ぐことを血栓塞栓《そくせん》症という．これが心臓付近の血管内で起こると心筋梗塞を，脳の血管の中で起こると脳梗塞を引き起こす．生活習慣の欧米化に伴い，我々日本人のコレステロールや脂肪の摂取量は 40 年前に比べ，著しく増加している．そのため，血栓ができやすく溶けにくい状態になっており，急性心筋梗塞，脳梗塞などの血栓症が増加し，それに伴う死亡率も増加傾向にある．エコノミークラス症候群も血栓が原因である．

血管が傷つくと，そこに血小板が集まり，その上にフィブリンという線維素が覆い止血が行われる．血管が修復されると血液中のプラスミノーゲンが生理作用を示すプラスミンに変換される（活性化という）．プラスミンは強力なタンパク質分解酵素であり，フィブリンを分解することにより血栓を溶解する．

プラスミノーゲンを活性化してプラスミンに変換するのがプラスミノーゲンアクチベータ plasminogen activator（PA）とよばれる酵素であり，生体内にはウロキナーゼ型 PA（u-PA または UK）と組織性 PA（t-PA）の 2 種類が存在する．日本では UK が古くから血栓溶解剤として使用されてきたが，病的な血栓だけでなく，全身の必要な血栓も溶解してしまうため，出血傾向を増大させるという副作用が問題点であった．一方，t-PA はフィブリンに集まりやすく，副作

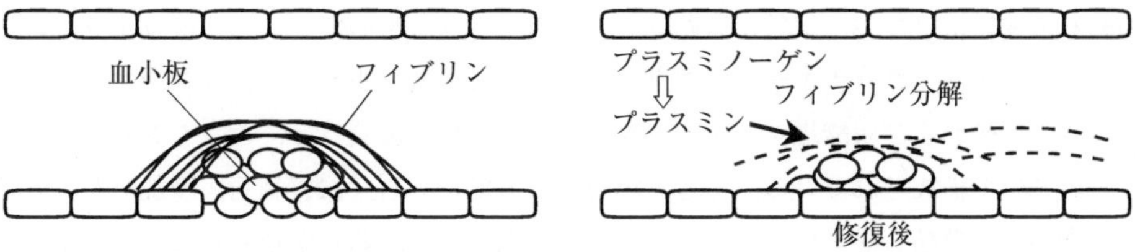

図 1　血栓のできる仕組みと線溶

用の少ない理想的な血栓溶解薬として期待されてきたが，組織中から得られる量がごく微量であるため臨床的に使用されなかった．近年，遺伝子工学の手法を用いて大量に合成することができるようになったため，臨床応用が可能になった（一般名アルテプラーゼ）．ただし，血栓を溶解し，血流が再開した際に，長時間虚血状態におかれた部位からの出血傾向が見られるため，虚血性脳血管障害（脳梗塞）に対しては発症から3時間以内，急性心筋梗塞における冠動脈血栓の溶解であれば発症後6時間以内であれば投与可能となっている．

2）結　石

生体内で形成される病的な石状の固体を結石と呼ぶ．代表的なのは胆汁の成分が固まってできる胆石と尿路系にできる尿路結石である．

①胆　石

肝臓でつくられる胆汁は胆管を経て胆嚢に一時貯蔵濃縮され，食事時に胆嚢が収縮し十二指腸に排出される．胆汁は胆汁酸，リン脂質，コレステロール，ビリルビン（胆汁色素）などを含み，界面活性剤として働き，食事より摂取した脂肪などを可溶化し，消化酵素リパーゼと反応しやすくすることで脂肪の消化吸収を助けている．この胆汁の成分が固まってできるのが胆石であり，できる場所により胆管結石，胆嚢結石，肝内胆石と呼ばれる．また，成分によりコレステロール系結石とビリルビン系結石に分類される．以前は日本人にはビリルビン系結石が多かったが，食生活の欧米化に伴い，現在ではコレステロール系結石が多くなっている．

胆汁に含まれるコレステロールは胆汁酸によって可溶化され，リン脂質とともに混合ミセルを形成する．コレステロールを飽和濃度以上に含む胆汁では，コレステロールが固体として析出しやすく，析出したコレステロールが核となり結石（コレステロール系結石）が生成する．他方，ビリルビンは肝細胞でグルクロン酸などと抱合して水溶性の抱合型ビリルビンとなって胆汁中に排泄されるが，大腸菌感染などにより胆汁中に細菌性のβ-グルクロニダーゼが増えると再び非抱合型のビリルビンに戻り，Caイオンと結合して結石をつくる．

コレステロール系結石を溶解させるには，ウルソデオキシコール酸 ursodeoxycholic acid（UDCA）やケノデオキシコール酸 chenodeoxycholic acid（CDCA）が用いられる．これはUDCAやCDCAがミセルを形成し，コレステロールを可溶化するためである．それ以外の治療法としては，胆管を切開し胆石を取り出す方法，衝撃波を与え胆石を破砕する方法，胆嚢自体を摘出する方法などがある．

②尿路結石

尿路結石は尿に溶けていた塩類が尿路内で析出してできたもので，シュウ酸カルシウム，ハイドロキシアパタイト，カーボネートアパタイト，リン酸水素カルシウム，リン酸マグネシウムアンモニウム，尿酸および尿酸塩，シスチンなどのミネラル（晶質）と，ムコタンパク質やムコ多糖類などの基質で構成されている．できる場所によって腎結石，尿管結石，膀胱結石に分類される．発生機序および結石形成に至る過程には不明な点も多く，基質が核となって結石が形成される「基質説」と，飽和濃度を超えた晶質が析出し，これが核となって結石が成長し，その成長の過程で基質を巻き込む「晶質説」がある．5mm 以下の尿管結石では，古くから民間薬として結石症の治療に使用されていたウラジロガシのエキスを製剤化したウロカルンなどが用いられる．また胆石と同様に，体外衝撃波結石破砕術により，砂状にして尿と一緒に体外へと排出させる治療法がある．

II. 益になる人工異物

1）コンタクトレンズ

我々の最も身近にある役に立つ人工異物といえば，コンタクトレンズであろう．1930 年代より使われ始めたポリメチルメタクリレート（PMMA）製コンタクトレンズは，酸素をまったく通さないため角膜障害を起こしやすいといった問題点があった．現在では酸素透過性の高いシロキサニルメタクリレートやフルオロメタクリレートといった素材で作られた酸素透過性ハードレンズや，含水率 40％程度のハイドロキシエチルメタクリレート（HEMA）で作られたソフトコンタクトレンズが主流となっている．

2）ペースメーカー

正常な心臓は，刺激伝導系が正しく働き規則正しい拍動が続くが，この刺激伝導系に機能異常が生じると心臓は正しく動かなくなり脈が乱れる．これが不整脈であり，脈が途絶えるあるいは遅くなる徐脈性不整脈と，脈が速くなり動悸を感じる頻脈性不整脈の 2 種類に大別される．徐脈性不整脈にはペースメーカーの植え込みが，頻脈性不整脈の中でも致死性心室性不整脈に対しては植え込み型除細動器（ICD）の植え込みが行われている．これも本来，身体にとって異物ではあるが，役に立つ異物である．

3）人工血管

大動脈やその分岐動脈の置換やバイパス手術などの脈管疾患の外科治療において，人工血管（グラフト）が使用される．

① ポリエステル製人工血管

最も多く使用されるのがポリエステル繊維を編んで作成したポリエステル製人工血管である．この特徴は，① 柔軟で取り扱いやすく縫合に適していること，② 耐久性があること，③ 生体適合性（安全性）に優れていること，④ 仮性内膜の形成に優れ長期の開存が期待できることである．ただし，化学繊維を編んだ材質なので繊維間からの水分の漏出があり（有孔性，ポロシティ），プレクロッティングまたはプレシーリングという操作が必要である．通常は自己の血液を用いて何回か人工血管内を通過させて，血液中のフィブリノーゲンで繊維間の孔を塞ぎ，血液の漏出を防止する．

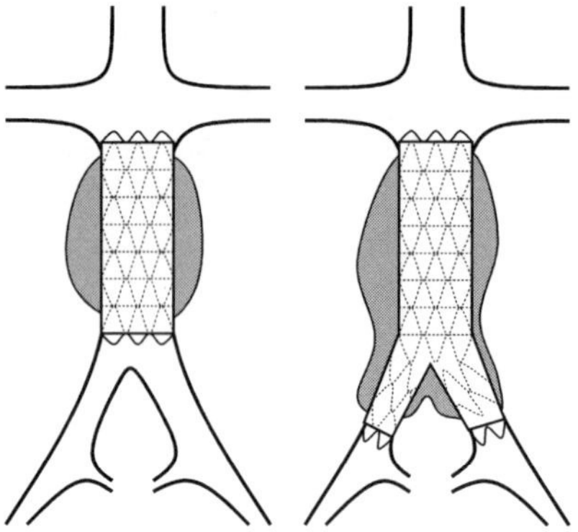

図2　腹部大動脈瘤に対するステントグラフト挿入術
灰色の部分が動脈瘤を起こしている．

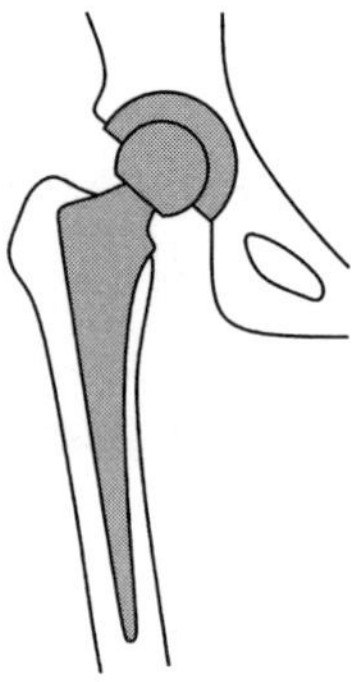

図3　人工股関節
頭部は寛骨臼（骨盤）に収まっている．

② シールドグラフト

ポリエステル製人工血管には孔があるためプレクロッティング操作が必要となるが，それでは大動脈瘤破裂などの緊急時には使用できない．そこで処理の必要ないコラーゲン被覆人工血管やアルブミン処理人工血管が使用されている．処理されているため直ちに使用できるが，術後不明熱の報告もあり，孔を塞ぐ（シーリング）のにどのような材料を用いるべきか検討されている．

③ PTFE グラフト

PTFE（ポリテトラフルオロエチレン）グラフトは，繊維を編んだものではなく，材料を押し出して成形するため，原則として漏出はなく，そのまま使用可能である．長期の保存に優れ，大腿－膝窩《しつか》動脈バイパスなどの末梢血管の再建に使用される．

④ ステントグラフト

ステントグラフトはステントといわれるバネ状の金属を取り付けた人工血管で，縫合によらずステントにより動脈の内部からグラフトを固定する．患者の脚の付け根の動脈内にカテーテルを挿入し，動脈瘤のある部位までステントグラフトを運び，放出する．放出されたステントグラフトは金属バネの力と患者自身の血圧によって広がって血管内壁に張り付けられる．胸部や腹部を切開する必要がなく，低侵襲で治療できるので魅力的な方法であり，急速に臨床応用が進んでいるが，動脈瘤のある血管が極度に曲がっていないことや，重要な臓器血管が枝分れしていないことなど，この治療法が適用できる動脈瘤の形態・部位には限りがある．

4）人工関節

国内で関節の病気に苦しんでいる人は1000万人以上と推定されている．治療法の一つである人工関節も役に立つ異物である．人工関節には骨の役割をする金属と軟骨の役割をするポリエチレンで構成される．骨と人工関節の固着にはメチルメタアクリレートによる骨セメントが用いられる．人工関節の寿命は15年程度といわれるが，それは人工関節自体の摩耗と，骨粗鬆症などにより骨と人工関節の間に隙間ができることによる．隙間ができるのを防ぐために，手術中に骨と骨セメントの間に結晶性ハイドロキシアパタイトを介在させる界面バイオアクティブ骨セメント interface bioactive bone cement（IBBC）法という方法も考案されている．

これらの他にも“益なる人工異物”には人工心臓弁，人工歯根などがある．人工血液はまだ十分には開発されていない．なお，これらは生体にとっては「異物」であるので，根本的な治療の手段とはいえず，またすべての部位の故障に全面的に応用できないのは残念である．

参考書

1）濱野　光（2001）コンタクトレンズ，アシェット婦人画報社
2）現代医療の最前線（後篇）—人工臓器とメディカルエンジニアリングの進歩—（2003）最新医学，58巻，6月増刊号，最新医学社
3）武藤徹一郎，幕内雅敏監修（2006）新臨床外科学 第4版，医学書院

特別講義 3　細胞における外界からの刺激受容

バクテリアのような脳のない単細胞生物でも，外界の変化に対応した様々な行動をとる．また，ヒトのような多細胞生物でも，個々の細胞は外部から情報を取り込み，適切な応答をする．多細胞生物では更に，個体を維持するために細胞間のシグナル伝達も重要である．

これらの情報の受容には，受容体とよばれる細胞膜上のタンパク質が重要な働きをする．受容体は外界の物質と結合したり，温度や pH の変化を認識するなどして，その情報を細胞内に伝える．近接するトランスデューサータンパク質にシグナルを伝え，トランスデューサーが細胞内に情報を伝える場合もある．細胞内では，可溶性タンパク質や低分子化合物，カルシウムイオンなどが関与する様々な情報伝達系が働き，情報をしかるべき場所に伝える．

受容体を介した情報伝達系は，多様な細胞応答を引き起こす．それゆえ，「くすり」のターゲットとしても注目される．どんな受容体があるのかを見てみよう．

バクテリアの受容体（受容体のことをレセプターともいう）

(1) 走化性レセプター（左側の図）　(2) 走光性レセプター（右側の図）

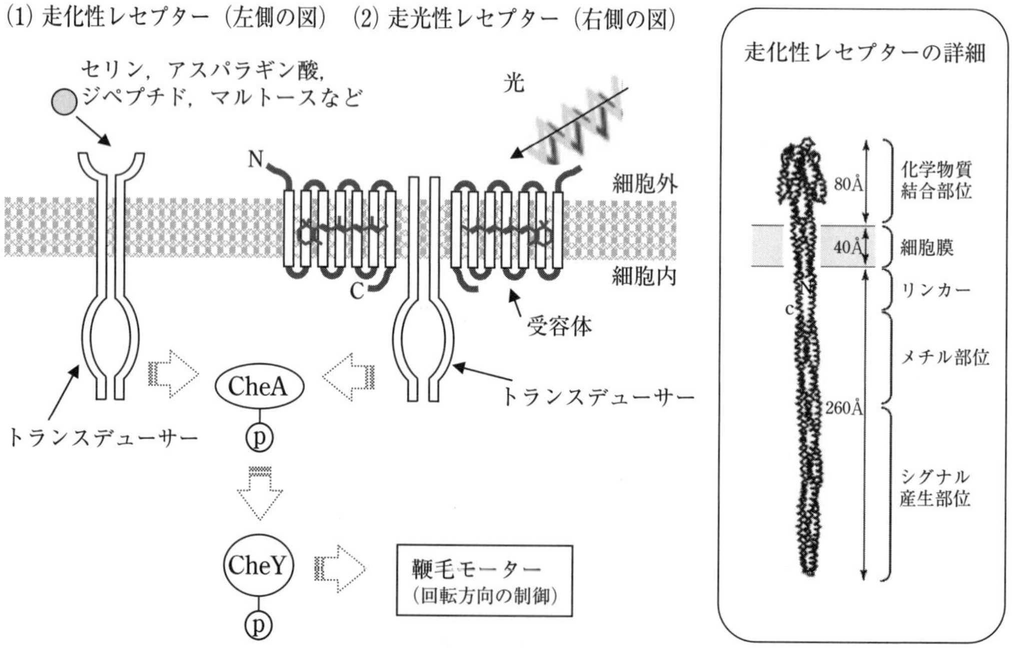

(1) 走化性レセプター：細胞膜を 2 回貫通する．膜タンパク質の二量体が受容体である．細胞外に突き出した「化学物質結合部位」と，細胞内の「シグナル産生部位」とからなる．化学物質が結合すると，シグナル産生部位の構造が活性型に変化する．これが下流の情報伝達のスイッチ・オンになる．

(2) 走光性レセプター：細胞膜を 7 回貫通する受容体とトランスデューサーからなる．受容体は光により異性化するレチナールを持ち，特定波長の光照射で受容体タンパク質の構造が変わる．この変化がトランスデューサーに伝わり，細胞内シグナル伝達が開始する．トランスデューサーは走化性レセプターと構造・機能的に類似し，二量体で機能する．

いずれも細胞内の可溶性タンパク質をリン酸化し，リン酸基がさらに別の可溶性タンパク質に移ることで情報伝達される．この伝達系は，バクテリアで広くみられ，two component system とよばれる．

動物細胞の受容体

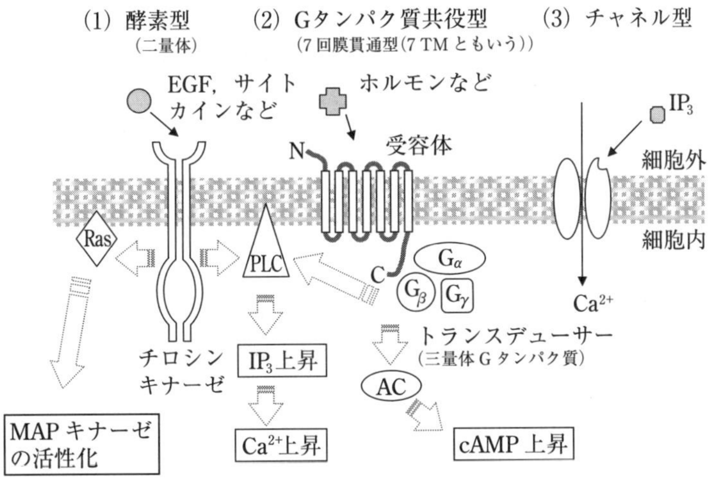

主に3種類の受容体（レセプター）に分類できる．

(1) 酵素型：シグナル分子が結合すると二量体となり，一方が他方のチロシンをリン酸化する．さらにSH2領域を持つタンパク質が結合し，低分子量Gタンパク質RasやホスホリパーゼC（PLC）を活性化する．

(2) Gタンパク質共役型：7TMの受容体と三量体Gタンパク質からなる．GTP結合型のG_αはアデニル酸シクラーゼ（AC）を活性化しcAMPを上昇させる．また受容体から離れたG_αは，$G_\beta G_\gamma$複合体と共にPLCを活性化しIP_3を産生する．

(3) チャネル型：細胞膜や小胞体にあり，シグナル分子によりチャネルが開かれる．小胞体からのCa^{2+}の流出などに関与．

バクテリアの受容体に比べて複雑な機能を持つが，酵素型受容体は走化性レセプターと同じように二量体で機能すること，Gタンパク質共役型は走光性レセプターのように7回膜貫通型（7TM）の受容体とトランスデューサーからなるなど，類似する．

これらの分類とは構造的に異なる受容体，12回膜貫通型（12TM）（例えば，形態形成に関するヘッジホッグ受容体）や三量体（例えば，アポトーシスに関与するFas）も近年見つかっている．

特別講義 4　細胞の異物認識　— 特に免疫について —

古来より人類が最もおそれた1つが伝染病の蔓延である．しかし，一度感染すると，もう再び感染しないことは経験で知っていたらしい．ジェンナーやパスツールがこのことからワクチン vaccine を作成した．一度感染するかまたは非常に弱くした病原菌が投与されることによって防御能力を獲得した状態を，その病原体に対して免疫があるとか，免疫されているとかと表現する．現代では，この概念はもっと広く考えられており，自己由来のものとは異なるものに対して，生体が示す反応を免疫反応とよんでいる．体内が正常に保たれているかどうかを常に監視し，異常があれば速やかに反応して生体を守っているのが免疫系であり，その働きを免疫という．免疫の詳しい説明は専門書を参考にしてもらうとして，ここでは，非自己物質を鋭敏に検知する生体内物質である抗体を紹介する．また，生体に侵入してきた細菌等を「食べて」しまう食細胞を紹介する．

毒ヘビに噛まれたときのために「抗血清」を用意しておくということを聞くが，抗血清とは何であろうか．血清の中に毒を中和する物質があるのであり，これを抗体という．血液中に抗体が存在することを発見したのは，ベーリングと北里柴三郎である．抗体を産生するのはリンパ球である．抗体をつくらせ免疫反応を引き起こすタンパク質や病原体などの物質を抗原という．抗体は抗原のある部分（抗原決定基，エピトープ）を認識し，そこに共有結合ではなく，水素結合，疎水性相互作用，電気的相互作用等で吸着する．抗体には IgG，IgA，IgM，IgD，IgE の種類（クラス）がある．Ig は immunoglobulin（免疫グロブリン）の略で，血清中のタンパク質である．最も早い時期から解析が進んでいるのは IgG（分子量約 16 万）である．図に IgG の構造を示す．

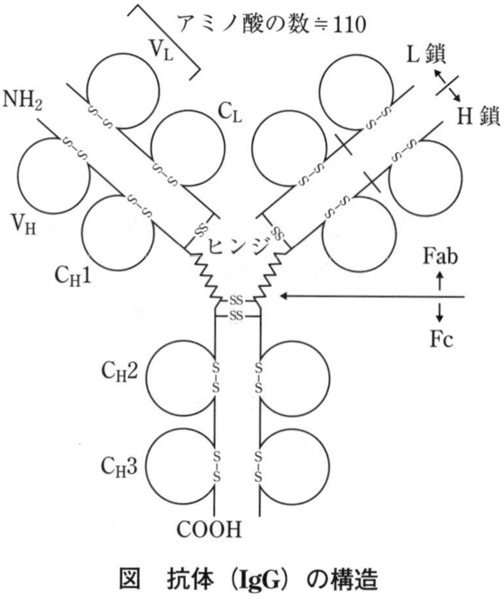

図　抗体（IgG）の構造

H鎖（heavy chain）およびL鎖（light chain）のポリペプチド鎖がそれぞれ2本，合計4本のポリペプチド鎖から成り立っている．また，Vと書いてある部分は可変領域（variable region），Cと書いてある部分は定常部（constant region）あるいはC領域とよばれる．可変部という名前からわかるように，抗原に依存する部分で，この部分で異物のエピトープに吸着する．その結合の解離定数は極めて低く（約 10^{-11}M），また，結合の特異性が高い．このような強い結合能・特異性の高い分子認識機構は大変興味のあるところである．図のY字型のIgG分子の上半分の部分で抗原antigenと結合するので，この部分はFab（fragment, antigen-binding）とよばれている．一方，Y字の下半分，いわば「幹」にあたる部分はFc（fragment, crystalline）とよばれている．ヒンジ領域は蝶番《ちょうつがい》のように，ある程度開いたり閉じたりすることができ，エピトープへの結合を容易にしている．

免疫反応でもう1つの興味ある点は，1つのリンパ球は特定の抗体しか産生しないことである．それならば，膨大な数の抗原に対してそれぞれ異なる抗原レセプターを持つリンパ球が存在しなければならないが，これは抗原の種類の多さを考えると無理であろう．無数の抗原に対して抗体をつくることのできる機構は利根川進によって明らかにされている．

抗体はその高感度・高特異性のために，いわば「試薬」として使われている．その用途の1つは臨床検査である．図のように抗原の結合部位は複数あるので，抗原と抗体が結合すれば三次元の複合体をつくることになる．この凝集によって，抗体あるいは抗原の定量分析ができる．また，ラテックスが存在すると，明瞭な凝集体の形成が起こるので光学的方法で抗原あるいは抗体の存在を検知できる．生物物理化学の分野では，生体内の特定の物質の検出に使われている．抗体分子に蛍光色素を結合させておき，細胞に抗体を作用させ，蛍光顕微鏡で観察すれば細胞のどこに抗原が存在するかを検討できる．また，その抗体の抗体に蛍光色素をつけるほうが感度が高いのでしばしばこの間接法が使用される．例えば，ヒトの抗原を検出する場合，マウスの抗体（一次抗体）を反応させ，ウサギ抗マウス免疫グロブリンのような異種動物の抗体（二次抗体）に色素を結合させたものを結合させる．最近では，二次抗体をビオチンで標識し，アビジンを蛍光標識して用いることが多い．ビオチンはビタミンH，または補酵素Rともいわれ，卵白中のアビジンとの結合の解離定数は約 10^{-15} M にもなる．その他，分析法として酵素抗体法，エンザイムイムノアッセイ（ELISA，イライザ），ラジオイムノアッセイ等の方法がある．

体内に侵入してきた細菌は貪食細胞（食細胞）に取り込まれ破壊される．微生物を貪食する細胞には2つのグループがある．第一は好中球（多核白血球）である．第二のグループはマクロファージ（大食細胞）である．この名前からわかるように，この細胞は自分よりも大きなものまで細胞内に取り込んで消化してしまう．細胞膜が変形して，異物粒子は膜によって包み込まれ，ファゴソームとして細胞内に取り込まれてしまう．そして，リソソームと融合し，異物はリソソームで分解・消化されてしまう．リソソームの中は酸性に保たれており，種々の分解酵素が含まれている．マクロファージは色々なものを消化するが，好中球は取り込む対象が細菌やカビに限定されている．そこは強力な殺菌作用（その1つが活性酸素（過酸化水素や O_2^- イオン等）の発生）を持っている．食細胞は細胞膜にFcに対するレセプターを持っているので，抗体との複合体を効率よく処理できる．

特別講義 5　薬物トランスポーター

生物学の教科書で次のように習う．生体膜に存在する輸送タンパク質（最近ではトランスポーターとよばれることが多い）の基質（運ばれる物質）選択は厳密である．例えば，ヒト赤血球のグルコーストランスポーターは，D-グルコースを輸送するがL-グルコースを輸送しない．トランスポーターは栄養物の取込みに働いているので，基質の認識が厳密なのである．このような考えからみれば，表題の薬物トランスポーターは違和感を覚えるであろう．なぜならば，薬物とは人類がつくりだしたものであり，生物の細胞にとっては「全く未知の化合物」であるので，そのような化合物を輸送する必然性はないはずであるからである．そこで，薬物は受動拡散で細胞内に透過すると考えられてきた．生体膜の内部は疎水的であるから，疎水性の物質は生体膜に対して大きな透過性を示す．しかし非常に親水性の薬物であるにも関わらず，腸管から体内によく吸収される β ラクタム抗生物質（図 1）のあることが発見された．研究の結果，それらはオリゴペプチドを輸送基質とするトランスポーター，PEPT（oligo-peptide transporter），によって輸送さ

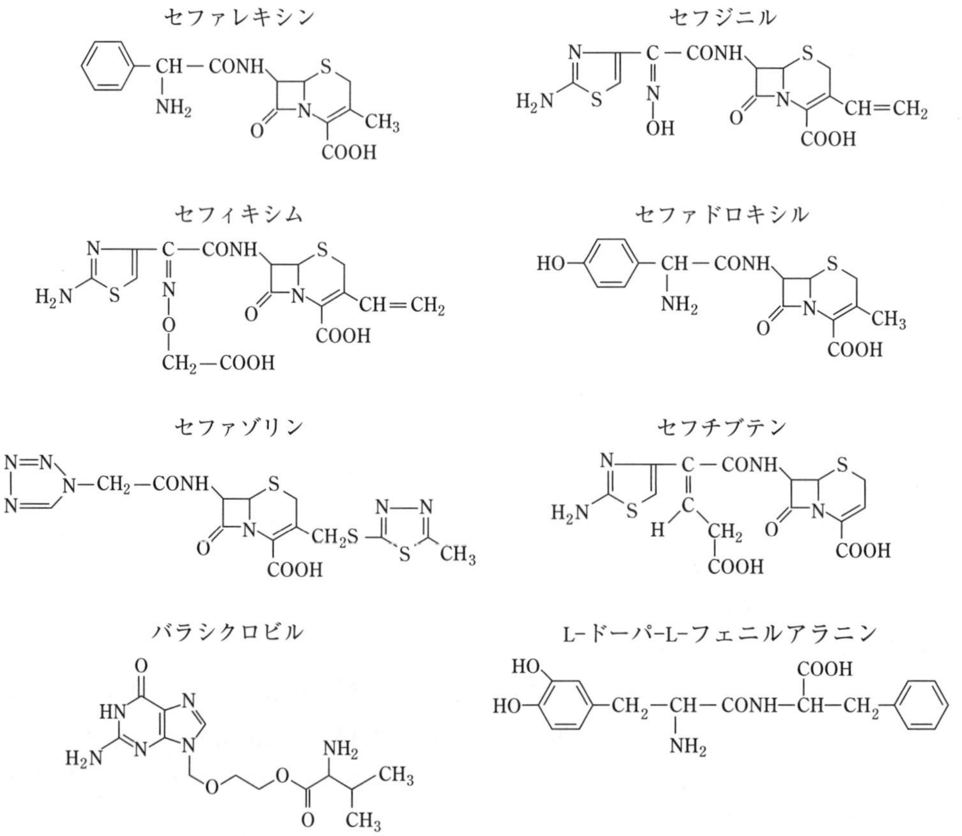

図 1　小腸の PEPT（オリゴペプチドトランスポーター）で輸送される薬物

れることが明らかになった．

体内に取り込まれたタンパク質はすべてアミノ酸まで分解されて腸管から吸収されるわけではなく，di- または tri- ペプチドの形で，H^+とのシンポーターである PEPT を介して取り込まれる．図1には，PEPT で取り込まれる薬物を示した．面白いのは，L-ドーパ-L-フェニルアラニンである．生理活性物質である L-ドーパに di-peptide をつけて，PEPT で体内に吸収されるようにしたものである．バラシクロビルは，抗ウイルス薬のシクロビルの吸収性向上を意図して，バリンとのエステル体にしたものである．PEPT は，このようにルーズな基質特異性をもっている．しかし，一方，PEPT はアミノ酸やテトラペプチド以上のペプチドを輸送しない．この意味では基質認識性をもっている．

薬物を輸送（吸収や排出）する基質認識の曖昧な多種類のトランスポーターが多くの臓器（小腸，肝臓，腎臓，脳等）に発現することが，最近の研究で明らかにされている．それらには，ABC タンパク質（P 糖タンパク，MRP，BCRP），有機アニオントランスポーター（OATP, OAT），有機カチオントランスポーター（OCT, OCTN, MATE）等がある．トランスポーターの名称は次のようである．MRP = multidrug resistance associate protein,　BCRP = breast cancer resistance protein,　OATP = organic anion transporting polypeptide,　OAT = organic anion transporter,　OCT = organic cation transporter,　OCTN = carnitine/organic cation transporter,　MATE = multidrug and toxin extrusion である．また，同じ機能をもっているがアミノ酸配列が違っているものもあり，それらには，例えば MRP 2, MPR 3 などのように，末尾に数字がつけられている．詳しくは専門書を参照されたい*.

がん患者に抗がん剤を投与すると，しばらくしてその抗がん剤が効果を示さなくなる．別の抗がん剤も効かなくなる．これは，がん細胞に P 糖タンパクという抗がん剤排出タンパク質が発現してきて，抗がん剤の細胞内濃度を低下させるためである．ここで注意すべきことは，1つの抗がん剤のみを排出するのではなく，その他の抗がん剤も排出するようになることである．この意味で，この輸送体が発現している細胞は多剤耐性 multidrug resistance を獲得していると表現される．すなわち，このトランスポーターは基質の選択性が厳密ではない．

上記の MRP は，その名前からわかるように P 糖タンパクの類似タンパク質であり，薬物，グルタチオン抱合体，グルクロン酸抱合体や脂質を輸送するものもある．ABC の名前は，ATP binding cassette に由来する．ATP の結合部位が存在し，ATP の加水分解のエネルギーで基質を輸送する．このような ABC タンパクは，がん細胞だけではなく，消化管，腎臓，肝臓，血液-脳関門 blood-brain-barrier（BBB）にも発現している．BBB では ABC タンパク質は脳に異物を入れない役割を担っている．また，ABC タンパク質は細菌にも発現している．図2は ABC タンパク質の模式図である．注目してほしいのは，異物は膜に入ってから ABC タンパク質で排除されていることである．ABC タンパク質の基質は非常に疎水性が高く膜に吸着される．膜内に「漂っている」化合物は異物とみなされ，ゴミのように vacuum cleaner で吸い出されるのである．

---

* 杉山・楠原編集（2008）分子薬物動態学，南山堂

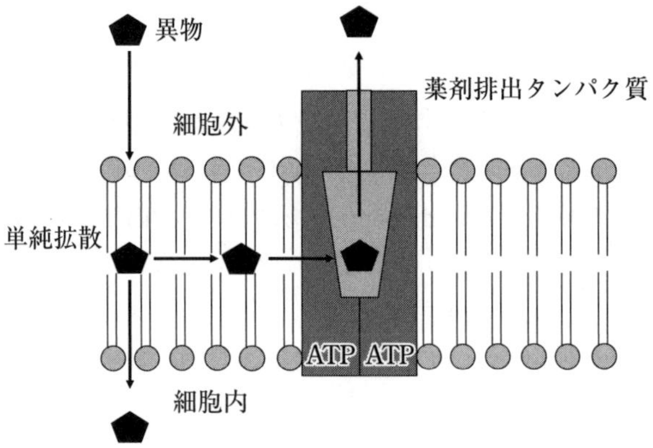

図 2　薬剤排出タンパク質である Pgp（P 糖タンパク　P-glycoprotein）の模式図
ATP のエネルギーを使って，膜内に吸着している異物・薬物を外に排出する.

特別講義 6　生物物理化学関連分析技術（日本薬局方参考情報）

病気には必ず原因があり，病気の原因を分析するところから治療が始まる．様々な病気があるが，例えば，アルツハイマー病は，変異したタンパク質が徐々にアミロイドとよばれる線維を形成し，神経細胞が死んでいくことで発症する．同じアミノ酸の配列からなるタンパク質でも立体構造（タンパク質分子の折りたたみ構造）によってその機能が変わり，BSE の原因となる病原性異常プリオンは正常プリオンと立体構造が違うだけである．タンパク質には，コラーゲンなどの生体構造を形成するもの，化学反応を触媒する酵素として働くもの，生体内の情報のやりとりに関与するもの，異物が体内に侵入してきたときに抗体として働くものなどがあり，様々な生命現象に関与しているため，タンパク質の異常が病気の原因となっていることが多い．この特別講義では，日本薬局方（JP 15）の参考情報に記載されているタンパク質の分析方法について簡単に紹介する．詳しくは第 15 改正日本薬局方解説書（廣川書店）を参照されたい．

1）タンパク質定量法

栄養学ではタンパク質全体の量を測定することが重要であり，また生化学では，特定のタンパク質を分離精製した際にそれがどの程度の量であるかを求める必要がある．これらのためにタンパク質の定量分析法が多数開発されている．それぞれに長所，短所があり，系に合わせた測定法を用いる必要がある．

表 1　タンパク質の定量法

紫外吸収法	芳香族アミノ酸（Trp や Tyr）の吸光度（280 nm 付近）を測定．
Lowry 法	フェノール試薬とタンパク質が結合する際の吸光度（750 nm）を測定．
Bradford 法	クーマシーブリリアントブルーG がタンパク質と結合すると，最大吸収波長が 470 nm から 595 nm に変化．595 nm の吸光度を測定．
ビシンコニン酸法（BCA 法）	タンパク質の窒素原子が電子供与体となり Cu^{2+} を Cu^{+} に還元．生じた Cu^{+} が BCA と結合し紫紅色の錯化合物を形成．562 nm の吸光度を測定．
Biuret 法	ペプチド結合と Cu^{2+} が紫紅色の錯塩を形成．545 nm の吸光度を測定．
蛍光法	*o*-フタルアルデヒド（OPA）との結合に基づく誘導体の蛍光強度を測定．
窒素測定法	硫酸分解後に発生するアンモニア量を測定（ケルダール法）． 熱分解により生じた窒素酸化物を測定．

2）アミノ酸分析法

タンパク質はアミノ酸が多数連結（重合）してできた高分子であり，そのアミノ酸の配列（1 次構造）がタンパク質の特性を規定している．アミノ酸分析は，タンパク質を塩酸などで加水分解したのち，HPLC（高速液体クロマトグラフィー）を用いてアミノ酸組成や含量を測定する方法である．表 2 は一例として牛乳に含まれているカゼインのアミノ酸分析の結果を示している．

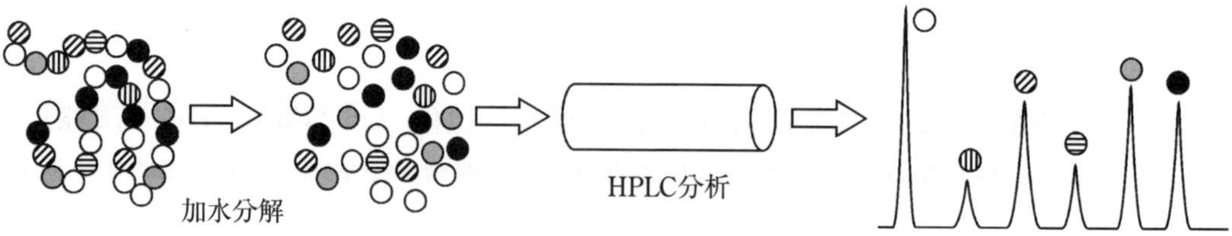

図1　アミノ酸分析

表2　カゼインのアミノ酸分析例

アミノ酸	Gly	Ala	Val	Leu	Ile	Pro	Phe	Tyr	Trp	Ser
g/kg	18.8	32.1	72.7	97.1	61.7	117	54.5	61.6	12.3	71.5
アミノ酸	Thr	Cys	Met	Arg	His	Lys	Asn	Asp	Gln	Glu
g/kg	45.3	2.4	31.3	38.3	29.5	81.9	41	29.3	108	128

3）SDS ポリアクリルアミドゲル電気泳動法
SDS-Polyacrylamide Gel Electrophoresis（SDS-PAGE）

還元剤であるメルカプトエタノールを用いてタンパク質のジスルフィド（S-S）結合を切断したのち，陰イオン性界面活性剤である SDS（sodium dodecyl sulfate）を加えると，タンパク質に SDS が結合する（アミノ酸 2 残基当たり約 1 分子の SDS）．この処理によりタンパク質の高次構造（折り畳み構造）は完全に壊れ，1 本の鎖の状態となり，結合した SDS の陰イオンにより一定の負電荷密度をもつようになる．つまり，タンパク質分子の形状に違いがなくなる．また，荷電量と分子量が比例する．このように処理したタンパク質を電場内に置けば陽極へと引っ張られるが，この電気泳動を一定の網の目状のゲルの中で行うと，網の目を通りやすい小さな分子は速く，大きな分子は遅く移動するため，タンパク質を分離することができる（分子ふるい効果）．これを利用してタンパク質のモル質量（*M*，分子量）が推定できる．モル質量のわかっている数種のタンパク質（分子量マーカー）を電気泳動すると，タンパク質の混合物からそれぞれのタン

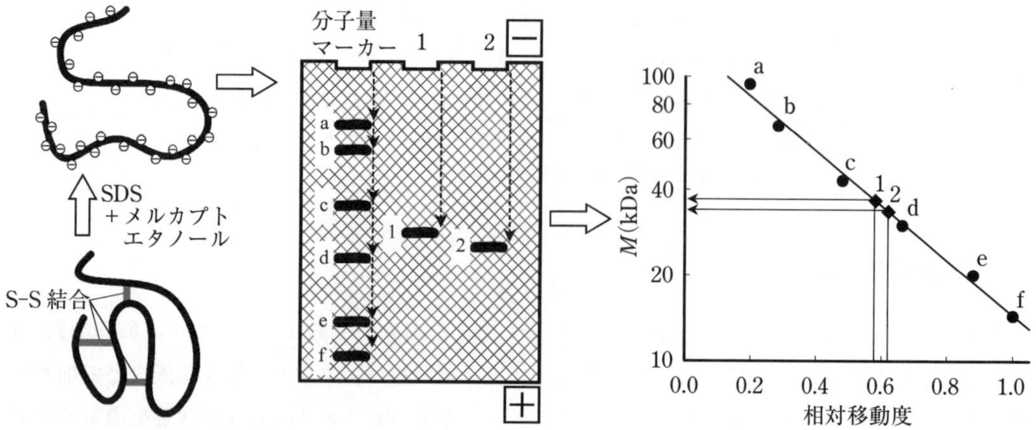

図2　SDS ポリアクリルアミドゲル電気泳動

パク質が分離して何本かの帯となり，移動距離に対して $\log M$ を図にしたとき直線関係が得られる．これを検量線として使えば，未知試料の移動度からモル質量を5～10%の精度で算出できる．

4）キャピラリー電気泳動法 Capillary Electrophoresis（CE）

内径100 μm以下の髪の毛のように細長いガラス管（キャピラリー）を用いる電気泳動法で，用いられるフューズドシリカ fused silica キャピラリーは，その内壁に存在するシラノール基の電離（Si-OH → Si-O$^-$ + H$^+$）のため，負に帯電している．キャピラリーに電解質溶液を満たすと，内壁に陽イオンが引き寄せられ，内壁に吸着した陽イオン（固定層）と，吸着していないが静電的相互作用をしている陽イオン（拡散層）の2層に分かれる（電気二重層という）．このとき，陰イオンは内壁表面からできるだけ遠ざかっている．そこに電圧をかけると，拡散層の陽イオンは陰極方向に移動するが，イオンは水和しているので，イオンの移動に伴い水和水も移動する．この溶媒の流れを電気浸透流という．その際，キャピラリー内部の溶液中に陽イオン性成分C，中性成分N，陰イオン性成分Aが存在すると，中性成分Nは電気浸透流に伴って移動し，陰イオン性成分Aは電気浸透流に逆らって，陽イオン性成分Cは電気浸透流にのって，その荷電量や分子の大きさに依存する泳動速度で，移動することになる．このように，各物質の移動速度が異なるため分離できる．タンパク質の他に無機イオン，有機イオン，糖鎖，DNA，RNAなどの分析にも用いられる．

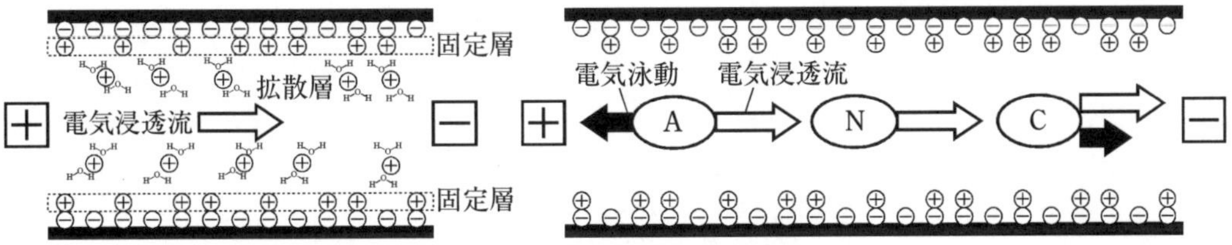

図3　キャピラリー電気泳動

5）等電点電気泳動法 Isoelectric Focusing（IEF）

タンパク質の電気泳動移動度は荷電数やその形によって決まるが，例えば，pHが十分に低い場合，酸性アミノ酸Glu，Aspの側鎖のカルボキシ基は中和されており（-COOH），塩基性アミノ酸LysとArgの側鎖のアミノ基は正に荷電しているため（$-NH_3^+$），タンパク質は全体として

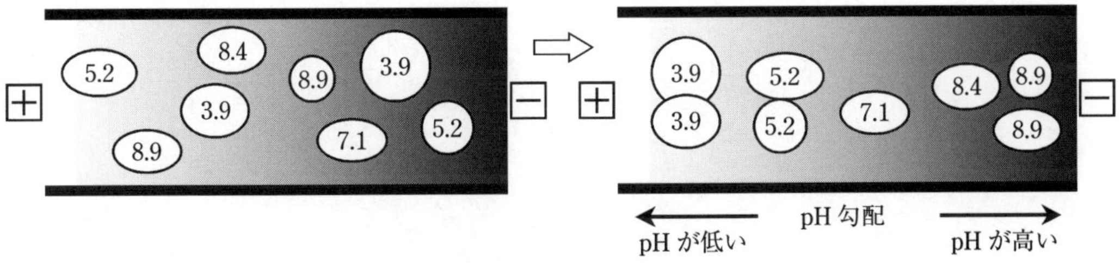

図4　等電点電気泳動

正に荷電する．逆に，pH が十分に高いとタンパク質は負（$-COO^-$，$-NH_2$）に荷電する．この中間のどこかで正電荷（$-NH_3^+$）と負電荷（$-COO^-$）の数が同じになる pH がある．この pH を等電点 isoelectric point（pI）といい，この等電点の違いを利用して分離する方法が等電点電気泳動法である．両性電解質（アンフォライト ampholyte）を含むゲルに電圧をかけることにより，ゲル内に酸性から徐々に中性に，中性から塩基性に変化していく pH 勾配をつくることができる．ここにタンパク質を共存させておくと，タンパク質は個々の等電点に対応する pH の場所で移動が止まり，そこに濃縮される．

日本語索引

ア

亜鉛フィンガーモチーフ　108
アクアポリン　84
アクセプタープローブ　44
アクチン　31, 131
アスパラギン　2
アスパラギン酸　2
アスパラギン酸トランスカルバモイラーゼ　147
アセチルコリン　88, 89
アセチルコリンエステラーゼ　146
アデニン　10
アデノシン　10
アデノシン-三リン酸　11
アデノシン-二リン酸　11
アドレナリン受容体　98
アノマー炭素　35
アミド平面　96
アミノ酸　1, 96
　物理化学的性質　15
　立体配置　19
アミノ酸分析法　167
アミロース　36
アミロペクチン　36
アラニン　2
アルギニン　3
アルテプラーゼ　156
アルドース　7
アルブミン　101
アロステリック効果　103
アロステリック酵素　146, 147
アロステリック調節　146, 147
アンタゴニスト　89
アンチ型　39
アンフォライト　170
αアノマー　35
α-ケラチン　31
α-ブンガロトキシン　89
αヘリックス　28, 68, 97
α-マルトース　8

イ

イオノフォア　87, 88
イオントラップ型　46
イコサペンタエン酸　53
異常分散　21
イズロン酸　35
イソロイシン　2
一次構造　4, 27
イーディー・ホフスティープロット　142
インターカレーター　41
インドール　79
EF ハンド　153

ウ

ウアバイン　86
ウイルス　100
植え込み型除細動器　157
右円偏光　20
右旋性　20
ウラシル　10
ウルソデオキシコール酸　50, 156
ウロキナーゼ型 PA　155
WEB 情報　99

エ

エキソ型　38
エディディン　69
エネルギー保存則　114
エピトープ　162
エレクトロスプレーイオン化　46
塩基
　水素結合　39
　スタッキング　40
塩基性領域　110
塩基性リン酸カルシウム　13
塩析　32
エンド型　38
エントロピー　63
エントロピートラップ　103
円二色性　21, 45, 47
塩溶　32
ABC タンパク質　165
ATP 加水分解酵素　85
ATP 合成酵素　129
F 型 ATPase　129
FT-ICR 型　46
H 鎖　163
HTH モチーフ　106
L 鎖　163
nACh レセプタ　89
S 字曲線　104
SDS ポリアクリルアミドゲル電気泳動法　168
X 線結晶解析法　46, 47

オ

横紋筋　132
オクタノール / 水分配係数　78
オリゴ糖　8
オリゴペプチド　4
オリゴペプチドトランスポーター　165

カ

回折像　46
カイト　71
界面電位　90
界面バイオアクティブ骨セメント法　158
解離定数　139
化学イオン化　46
化学浸透共役説　127
化学浸透説　127
化学平衡　120
化学ポテンシャル　24, 63, 118
鍵と鍵穴モデル　101, 136
可逆阻害剤　143
核オーバーハウザー効果　46
拡散　80, 92
核酸　9
　物理化学的性質　37
拡散係数　81
拡散電位　90, 91
核磁気共鳴　47
核磁気共鳴スペクトル法　45
活性部位　136
果糖　8
可変領域　163
カルノー　115
カルノーサイクル　115
カルノシン　4
ガングリオシド　5, 53
還元粘度　26
緩衝作用　17
緩衝成分　19
緩衝能　18, 19
干渉パターン　46

キ

気化イオン　46
機器分析法
　特徴　47
基質　136

基質特異性 102, 136
基質特異部位 104
起電力 124
ギブズエネルギー 63, 116, 137
ギブズの自由エネルギー 116, 117
ギブズ・ヘルムホルツの式 63
逆フーグスティーン塩基対 39
キャピラリー電気泳動法 169
キャリア 83
吸収スペクトル 22
球状アクチン 31
球状タンパク質 30
競合阻害 143
凝縮 42
協奏モデル 149
協同的 148
共役反応 121
極性物質 61
キラル炭素 20
金属タンパク質 153

ク

グアニン 10
クラウジウス 115
クラスター 61, 154
グラフト 157
グラミシジン A 87
クラーレ 89
グリコーゲン 37
グリコサミノグリカン 35, 37
グリコシド 36
グリコシド結合 36
グリコホリン 72
グリシン 2, 16
グリセリド 5
グリセロリン脂質 6
D-グルクロン酸 35
グルコース 34
グルコピラノース 8
グルコフラノース 8
グルタチオン 4
グルタミン 2
グルタミン酸 2
グレンデル 66
クロイツフェルト・ヤコブ病 27
クロマチン繊維 42
クロロプラスト 130

ケ

系 114
蛍光異方性 44
蛍光イメージング法 44
蛍光共鳴エネルギー移動法 44
蛍光光退色回復法 70
蛍光光度法 43, 47
蛍光退色回復法 70
蛍光偏光解消法 44
蛍光法 167
形質膜 64
結晶性ハイドロキシアパタイト 158
血清アルブミン 101
結石 156
血栓 155
ケトース 7
ケノデオキシコール酸 50, 156
ケラタン硫酸 37

コ

コイルドコイル 31
コイルドコイル構造 109
光学活性 20
光学不活性 20
抗原 162
抗原決定基 162
酵素 135
酵素型受容体 161
酵素-基質複合体 102, 139
高速液体クロマトグラフィー 167
酵素触媒反応 137
酵素阻害剤 143
酵素反応速度論 135
抗体 162
好中球 163
高分子電解質 99
光リン酸化 130
呼吸窮迫症候群 55
呼吸鎖 126, 128
黒膜 74
ゴーター 66
五炭糖 7
コットン効果 21
固有粘度 26
コラーゲン 31
コール酸 49
コール酸ナトリウム 51
ゴールドマン・ホジキン・カッツの近似式 91
コレステロール 52
混合阻害 146
コンタクトレンズ 157
コンドロイチン硫酸 37

サ

再生 33
最大速度 140
細胞表面受容体 88
細胞膜 64
左円偏光 20
左旋性 20
サーファクテン 56
サブユニット 30
散逸関数 133
散逸構造 133
酸-塩基平衡 38
酸解離定数 19
酸化還元電位 123
酸化還元反応 123
酸化的リン酸化 126
三次構造 29

シ

紫外可視吸光度法 43, 47
紫外吸収法 167
ジギタリン 86
ジギトキシン 86
シグモイド 104
シグモイド曲線 146
脂質 5
脂質二分子膜 60, 66
シスチン 3
システイン 3
ジスルフィド結合 30
シチジン 10
質量分析法 27, 46, 47
至適温度 138
至適 pH 138
シトシン 10
指紋領域 45
自由エネルギー 118
臭化エチジウム 41
受動輸送 80, 84, 92
受容体 88, 92, 160
ジュール 114
脂溶性 77
状態関数 115
少糖類 8
小胞 73
食細胞 163
触媒作用 137
触媒定数 141
助色団 43
ショ糖 8
シールドグラフト 157
シロキサニルメテクリレート 157
シンガー 67
シン型 39
ジンクフィンガー 42
人工関節 158

人工血管 157
人工脂質二分子膜 73
人口肺サーファクタント 56
親水性 59, 78
浸透圧 24
浸透圧測定法 23
Chargaff の規則 12
Cro タンパク質 107
G アクチン 31
G タンパク質共役型受容体 161

ス

水素結合 28, 61, 62, 97
ステロイド 6
ステントグラフト 158
スピントラップ剤 45
スフィンゴ脂質 6
スフィンゴ糖脂質 6
スフィンゴミエリン 5

セ

生体元素 12
生体内界面活性物質 49
生体膜 59, 64
静電相互作用 98
静電ポテンシャル 91
赤外吸収スペクトル法 45, 47
赤血球細胞膜 67
セラミド 5
セリン 2
セルロース 36
遷移状態 137
線維状タンパク質 30, 31
旋光度 19, 45, 47
旋光分散 20, 45, 47
センダイウイルス 69
選択律 45
Z 型 39

ソ

走化性レセプター 160
走光性レセプター 160
相転移 71
相転移温度 71
阻害剤 143
促進拡散 80, 83
束縛エネルギー 118
側方拡散 70, 71
組織性 PA 155
疎水性 60, 77
疎水性コア 109
疎水性相互作用 40, 98
ソフトイオン化法 46

タ

代謝回転数 141
大食細胞 163
ダイマー 100
多核白血球 163
多剤耐性 165
多次元 NMR 45
多糖類 8, 36
ダニエリ 66
ダニエル電池 124
ダブソン 66
胆汁酸 49
胆汁酸塩 49
単純拡散 80
単純脂質 5
淡色効果 41
胆石 156
単糖
　立体異性 34
　立体配座 34
単糖類 7
タンパク質 1, 4
　塩析 31
　相互作用 99
　相互作用メカニズム 101
　二次構造 97
　物理化学的性質 15
　変性 32
　溶解度 31
　立体構造 96
タンパク質定量法 167

チ

逐次モデル 149
窒素測定法 167
チミン 10
チャネル 84, 92
チャネル型受容体 161
調節因子 147
超二次構造 30
超微量元素 12
直線偏光 20
チロシン 2, 23
沈降速度法 24
沈降平衡 25
沈降平衡法 25

テ

定常部 164
デオキシコール酸 50
デオキシコール酸ナトリウム 50
デオキシリボ核酸 9, 39
滴定曲線 15, 16
テトラマー 100
転移 41
転移 RNA 9
電解質 12
電気化学ポテンシャル 120
電子イオン化 46
電子スピン共鳴 47
電子スピン共鳴スペクトル法 45
電子スペクトル 22
電子伝達系 126, 128
デンプン 36
DNA 結合領域 108
TATA Box 結合タンパク質 43

ト

透過係数 82
糖脂質 5
糖質 7
　物理化学的性質 34
糖タンパク質 35
等電点 18, 170
等電点電気泳動法 169
ドデシル硫酸ナトリウム-ポリアクリルアミドゲル電気泳動 26
ドナープローブ 44
ドナン電位 90
ドメイン 30
トランスデューサー 160
トランスポーター 64, 83, 92, 164
ドーリトル 71
トリプシン 100
トリプトファン 2, 23
トリマー 100
トレオニン 2
貪食細胞 163

ナ

内部エネルギー 114
ナトリウム-カリウムポンプ 85

ニ

ニコチン 89
ニコチンアミドアデニンジヌクレオチド 11
ニコチン性アセチルコリンレセプタ 89
ニコルソン 67
二次元 NMR 45

二次構造　27
二重逆数プロット　142
日本薬局方　167
乳糖　8
尿路結石　156
認識へリックス　42

ヌ

ヌクレオシド　9
ヌクレオチド　9
　酸解離平衡　38
　立体構造　38

ネ

ネゲントロピー　113, 133
ねじれ角　38
熱力学第一法則　114
熱力学第二法則　115
ネルンストの式　91
粘度測定法　26

ノ

濃色効果　41
能動輸送　13, 84, 92
濃度勾配　80

ハ

肺サーファクタント　54
ハイドロキシエチルメタクリレート　157
ハイドロパシーインデックス　71, 72
ハイドロパシープロット　72
バクテリオロドプシン　72
パッカリング　38
発色団　43
バリノマイシン　87
バリン　2
反応進行度　116, 121
π-πスタッキング　40

ヒ

ヒアルロン酸　37
ビウレット法　43
ビオチン　163
非競合阻害　143, 144
非極性分子　61
飛行時間型　46
ビシンコニン酸法　167
ヒスチジン　3
ヒストン　42
比旋光度　20
ビタミンH　163
ヒドロキシアパタイト　13
4-ヒドロキシプロリン　3
標準還元電位　124
標準自由エネルギー変化　121
標準電極電位　124
微量元素　12
ヒル係数　148
ヒルの式　148
非ワトソン・クリック型塩基対　39
BCA法　167
Biuret法　167
P糖タンパク　165, 166
PCR法　41
PTFEグラフト　158

フ

ファラデー定数　90, 120
ファンデルワールス力　61
フィッシャー　136
フィードバック阻害　105, 150
フィブリン　155
フェニルアラニン　2, 22
フェレドキシン　154
フォールディング　30
不可逆阻害　146
不可逆阻害剤　143
不競合阻害　143, 145
複合脂質　5
フーグスティーン塩基対　39
不斉炭素　20
部分モルエントロピー　63
部分モルギブズエネルギー　63
不飽和脂肪酸　53
フライ　69
プラスミノーゲンアクチベータ　155
プラスミン　155
フーリエ変換イオンサイクロトロン共鳴型　46
フリップフロップ　70, 71
フルオロメタクリレート　157
フルクトース　8
プロスタグランジン　53
プロテオグリカン　37
プロトン駆動力　129
プロリン　3
分子
　膜透過　82
分子シャペロン　33
分子量測定法　23
分配係数　78
Bradford法　167

ヘ

平衡構造　133
平面脂質二分子膜　74
ヘインズ・ウルフプロット　142
ヘキソース　7
ベジクル　73
ペースメーカー　157
ヘテロトロピック　147
ヘパリン　37
ペプチド　4
ペプチド結合　27
ヘモグロビン　13, 28, 153
　アロステリック効果　105
ヘリックス-ターン-ヘリックス　106
ヘリックス-ループ-ヘリックス　42
ベールの法則　43
ヘルムホルツ　114
偏光解消　44
変性　32
ヘンダーソン・ハッセルバッハ式　16
ペントース　7
βアノマー　35
5β-コラン酸　49
βシート　28, 68, 97
βラクタム抗生物質　164
β-ラクトース　8

ホ

補酵素R　163
ホスホジエステル結合　37
ホメオスタシス　113
ホモトロピック　147
ポリエステル製人工血管　157
ポリテトラフルオロエチレン　158
ポリペプチド　4
ポリペプチド鎖　29
ポリメラーゼ連鎖反応法　41
ボルツマン定数　70
ポルフィリン　154
ポンプ　85
翻訳後修飾　46

マ

マイヤー　114
膜タンパク質　69
膜電位　65, 84, 90, 92
膜透過　80, 82
膜輸送タンパク質　83, 92

マクロファージ 163
マトリクス支援レーザー脱離イオン化 46
マトリックス 126
マルチラメラ型 73

ミ

ミエリン膜 60
ミオシン 131
ミカエリス定数 140
ミカエリス-メンテンの式 138, 140, 143
水 12
ミセル 60
ミトコンドリア 126, 127
ミトコンドリア内膜 60

ム

無機イオン 12
無機物 12

メ

メタンハイドラート 62
メチオニン 3
メチルメタアクリレート 158
メッセンジャーRNA 9
免疫グロブリン 162

モ

モチーフ 30
モネンシン 87, 88

ヤ

薬物受容体 88

ユ

融解 41
有機アニオントランスポーター 165
有機カチオントランスポーター 165
熊胆 50
融点 41
誘導体化 43
誘導適合 103, 137
誘導適合モデル 102, 136
油/水分配 77, 78
輸送タンパク質 64

ヨ

葉緑体 130
四次構造 30
四重極型 46
四量体アロステリック酵素 149

ラ

ラインウィーバー・バークプロット 142, 144, 145
ラフト 68
ラマンスペクトル法 45, 47
ラメラ構造 60
ラングミュアーの単分子膜 66
ランダムコイル 29

リ

リガンド 88
リガンド感受性チャネル 89
リガンド結合 99
力学エネルギー 131
リシン 3
リゾリン脂質 5
立体配座 20
リトコール酸 50
リプレッサータンパク質 107
リボ核酸 9
リポソーム 52, 73
リボゾーム RNA 9
流束 80
流動モザイクモデル 67, 68
両性電解質 170
リン脂質 5, 52, 60

レ

レシチン 51
レセプター 88, 160
レドックス 123

ロ

ロイシン 2
ロイシンジッパー 42, 110
ロイシンジッパーモチーフ 109
六炭糖 7
ロドプシン 65
ロバートソン 67
ローリー（Lowry）法 43, 167

ワ

ワクチン 162
ワトソン・クリック型塩基対 39

外国語索引

A

acceptor probe 44
acetylcholine 89
actin 31
active site 136
active transport 84
ADP 11
ampholyte 170
amylopectin 36
amylose 36
anomeric carbon 35
antagonist 89
anti 39
aquaporin 84
aspartate transcarbamoylase 147
ATCase 147
ATP 11, 131

B

BCRP 165
biological membrane 64
biuret method 43
black lipid membrane 74
BLM 74
bovine pancreatic trypsin inhibitor 100
BPTI 100
breast cancer resistance protein 165
Briggs 139
buffer capacity 19
α-bungarotoxin 89

C

capillary electrophoresis 169
carnitine/organic cation transporter 165
carrier 83
catalytic constant 141
CD 21, 47
CDCA 156
CE 169
cell membrane 64
cell-surface receptor 88
ceramide 5
Changeux 149
channel 84
chemical potential 24, 63, 118
chemi-osmotic theory 127
chenodeoxycholic acid 50, 156
chiral 20
cholanoic acid 49
cholic acid 50
chondroitin sulfate 37
chromatin fibrils 42
CI 46
circular dichroism 21
CJD 27
cmc 53
coiled coil 31
collagen 31
Collander 78
competitive inhibition 143
concentration gradient 80
concerted model 149
conformation 20
constant region 164
cooperative 148
Cotton effect 21
Creutzfeldt-Jakob disease 27
curare 89

D

Danielli 66
Davson 66
denaturation 32
deoxycholic acid 50
depolarization 44
dextrorotatory 20
diffusion 80
diffusion coefficient 81
diffusion potential 90
digitalin 86
digitoxin 86
dissociation constant 139
DMPO 45
DNA 9, 11
domain 30
donor probe 44
Doolittle 71
double-reciprocal plot 142
DPH 44

E

Eadie-Hofstee plot 142
Edidin 69
EI 46
electromotive force 124
emf 124
endo 38
enzyme 135
enzyme kinetics 135
ESI 46
ESR 45, 47
ethidium bromide 41
exo 38

F

Fab 163
facilitated diffusion 80
Fc 163
feedback inhibition 150
fibrous protein 30
Fick 80
Filmer 149
Fischer 102, 136
flip flop 70, 71
fluorescence anisotropy 44
fluorescence photobleaching recovery 70
fluorescence recovery after photobleaching 70
fluorescent resonance energy transfer 44
folding 30
Fos 109
FPR 70
FRAP 70
free energy 118
FRET 44
fructose 8
Frye 69

G

GAG 35, 37
ganglioside 5
Glansdorff-Prigogine 133
globular protein 30
glucofuranose 8
glucopyranose 8
glucose 34
glucuronic acid 35
glyceride 5
glycolipid 5
glycoprotein 35
glycosaminoglycan 35
glycoside 36
Goldman-Hodgkin-Katz 91

Gorter 66
gramicidin A 87
Grendel 66

H

Haldane 139
Hanes-Woolf plot 142
H^+-ATPase 129
heavy chain 163
helix-loop-helix 42
helix-turn-helix 106
α helix 28
Helmholtz 114
HEMA 157
hemagglutinating virus of Japan 69
heparin 37
heterotropic 147
hexamer 100
hexose 7
Hill coefficient 148
Hill equation 148
histone 42
homotropic 147
Hoogsteen base pairing 39
HPLC 167
HPLC-MS 48
HTH 106
hyaluronic acid 37
hydrophilic 60, 78
hydrophobic 60, 77
hyperchromicity 41
hypochromicity 41

I

ICD 157
icosapolyenoic acid 53
iduronic acid 35
IEF 169
IgG 162
immunoglobulin 162
indole 79
induced fit 137
intercalator 41
interface bioactive bone cement 158
intrinsic viscosity 26
ionophore 88
irreversible inhibition 146
isoelectric focusing 169
isoelectric point 18, 170

J

Joule 114
Jun 109

K

keratan sulfate 37
α-keratin 31
Koshland 102, 149
Kyte 71

L

lactose 8
Langmuir 66
large uni-lamellar vesicle 73
lateral diffusion 70
leucine zipper 42
levorotatory 20
ligand 88
ligand-gated channel 89
light chain 163
linear polarized light 20
Lineweaver-Burk plot 142
lipophilic 77
lithocholic acid 50
Lowry method 43
lung surfactants 54
LUV 73
lysophospholipid 5

M

MALDI 46
maltose 8
mass spectrometry 46
MATE 165
maximum velocity 140
Mayer 114
melting 41
membrane potential 84, 90
membrane transport protein 83
Menten 139
metabolite turnover number 141
Michaelis 139
Michaelis constant 140
Michaelis-Menten equation 140
Mitchell 128
mixed inhibition 146
MLV 73
molecular chaperone 33
monensin 87
Monod 149
monosaccharide 7
motif 30
mRNA 9
MRP 165
MS 46
multidrug and toxin extrusion 165
multidrug resistance 165
multidrug resistance associate protein 165
multi-lamellar vesicle 73

N

NAD 11
Nemethy 149
Nernst 91
Nicolson 67
nicotine 89
NMR 45, 47
noncompetitive inhibition 144
nuclear Overhauser effect 46
nucleic acid 9
Nucleic Acid Databank 99

O

OAT 165
OATP 165
OCT 165
OCTN 165
oligo-peptide transporter 164
oligosaccharide 8
optically active 20
optically nonactive 20
optical rotatory dispersion 20
optimal pH 138
optimal temperature 138
ORD 20, 47
organic anion transporter 165
organic anion transporting polypeptide 165
organic cation transporter 165
osmotic pressure 24
ouabain 86

P

PA 155
pantamer 100
partition coefficient 78
passive transport 80
PDB 99
pentose 7
PEPT 164
peptide bond 27
permeability coefficient 82
P-glycoprotein 166

Pgp 166
phenylalanine 23
phospholipid 5
pI 171
plasma membrane 64
plasminogen activator 155
PMF 129
polymerase chain reaction method 41
polysaccharide 8
primary structure 4, 27
Protein Data Bank 99
proteoglycan 37
proton-motive force 129
puckering 38
pump 85

Q

quaternary structure 30

R

raft 68
random coil 29
Rasmol 99
RDS 55
receptor 88
recognition helix 42
redox 123
redox reaction 123
reduced viscosity 26
renaturation 33
respiratory distress syndrome 55
reverse Hoogsteen base pairing 39
reversible inhibition 143
ribosomal RNA 9
RNA 9, 11
Robertson 67

S

salting in 32
salting out 32
SDS 168
SDS-PAGE 27, 168
SDS-polyacrylamide gel electrophoresis 168
sedimentation equilibrium 25
sedimentation velocity method 24
sequential model 149
β sheet 28
simple diffusion 80
Singer 67
small uni-lamellar vesicle 73
sodium dodecyl sulfate 168
sodium dodecyl sulfate-polyacryl amide gel electrophoresis 26
sodium/potassium pump 85
specific rotation 20
sphingomyelin 5
substrate 136
subunit 30
sucrose 8
supersecondary structure 30
syn 39

T

tertiary structure 29
titration curve 16
TOF 46
t-PA 155
transition 41
transition state 137
transporter 83
tRNA 9
tryptophan 23
two component system 161
tyrosine 23

U

UDCA 156
UK 155
uncompetitive inhibition 145
u-PA 155
ursodeoxycholic acid 50, 156

V

vaccine 162
valinomycin 87
van der Waals 61
variable region 163
vesicle 73

W

Watson-Crick base pairing 39
Wyman 149

Z

zinc finger 42

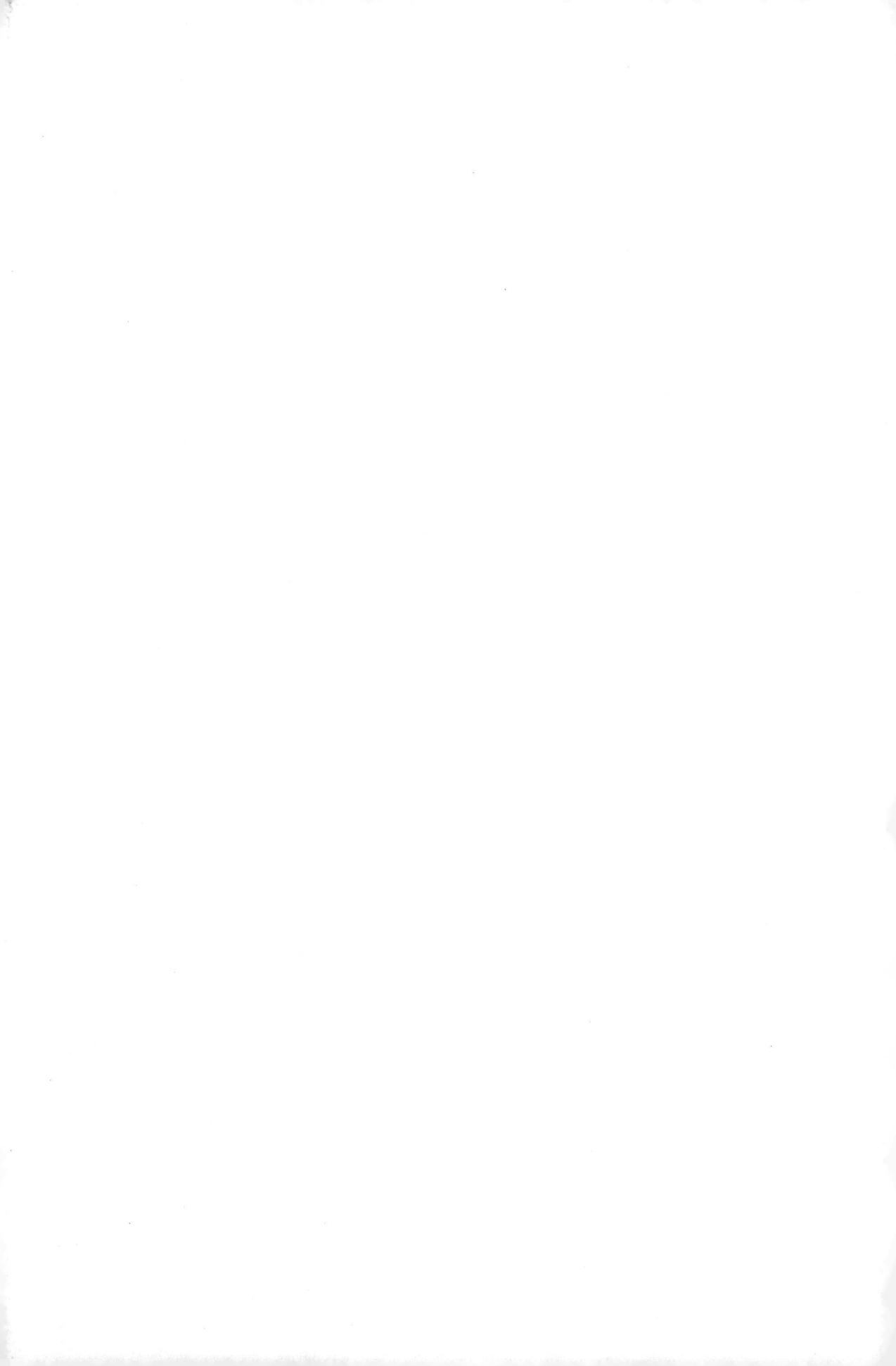